"十二五"普通高等教育本科国家级规划教材

光电 & 仪器类专业规划教材

物理光学学习指导与题解

(第3版)

刘翠红　张　伟　黄　峰　编著

电子工业出版社·

Publishing House of Electronics Industry

北京·BEIJING

内 容 简 介

本书是与梁铨廷编著的《物理光学》第5版及《物理光学简明教程》第2版配套的教学参考书。

第3版是在前两版的基础上,经过修改、补充,重新编写而成的。

第3版保留了第2版的基本内容,并对第2版的错漏做了修改,充实了部分内容,特别是参考了近几年一些院校的考研入学试题,梳理出10套模拟试题。为了拓宽读者思路和便于自学,个别题目给出了多种解法。

本书与《物理光学》第5版的内容安排一致,即包含了光的电磁理论,光的叠加与分析,光的干涉和干涉仪,多光束干涉与光学薄膜,光的衍射,傅里叶光学,光的偏振与晶体光学。全书共有500多道习题及详细的参考解答,这些习题既有基础题,也有综合题,适合不同层次的读者使用。

本书可作为光电信息科学与工程类各专业学习物理光学课程的教学参考书,也可供其他专业的本科生和硕士生学习物理光学时参考,还可作为相关专业硕士研究生入学考试复习的参考书。

图书在版编目(CIP)数据

物理光学学习指导与题解/刘翠红等编著. —3版. —北京:电子工业出版社,2020.11

ISBN 978-7-121-39840-7

Ⅰ. ①物… Ⅱ. ①刘… Ⅲ. ①物理光学-高等学校-教学参考资料 Ⅳ. ①O436

中国版本图书馆 CIP 数据核字(2020)第 205471 号

责任编辑:韩同平

印　　刷:北京七彩京通数码快印有限公司

装　　订:北京七彩京通数码快印有限公司

出版发行:电子工业出版社

　　　　北京市海淀区万寿路 173 信箱　　邮编:100036

开　　本:787×1092　1/16　印张:14.5　字数:410.4 千字

版　　次:2009 年 8 月第 1 版

　　　　2020 年 11 月第 3 版

印　　次:2025 年 7 月第 7 次印刷

定　　价:49.90 元

凡所购买电子工业出版社图书有缺损问题,请向购买书店调换。若书店售缺,请与本社发行部联系,联系及邮购电话:(010)88254888,88258888。

质量投诉请发邮件至 zlts@ phei. com. cn,盗版侵权举报请发邮件至 dbqq@ phei. com. cn。

本书咨询联系方式:010-88254525,hantp@ phei. com. cn。

前　　言

本书是与梁铨廷编著的《物理光学》第 5 版及《物理光学简明教程》第 2 版配套的教学参考书。

本书第 1 版、第 2 版分别于 2009 年、2013 年出版,得到广大读者的喜爱和支持,其间多次印刷,被国内多所院校选为教学辅助教材或考研参考书。

第 3 版保留了前两版的特色,即针对每章内容编写了学习目的和要求,以及基本概念和基本公式,对常见问题及相应的解题方法进行归类,并对梁铨廷教授编著的《物理光学》第 5 版中的习题做了较详细的解答,每章之后的自测题主要是针对本章基本的知识点而设计的,是学生应该掌握的基础习题;而适合全书总复习的一些综合性的有一定难度的习题,则安排在全书末尾的模拟试题中。

第 3 版主要做了如下修订:(1) 更正了分布在全书各处的错漏,优化了部分习题的解答过程;(2) 为了拓宽读者思路和便于自学,个别题目给出了多种解法;(3) 把《物理光学简明教程》第 2 版的习题补充到各章;(4) 参考了近几年多所院校的物理光学考研试题,更新、补充形成了 10 套模拟试题。

感谢梁铨廷教授在本书编写过程中提出的宝贵意见和建议,感谢广大读者尤其是广州大学光电信息科学与工程专业的师生们提出的建议。

欢迎广大读者与作者交流(1198383546@qq.com)

编著者

目　　录

第1章　光的电磁理论

1.1　学习目的和要求

1. 了解积分和微分形式的麦克斯韦方程组、物质方程。
2. 掌握光的平面波、球面波的表达形式及其复振幅描述。
3. 理解坡印廷矢量、光强的概念，掌握相对光强的计算。
4. 掌握光在介质界面上的反射、折射和全反射。熟悉特殊角度下的菲涅耳公式计算，理解半波损失。
5. 掌握布儒斯特定律。
6. 了解光的吸收、色散和散射现象及经典理论。

1.2　基本概念和基本公式

1. 麦克斯韦方程组

光是一种电磁波。

麦克斯韦方程组：
$$\begin{cases} \nabla \cdot \boldsymbol{D} = \rho \\ \nabla \cdot \boldsymbol{B} = 0 \\ \nabla \times \boldsymbol{E} = -\dfrac{\partial \boldsymbol{B}}{\partial t} \\ \nabla \times \boldsymbol{H} = \boldsymbol{j} + \dfrac{\partial \boldsymbol{D}}{\partial t} \end{cases} \tag{1.1}$$

2. 波动方程

光波在各向同性介质中传播的波动方程：
$$\begin{cases} \nabla^2 \boldsymbol{E} - \dfrac{1}{v^2}\dfrac{\partial^2 \boldsymbol{E}}{\partial t^2} = 0 \\ \nabla^2 \boldsymbol{B} - \dfrac{1}{v^2}\dfrac{\partial^2 \boldsymbol{B}}{\partial t^2} = 0 \end{cases} \tag{1.2}$$

3. 光速

$$v = 1/\sqrt{\varepsilon \mu} \tag{1.3}$$

其中，ε 和 μ 分别是介质的介电常数和磁导率。

真空中光速为　　　$c = 1/\sqrt{\varepsilon_0 \mu_0} = 2.99794 \times 10^8 \,\mathrm{m/s} \approx 3 \times 10^8 \,\mathrm{m/s}$

介质的绝对折射率为　　　$n = \dfrac{c}{v} = \sqrt{\dfrac{\varepsilon \mu}{\varepsilon_0 \mu_0}} = \sqrt{\varepsilon_r \mu_r} \tag{1.4}$

其中，ε_r 和 μ_r 分别是介质的相对介电常数和相对磁导率。对大部分透明光学介质，$\mu_r \approx 1$，

$n = \sqrt{\varepsilon_r}$。介质的折射率是光波频率的函数。

4. 波长

真空中可见光的波长范围为 $390 \sim 780\text{nm}$，平均波长为 550nm，对应的频率范围为 $3.84 \times 10^{14} \sim 7.69 \times 10^{14}\text{Hz}$。正常视力的人眼对波长为 555nm 的绿色光最为敏感。

5. 光矢量

考虑光波对物质中带电粒子的作用，由于光波中磁场的作用远比光波中的电场弱，所以讨论光场振动性质时通常只考虑电矢量 E，也称为光矢量。

6. 单色平面波表达式

复数形式：
$$E = A\exp\left[\,i(\boldsymbol{k}\cdot\boldsymbol{r} - \omega t - \phi_0)\,\right] \tag{1.5}$$

复振幅：
$$\widetilde{E} = A\exp(i\boldsymbol{k}\cdot\boldsymbol{r}) \tag{1.6}$$

波函数也可用三角函数表示。例如，沿 z 轴传播的平面波为

$$E = A\cos\left[\frac{2\pi}{\lambda}(z - vt) - \phi_0\right] \tag{1.7}$$

或
$$E = A\cos(kz - \omega t - \phi_0) \tag{1.8}$$

其中，A 是常矢量，表示单色光波电场的振幅。光波圆波数 k、频率 ν、周期 T、波速 v 及波长 λ 之间的关系为

$$k = 2\pi/\lambda \quad \nu = 1/T = v/\lambda \quad \omega = 2\pi\nu \quad \lambda = \lambda_0/n \tag{1.9}$$

其中，λ_0 为光波在真空中的波长。

7. 单色球面波

$$E(r,t) = \frac{A_1}{r}\cos(kr - \omega t) \tag{1.10}$$

复数表达形式为
$$E(r,t) = \frac{A_1}{r}\exp\left[\,i(kr - \omega t)\,\right] \tag{1.11}$$

复振幅为
$$\widetilde{E}(r,t) = \frac{A_1}{r}\exp\left[\,ikr\,\right] \tag{1.12}$$

其中，A_1 是距源点单位距离处的振幅；r 的计算起点为光波的源点。

8. 坡印廷矢量

$$S = \frac{1}{\mu}\boldsymbol{E} \times \boldsymbol{B} \tag{1.13}$$

9. 光强、相对光强

光强：
$$I = \langle S \rangle = \frac{1}{2}\sqrt{\frac{\varepsilon}{\mu}}A^2 \;(\text{平面波}) \tag{1.14}$$

相对光强：
$$I = A^2 \;(\text{平面波}) \tag{1.15}$$

10. 折射定律(斯涅耳定律，Snell's law)

$$n_1\sin\theta_1 = n_2\sin\theta_2 \tag{1.16}$$

其中，θ_1 和 θ_2 分别是入射角和折射角。

11. 全反射

光波从光密介质射向光疏介质，发生全反射的临界角为

$$\theta_c = \arcsin n_{21} \tag{1.17}$$

其中, $n_{21} = n_2/n_1$ 为相对折射率。

全反射时,反射光中 s 波和 p 波有位相差 δ,且

$$\tan\frac{\delta}{2} = \tan\frac{\delta_s - \delta_p}{2} = \frac{\cos\theta_1\sqrt{\sin^2\theta_1 - n_{21}^2}}{\sin^2\theta_1} \tag{1.18}$$

12. 菲涅耳公式

$$\begin{cases} r_p = \dfrac{A'_{1p}}{A_{1p}} = \dfrac{n_2\cos\theta_1 - n_1\cos\theta_2}{n_2\cos\theta_1 + n_1\cos\theta_2} = \dfrac{\tan(\theta_1 - \theta_2)}{\tan(\theta_1 + \theta_2)} \\[3mm] r_s = \dfrac{A'_{1s}}{A_{1s}} = \dfrac{n_1\cos\theta_1 - n_2\cos\theta_2}{n_1\cos\theta_1 + n_2\cos\theta_2} = -\dfrac{\sin(\theta_1 - \theta_2)}{\sin(\theta_1 + \theta_2)} \\[3mm] t_p = \dfrac{A_{2p}}{A_{1p}} = \dfrac{2n_1\cos\theta_1}{n_2\cos\theta_1 + n_1\cos\theta_2} = \dfrac{2\sin\theta_2\cos\theta_1}{\sin(\theta_1 + \theta_2)\cos(\theta_1 - \theta_2)} \\[3mm] t_s = \dfrac{A_{2s}}{A_{1s}} = \dfrac{2n_1\cos\theta_1}{n_1\cos\theta_1 + n_2\cos\theta_2} = \dfrac{2\sin\theta_2\cos\theta_1}{\sin(\theta_1 + \theta_2)} \end{cases} \tag{1.19}$$

其中, r 是振幅反射率(即反射系数),如 r_s 是 s 波的振幅反射率; t 是振幅透射率(即透射系数),如 t_s 是 s 波的振幅透射率; A_1 和 A'_1 分别是入射波和反射波的振幅,而 A_2 是透射波的振幅,如 A_{1s} 是入射 s 波振幅, A_{2s} 是透射 s 波振幅。

13. 反射率和透射率

强度反射率和透射率分别为

$$\begin{cases} \mathcal{R}_p \equiv \dfrac{I'_{1p}}{I_{1p}} = |r_p|^2 \\[3mm] \mathcal{R}_s \equiv \dfrac{I'_{1s}}{I_{1s}} = |r_s|^2 \\[3mm] \mathcal{T}_p \equiv \dfrac{I_{2p}}{I_{1p}} = \dfrac{n_2}{n_1}|t_p|^2 \\[3mm] \mathcal{T}_s \equiv \dfrac{I_{2s}}{I_{1s}} = \dfrac{n_2}{n_1}|t_s|^2 \end{cases} \tag{1.20}$$

能流反射率和透射率(常简称为反射率和透射率)分别为

$$\begin{cases} R_p \equiv \dfrac{W'_{1p}}{W_{1p}} = \mathcal{R}_p \\[3mm] R_s \equiv \dfrac{W'_{1s}}{W_{1s}} = \mathcal{R}_s \\[3mm] T_p \equiv \dfrac{W_{2p}}{W_{1p}} = \dfrac{\cos\theta_2}{\cos\theta_1}\mathcal{T}_p \\[3mm] T_s \equiv \dfrac{W_{2s}}{W_{1s}} = \dfrac{\cos\theta_2}{\cos\theta_1}\mathcal{T}_s \\[3mm] R_p + T_p = 1, \quad R_s + T_s = 1 \end{cases} \tag{1.21}$$

自然光入射时的反射率和透射率分别为

$$R = \mathscr{R} = \frac{W'_1}{W_1} = \frac{1}{2}(R_p + R_s) = \frac{1}{2}(\mathscr{R}_p + \mathscr{R}_s)$$

$$\mathscr{T} = \frac{I_2}{I_1} = \frac{1}{2}(\mathscr{T}_p + \mathscr{T}_s) \tag{1.22}$$

$$T = \frac{W_2}{W_1} = \frac{1}{2}(T_p + T_s) = \frac{1}{2}(\mathscr{T}_p + \mathscr{T}_s)\frac{\cos\theta_2}{\cos\theta_1} = \mathscr{T}\frac{\cos\theta_2}{\cos\theta_1}$$

正入射时的反射率和透射率分别为

$$\begin{cases} r_p = \dfrac{n_2 - n_1}{n_2 + n_1} = -r_s \\[3mm] t_p = t_s = \dfrac{2n_1}{n_2 + n_1} \\[3mm] R_p = R_s = \mathscr{R}_p = \mathscr{R}_s = \left(\dfrac{n_2 - n_1}{n_2 + n_1}\right)^2 \\[3mm] T_p = T_s = \mathscr{T}_p = \mathscr{T}_s = \dfrac{4n_1 n_2}{(n_2 + n_1)^2} \end{cases} \tag{1.23}$$

14. 布儒斯特角

使振幅反射率的 p 分量等于零($r_p = 0$),反射光只有 s 分量的特殊入射角称为布儒斯特角。该入射角由布儒斯特定律给出:

$$\theta_B = \arctan n_{21} \tag{1.24}$$

其中,θ_B 为布儒斯特角。这时 $\theta_1 + \theta_2 = 90°$,即反射光出射方向与折射光出射方向垂直。

15. 斯托克斯倒逆关系

$$r^2 + tt' = 1, \quad r' = -r \tag{1.25}$$

其中,r、t 分别是光从折射率为 n_1 的介质入射时的振幅反射率和透射率;r'、t' 分别是光从折射率为 n_2 的介质入射时振幅的反射率和透射率(对 p 波、s 波均适用)。

16. 半波损失

当平面波在接近正入射或者掠入射下从光疏介质与光密介质的分界面反射时,反射光振动相对于入射光振动发生了 π 的位相跃变,即产生了半个波长的跃变。

$$\mathscr{D}' = \mathscr{D} \pm \frac{\lambda}{2}$$

其中,$\mathscr{D}$ 是几何光程差,$\mathscr{D}'$ 是有效光程差。

17. 光在金属中的传播

金属中电磁场的波动方程为

$$\nabla^2 E - \mu\sigma\frac{\partial E}{\partial t} - \mu\varepsilon\frac{\partial^2 E}{\partial t^2} = 0 \tag{1.26}$$

平面波为 $\qquad E = A\exp(-\boldsymbol{\alpha}\cdot\boldsymbol{r})\exp[\mathrm{i}(\boldsymbol{\beta}\cdot\boldsymbol{r} - \omega t)] \tag{1.27}$

若平面波沿垂直金属表面传播(如 z 轴),则式(1.27)变为

$$E = A\exp[-\alpha z]\exp[\mathrm{i}(\beta z - \omega t)] \tag{1.28}$$

对于金属良导体，$\frac{\sigma}{\varepsilon\omega}\gg 1$，则

$$\alpha\approx\beta\approx\left(\frac{\omega\mu\sigma}{2}\right)^{1/2} \tag{1.29}$$

穿透深度为
$$z_0=1/\alpha \tag{1.30}$$

当光波垂直入射到空气—金属界面时，反射率为

$$R=\frac{n^2(1+\kappa^2)+1-2n}{n^2(1+\kappa^2)+1+2n} \tag{1.31}$$

其中 κ 为衰减指数。

18. 光的吸收、色散和散射

（1）吸收

朗伯定律（或称布格尔定律）：经传播距离 z 后光强减小为

$$I=I_0\exp\left[-\bar{\alpha}z\right] \tag{1.32}$$

其中，$\bar{\alpha}$ 是介质的吸收系数。

比尔定律：
$$I=I_0\exp\left[-\beta Cz\right] \tag{1.33}$$

式中，C 是溶液浓度，β 是比例常数。比尔定律只适用于浓度较稀的液体。

（2）色散

色散是指一种光在介质中传播时其折射率（速度）随频度（或波长）变化的现象。随着光的波长增加，吸收物质的折射率和色散率增大的称为反常色散。反之，随着光的波长增加，透明物质的折射率和色散率单调下降的称为正常色散。正常色散的规律由经验公式，即柯西色散公式给出：

$$n=a+\frac{b}{\lambda^2}+\frac{c}{\lambda^4} \tag{1.34}$$

其中，a、b 和 c 是只与物质有关而与波长无关的常数。

（3）散射

瑞利散射定律：

$$I\propto 1/\lambda^4 \tag{1.35}$$

1.3　常见习题分类及典型例题分析

题型一　已知单色平面波或球面波的表达式，求频率、波长、周期、振幅、相速度、传播方向及某个平面上的复振幅分布；反之，给出振幅、频率、波长等，求波的表达式。

基本解题思路　对比波的标准表达式和各物理量的关系式(1.5)~(1.12)求之；利用麦克斯韦方程组，由给出的电场求磁场，反之亦然。

例1.1　写出在 oyz 平面内沿与 y 轴成 θ 角的 $\boldsymbol{r}$ 方向传播的平面波的复振幅。

解　该平面波波矢的三个分量分别为

$$k_x=0,\quad k_y=k\cos\theta,\quad k_z=k\sin\theta$$

其位相分布为
$$\phi(r)=\boldsymbol{k}\cdot\boldsymbol{r}-\phi_0=k(y\cos\theta+z\sin\theta)-\phi_0$$

其中，ϕ_0 是原点处的初相。

设平面波振幅大小为 A,则其复振幅为

$$\widetilde{E}(r) = A\exp\left\{i\left[k(y\cos\theta + z\sin\theta) - \phi_0\right]\right\}$$

例 1.2 一个平面电磁波可以表示为 $E_x = 0, E_y = 2\cos\left[2\pi\times10^{14}\left(\dfrac{z}{c} - t\right) - \dfrac{\pi}{2}\right], E_z = 0$。求:

(1) 该电磁波的频率、波长、振幅和原点的初相是多少?

(2) 波的传播和电矢量的振动取哪个方向?

(3) 与电场相联系的磁场 **B** 的表达式。

解 (1) 把题给条件与式(1.8)和式(1.9)比较可知:

振幅 $A = 2$,频率 $\nu = \dfrac{\omega}{2\pi} = 10^{14}$Hz,波长 $\lambda = \dfrac{2\pi}{k} = 3.0\times10^{-6}$m,初相 $\phi_0 = \dfrac{\pi}{2}$。

(2) 平面电磁波沿 z 轴正方向传播,又因 $E_x = 0, E_z = 0$,故矢量的振动取 y 轴方向。

(3) 由麦克斯韦方程组(1.1)中的第三式: $\nabla\times E = -\dfrac{\partial B}{\partial t}$,并考虑题设 $E_x = E_z = 0$,以及 $\dfrac{\partial E_y}{\partial x} = 0$,得 $B_y = B_z = 0$,且

$$\frac{\partial B_x}{\partial t} = -\frac{\partial E_y}{\partial z} = \frac{4\pi\times10^{14}}{c}\sin\left[2\pi\times10^{14}\left(\frac{z}{c} - t\right) - \frac{\pi}{2}\right]$$

对 t 积分得

$$B_x = \frac{2}{c}\cos\left[2\pi\times10^{14}\left(\frac{z}{c} - t\right) - \frac{\pi}{2}\right]$$

可见,**E** 与 **B** 互相正交且与波的传播方向垂直。

例 1.3 一平面简谐电磁波在真空中沿正 x 方向传播,其频率为 4×10^{14}Hz,电场振幅为 14.14V/m,如果该电磁波的振动面与 xy 平面呈 45°角,试写出 **E** 和 **B** 的表达式。

解 已知频率 $\nu = 4\times10^{14}$Hz,则波数

$$k = \frac{2\pi}{\lambda} = \frac{2\pi\nu}{c} = \frac{2\pi\times4\times10^{14}}{3\times10^8} = 2.7\pi\times10^6(\text{m}^{-1})$$

因波沿 x 方向传播

$$E_x = 0$$

$$E_z(x,t) = E_0\cos45°\exp[ik(x-vt)] = 14.14\times\frac{\sqrt{2}}{2}\exp[i2.7\times10^6\pi(x-3\times10^8 t)]$$

$$= 10\exp[i2.7\times10^6\pi(x-3\times10^8 t)]$$

$$E_y(x,t) = E_0\sin45°\exp[ik(x-vt)] = 10\exp[i2.7\times10^6\pi(x-3\times10^8 t)]$$

所以

$$E = E_y e_y + E_z e_z$$

B 垂直于 **E** 和 **k**,三者构成右手螺旋系,又 $|E| = \dfrac{1}{\sqrt{\varepsilon_0\mu_0}}|B|$,故可得

$$B_{0z} = B_{0y} = \frac{10}{3\times10^8} = 3.33\times10^{-6}(\text{T})$$

$$B_y(x,t) = B_{0y}\exp[ik(x-vt)] = 3.33\times10^{-6}\exp[i2.7\times10^6\pi(x-3\times10^8 t)]$$

$$B_z(x,t) = B_{0z}\exp[ik(x-vt)] = 3.33\times10^{-6}\exp[i2.7\times10^6\pi(x-3\times10^8 t)]$$

$$B = -B_y e_y + B_z e_z$$

题型二 有关电磁波的基本性质的证明。

基本解题思路 利用麦克斯韦方程组中各式进行证明。

例1.4 设一平面电磁波沿正 x 方向传播,证明电矢量与磁矢量的振动方向均垂直于波的传播方向。

证明 沿正 x 方向传播的平面电磁波可写为

$$\begin{cases} \boldsymbol{E} = \boldsymbol{A}e^{i(kx-\omega t)} \\ \boldsymbol{B} = \boldsymbol{A}'e^{i(kx-\omega t)} \end{cases}$$

由麦克斯韦方程组(1.1)的第一式,在远离辐射源的区域,电荷密度 $\rho = 0$ 的情况下,有 $\nabla \cdot \boldsymbol{D} = 0$,因此

$$\nabla \cdot \boldsymbol{D} = \varepsilon \nabla \cdot \boldsymbol{E} = \varepsilon \left(\boldsymbol{e}_x \frac{\partial E}{\partial x} + \boldsymbol{e}_y \frac{\partial E}{\partial y} + \boldsymbol{e}_z \frac{\partial E}{\partial z} \right)$$

$$= ik\varepsilon \boldsymbol{e}_x \cdot \boldsymbol{E} = 0$$

式中 $\boldsymbol{e}_x$、$\boldsymbol{e}_y$、$\boldsymbol{e}_z$ 为沿坐标轴方向的单位矢量。

由上式可见,$\boldsymbol{E}$ 在 x 方向的分量为零。由于平面波沿 x 方向传播,所以 $\boldsymbol{E}$ 恒垂直于波的传播方向。

同样,由方程组(1.1)的第二式,有

$$\nabla \cdot \boldsymbol{B} = \mu \nabla \cdot \boldsymbol{H} = ik\mu \boldsymbol{e}_x \cdot \boldsymbol{H} = 0$$

所以,磁矢量的振动方向也恒垂直于波的传播方向。

例1.5 平面电磁波沿 x 方向传播,证明电矢量与磁矢量互相垂直。

证明 沿正 x 方向传播的平面电磁波可写为

$$\begin{cases} \boldsymbol{E} = \boldsymbol{A}e^{i(kx-\omega t)} \\ \boldsymbol{B} = \boldsymbol{A}'e^{i(kx-\omega t)} \end{cases}$$

显然有

$$\frac{\partial \boldsymbol{H}}{\partial t} = -i\omega \boldsymbol{H}, \quad \nabla \times \boldsymbol{E} = ik\boldsymbol{e}_x \times \boldsymbol{E}$$

由麦克斯韦方程组(1.1)的第三式

$$\nabla \times \boldsymbol{E} = -\frac{\partial \boldsymbol{B}}{\partial t} = -\mu \frac{\partial \boldsymbol{H}}{\partial t}$$

得到 $i\omega\mu \boldsymbol{H} = ik\boldsymbol{e}_x \times \boldsymbol{E}$

因为 $k = 2\pi/\lambda = \dfrac{\omega}{v} = \omega\sqrt{\varepsilon\mu}$,所以

$$\sqrt{\mu}\boldsymbol{H} = \sqrt{\varepsilon}(\boldsymbol{e}_x \times \boldsymbol{E})$$

上式表明,$\boldsymbol{E}$ 和 $\boldsymbol{H}$ 互相垂直,同时又垂直于波的传播方向 $\boldsymbol{e}_x$。

题型三 求反射率、透射率、反射和透射光的光强度或偏振度。

基本解题思路 利用菲涅耳公式、布儒斯特定律及全反射临界角求解。

例1.6 试证明反射光与透射光的振幅及位相满足斯托克斯倒逆关系:$r^2 + tt' = 1$ 和 $r' = -r$。式中,r、t 分别是光从第一介质到第二介质的振幅反射系数和振幅透射系数,r'、t' 则是从第二介质到第一介质的相应值。

证明 设第一介质折射率为 n_1,第二介质折射率为 n_2。若振幅为 E_0 的光入射,则反射光为 rE_0,折射光为 tE_0 如图 1.1(a)所示。

若反射光与折射光以原来的振幅 rE_0 和 tE_0 逆着原来的光路传播,其反射和折射的振幅如图 1.1(b)、(c)所示。

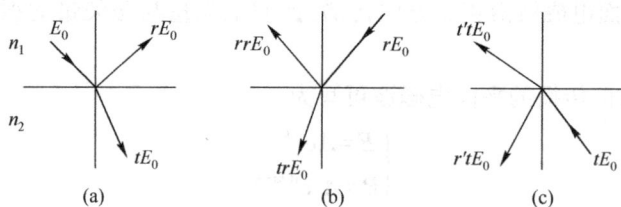

图 1.1　例 1.4 用图

根据光的可逆性原理，$r'tE_0$、trE_0 应相互抵消，$t'tE_0$、rrE_0 应合成原入射光的振幅，即

$$trE_0 + r'tE_0 = 0, \quad rrE_0 + tt'E_0 = E_0$$

由此可得到斯托克斯倒逆关系式：

$$r' = -r, \quad tt' + r^2 = 1$$

例 1.7　平行光以布儒斯特角从空气射到玻璃（$n = 1.5$）上，求：
（1）能流反射率 R_p 和 R_s；（2）能流透射率 T_p 和 T_s。

解　光以布儒斯特角入射时，反射光无 p 分量，即 $R_p = 0$。

布儒斯特角为　　　　　　$\theta_1 = \theta_B = \arctan 1.5 \approx 56.3°, \theta_1 + \theta_2 = 90°$

s 分量的能流反射率为

$$R_s = |r_s|^2 = \left[\frac{\sin(\theta_2 - \theta_1)}{\sin(\theta_2 + \theta_1)}\right]^2 = \sin^2(90° - 2\theta_B) \approx 14.8\%$$

因能量守恒，故能流透射率分别为

$$T_p = 1 - R_p = 1; \quad T_s = 1 - R_s \approx 85.2\%$$

能流透射率也可以直接通过式（1.21）中的第三、第四式，以及式（1.19）和式（1.20）中的第三、第四式求出。但这种计算方法不仅繁复，而且往往因为忽视能流透射率和强度透射率的差别容易出错。因此，在不考虑介质吸收的情况下，可先求出能流反射率，再利用能量守恒求能流透射率。

题型四　求解有关色散、吸收和散射的问题。

基本解题思路　利用柯西色散公式求解色散问题；用朗伯定律或比尔定律解决吸收问题；用瑞利散射定律解释一些现象。

例 1.8　强度为 I_0 的光射入一段 20m 的光纤，光纤出射端的光强度的测量值为 I_1。将光纤截为 10m 长，用相同强度 I_0 的光再射入光纤，其输出的光强度的测量值为 I_2。已知 $I_2/I_1 = \exp[2]$，则光纤对光的衰减系数 $\bar{\alpha}(m^{-1})$ 为多大？

解　由朗伯定律 $I = I_0 \exp[-\bar{\alpha}z]$ 得

$$I_1 = I_0 \exp[-20\bar{\alpha}]$$

$$I_2 = I_0 \exp[-10\bar{\alpha}]$$

$$\frac{I_2}{I_1} = \exp[10\bar{\alpha}] = \exp[2]$$

所以　　　　　　　　　　$\bar{\alpha} = 0.2(m^{-1})$

例 1.9　试证当媒质厚度为 1cm，吸收系数很小时，吸收率 $G = \dfrac{I_0 - I}{I_0}$ 在数值上就等于吸收系数本身。

证明 由朗伯定律及吸收率的定义得

$$G = \frac{I_0 - I}{I_0} = 1 - \exp[-\overline{\alpha}z]$$

按麦克劳林公式展开,得

$$G = 1 - \left(1 - \overline{\alpha} + \frac{\overline{\alpha}^2}{2} + \cdots\right) \approx \overline{\alpha}$$

1.4 教材习题解答

1.1[①] 在真空中传播的平面电磁波,其电场表示为

$$E_x = 0, \quad E_y = 0, \quad E_z = (10^2\,\mathrm{V/m})\cos\left[\pi \times 10^{14}\,\mathrm{s}^{-1}\left(t - \frac{x}{c}\right) - \frac{\pi}{2}\right]$$

求该电磁波的频率、波长、周期、振幅和初相。

解 据式(1.7),沿 z 方向振动、x 方向传播的平面波的基本表达形式为

$$E = A\cos\left[2\pi\nu\left(\frac{x}{c/n} - t\right) - \phi_0\right] = A\cos\left[2\pi\left(\frac{x}{\lambda} - \nu t\right) - \phi_0\right]$$

则频率

$$\nu = \frac{\pi \times 10^{14}}{2\pi} = 0.5 \times 10^{14}\,(\mathrm{Hz})$$

波长

$$\lambda = \frac{c}{\nu} = \frac{3 \times 10^8}{0.5 \times 10^{14}} = 6 \times 10^{-6}\,(\mathrm{m})$$

周期

$$T = \frac{1}{\nu} = \frac{1}{0.5 \times 10^{14}} = 2 \times 10^{-14}\,(\mathrm{s})$$

振幅

$$A_{0z} = 100\,(\mathrm{V/m})$$

初相

$$\phi_0 = -\pi/2$$

1.2 一个线偏振光在玻璃中传播时可以表示为

$$E_y = 0, \quad E_z = 0, \quad E_x = 10^2\cos\pi 10^{15}\left(\frac{z}{0.65c} - t\right)$$

试求:(1) 光的频率;(2) 波长;(3) 玻璃的折射率。

解 根据式(1.7)和式(1.9)得,沿 z 方向传播的平面波为

$$E = A\cos\left[2\pi\nu\left(\frac{z}{c/n} - t\right)\right] = A\cos\left[2\pi\left(\frac{z}{\lambda} - \nu t\right)\right]$$

把题给表达式改为

$$E_x = 10^2\cos\left[2\pi\frac{10^{15}}{2}\left(\frac{z}{0.65c} - t\right)\right]$$

两式比较得:

光的频率

$$\nu = \frac{10^{15}}{2} = 5 \times 10^{14}\,(\mathrm{Hz})$$

波长

$$\lambda = \frac{v}{\nu} = \frac{2 \times 0.65c}{10^{15}} = 3.9 \times 10^{-7}\,(\mathrm{m}) = 390\,(\mathrm{nm})$$

---

① 此题为另加题,《物理光学》教材中习题1.1的解答见例1.2。

玻璃的折射率为 $$n = \frac{1}{0.65} = 1.54$$

1.3 利用波矢量 **k** 在直角坐标系的方向余弦 $\cos\alpha, \cos\beta, \cos\gamma$，写出平面简谐波的波函数，并且证明它是三维波动微分方程的解。

证明 平面简谐波的波函数

$$E(r,t) = A\cos[\boldsymbol{k} \cdot \boldsymbol{r} - \omega t - \phi_0]$$
$$= A\cos[k(\cos\alpha x + \cos\beta y + \cos\gamma z) - \omega t - \phi_0]$$

因为

$$\frac{\partial^2 E}{\partial x^2} = -\cos^2\alpha \cdot k^2 \cdot E, \quad \frac{\partial^2 E}{\partial y^2} = -\cos^2\beta \cdot k^2 \cdot E, \quad \frac{\partial^2 E}{\partial z^2} = -\cos^2\gamma \cdot k^2 \cdot E$$

$$\frac{\partial^2 E}{\partial t^2} = -\omega^2 E$$

由于 $\cos^2\alpha + \cos^2\beta + \cos^2\gamma = 1$，$k = 2\pi/\lambda = \omega/v$，所以

$$\frac{\partial^2 E}{\partial x^2} + \frac{\partial^2 E}{\partial y^2} + \frac{\partial^2 E}{\partial z^2} = -k^2 E$$

而

$$\frac{1}{v^2}\frac{\partial^2 E}{\partial t^2} = -\frac{\omega^2}{v^2}E = -k^2 E$$

可见

$$\frac{\partial^2 E}{\partial x^2} + \frac{\partial^2 E}{\partial y^2} + \frac{\partial^2 E}{\partial z^2} = \frac{1}{v^2}\frac{\partial^2 E}{\partial t^2}$$

得证

1.4 一种机械波的波函数为 $y = A\cos 2\pi\left(\dfrac{x}{\lambda} - \dfrac{t}{T}\right)$，其中 $A = 20\text{mm}$，$T = 12\text{s}$，$\lambda = 20\text{mm}$，试画出 $t = 3\text{s}$ 时的波形曲线（从 $x = 0$ 画到 $x = 40\text{mm}$）。

解 按题给条件得图 1.2。

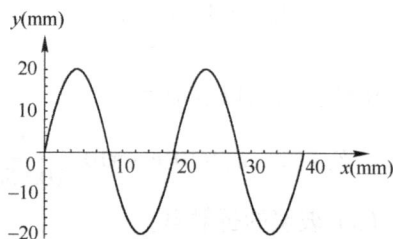

图 1.2 题 1.4 用图

1.5 在与一平行光束垂直的方向上插入一透明薄片，其厚度 $h = 0.01\text{mm}$，折射率 $n = 1.5$，若光波的波长 $\lambda = 500\text{nm}$，试计算插入玻璃片前后光束光程和位相的变化。

解 插入玻璃片前后，光束光程的变化为

$$\mathscr{D} = (n-1)h = 0.005 \,(\text{mm})$$

位相的变化为

$$\phi_1 = kz - \omega t = kz - 2\pi \cdot \frac{c}{\lambda} \cdot t = \frac{2\pi}{\lambda}(z - ct)$$

$$\phi_2 = \frac{2\pi}{\lambda/n}\left(z - \frac{c}{n} \cdot t\right)$$

则

$$\Delta\phi = \phi_2 - \phi_1 = (n-1)kz = k(n-1)h = 20\pi$$

1.6 地球表面每平方米接收到来自太阳光的功率约为 1.33kW,试计算投射到地球表面的太阳光的电场强度。假设可以把太阳光看做是波长 $\lambda = 600nm$ 的单色光。

解 由 $I = \dfrac{1}{2}c\varepsilon_0 A^2$,得电场强度为

$$A = \sqrt{\frac{2I}{c\varepsilon_0}} = \sqrt{\frac{2 \times 1.33 \times 10^3}{3.0 \times 10^8 \times 8.8542 \times 10^{-12}}} \approx 10^3 (\text{V/m})$$

1.7 在离无线电发射机 10km 远处飞行的一架飞机,收到功率密度为 $10\mu\text{W/m}^2$ 的信号。试计算:(1) 在飞机上来自此信号的电场强度大小;(2) 相应的磁感强度大小;(3) 发射机的总功率。

假设发射机各向同性地辐射,且不考虑地球表面反射的影响。

解 (1) 由 $I = \dfrac{1}{2}c\varepsilon_0 A^2$ 得

$$A = \sqrt{\frac{2I}{c\varepsilon_0}} = \sqrt{\frac{2 \times 10^{-6}}{3.0 \times 10^8 \times 8.8542 \times 10^{-12}}} \approx 8.7 \times 10^{-2} (\text{V/m})$$

(2) $B = \dfrac{E}{c} = \dfrac{8.7 \times 10^{-2}}{3 \times 10^8} = 2.9 \times 10^{-10} (\text{T})$

(3) 因发射机各向同性地辐射,所以其总功率为

$$P = 4\pi R^2 I = 4\pi \times (10 \times 10^3)^2 \times 10 \times 10^{-6} = 1.26 \times 10^4 (\text{W})$$

1.8 沿空间 $\boldsymbol{k}$ 方向传播的平面波可以表示为

$$E = 100\exp\{\text{i}[(2x + 3y + 4z) - 16 \times 10^5 t]\}$$

试求 $\boldsymbol{k}$ 方向的单位矢 $\boldsymbol{k}_0$。

解 因为 $\qquad\qquad \boldsymbol{k} \cdot \boldsymbol{r} = k_x x + k_y y + k_z z = 2x + 3y + 4z$

则 $k_x = 2, k_y = 3, k_z = 4$, 所以 $\boldsymbol{k}_0 = \dfrac{1}{\sqrt{29}}(2\boldsymbol{e}_x + 3\boldsymbol{e}_y + 4\boldsymbol{e}_z)$。

1.9 球面电磁波的电场 E 是 r 和 t 的函数,其中 r 是一定点到波源的距离,t 是时间。

(1) 写出与球面波相应的波动方程的形式;(2) 求出波动方程的解。

解 据式(1.2)得,直角坐标下的波动方程为

$$\frac{\partial^2 E}{\partial x^2} + \frac{\partial^2 E}{\partial y^2} + \frac{\partial^2 E}{\partial z^2} = \frac{1}{v^2}\frac{\partial^2 E}{\partial t^2}$$

(1) 利用球坐标 $x = r\sin\varphi\cos\theta, y = r\sin\varphi\sin\theta, z = r\cos\varphi$, 波动方程可化为

$$\frac{\partial^2 E}{\partial r^2} + \frac{2}{r}\frac{\partial E}{\partial r} + \frac{1}{r^2\sin\varphi}\frac{\partial}{\partial\varphi}\left(\sin\varphi\frac{\partial E}{\partial\varphi}\right) + \frac{1}{r^2\sin^2\varphi}\cdot\frac{\partial^2 E}{\partial\theta^2} = \frac{1}{v^2}\frac{\partial^2 E}{\partial t^2}$$

下面求具有球对称的简单解,即要求的波函数与 θ、φ 无关

$$E(r, \theta, \varphi, t) = E(r, t)$$

因此,方程中对于 θ 和 φ 的偏导数为零。波动方程为

$$\frac{\partial^2 E}{\partial r^2} + \frac{2}{r}\frac{\partial E}{\partial r} = \frac{1}{v^2}\frac{\partial^2 E}{\partial t^2}$$

上式可化为

$$\frac{1}{r}\frac{\partial^2(rE)}{\partial r^2} = \frac{1}{v^2}\frac{\partial^2 E}{\partial t^2}$$

r 是独立变量,与 t 无关,因此

$$r\frac{\partial^2 E}{\partial t^2}=\frac{\partial^2(rE)}{\partial t^2}$$

而波动方程变为

$$\frac{\partial^2(rE)}{\partial r^2}=\frac{1}{v^2}\frac{\partial^2(rE)}{\partial t^2}$$

（2）上述波动方程与一维波动方程有相同的形式,而一维波动方程的通解为

$$E(x,t)=f(x-vt)+g(x+vt)$$

但要注意,在这里空间变量是 r 而不是 x,未知函数是 $rE(r,t)$ 而不是 $E(r,t)$,因此通解是

$$rE(r,t)=f(r-vt)+g(r+vt)$$

因而对应于一个逸出波:

$$E(r,t)=\frac{f(r-vt)}{r}$$

1.10 证明柱面波的振幅与柱面波到波源的距离的平方根成反比。

证明 假设波源(柱轴)上点振动的初相为零,则距离波源(柱轴)为 r 的 P 点的位相为 $(kr-\omega t)$,振幅 A_r 为径向 r 的函数,则 P 点的电场振动为

$$E=A_r\exp[\,\mathrm{i}(kr-\omega t)\,]$$

因单色柱面波沿径向传播,波矢方向沿径向 r,而由于能量守恒,单位时间内通过任一柱面的能量相等,所以距波源为单位距离的 P_1 点与距波源为 r 的 P_r 点的光强 I_1 和 I_r 的关系为

$$I_1\cdot 2\pi\cdot h=I_r\cdot 2\pi r\cdot h$$

其中,h 为柱面的高度。因此

$$\frac{I_r}{I_1}=\frac{1}{r}$$

另一方面,光强与振幅成正比:

$$\frac{I_r}{I_1}=\frac{A_r^2}{A_1^2}$$

比较以上两式,得

$$A_r=A_1/\sqrt{r}$$

1.11 一束线偏振光以 $45°$ 角入射到空气—玻璃界面,线偏振光的电矢量垂直于入射面。假设玻璃的折射率为 1.5,试求反射系数和透射系数。

解 根据菲涅耳公式得

$$r_s=\frac{n_1\cos\theta_1-n_2\cos\theta_2}{n_1\cos\theta_1+n_2\cos\theta_2}=\frac{\cos\theta_1-n_{21}\cos\theta_2}{\cos\theta_1+n_{21}\cos\theta_2}$$

由斯涅耳定律 $\sin\theta_1=n_{21}\sin\theta_2$,得

$$\cos\theta_2=\sqrt{1-\left(\frac{\sin\theta_1}{n_{21}}\right)^2}$$

所以,反射系数为

$$r_s=\frac{\cos\theta_1-\sqrt{n_{21}^2-\sin^2\theta_1}}{\cos\theta_1+\sqrt{n_{21}^2-\sin^2\theta_1}}=\frac{\cos45°-\sqrt{1.5^2-\sin^2 45°}}{\cos45°+\sqrt{1.5^2-\sin^2 45°}}=-0.3034$$

透射系数为

$$t_s=\frac{2n_1\cos\theta_1}{n_1\cos\theta_1+n_2\cos\theta_2}=\frac{2\cos\theta_1}{\cos\theta_1+\sqrt{n_{21}^2-\sin^2\theta_1}}=0.6966$$

1.12 假设窗玻璃的折射率为 1.5,斜照的太阳光(自然光)的入射角为 $60°$,试求太阳光

的透射率。

解
$$t_s = \frac{2n_1\cos\theta_1}{n_1\cos\theta_1 + n_2\cos\theta_2} = \frac{2\cos\theta_1}{\cos\theta_1 + \sqrt{n_{21}^2 - \sin^2\theta_1}} = 0.58$$

$$t_p = \frac{2n_1\cos\theta_1}{n_2\cos\theta_1 + n_1\cos\theta_2} = \frac{2\cos\theta_1}{n_{21}\cos\theta_1 + \sqrt{1 - \left(\dfrac{\sin\theta_1}{n_{21}}\right)^2}} = 0.638$$

根据式(1.20)~式(1.22)

$$T = \frac{1}{2}(T_p + T_s) = \frac{1}{2}(|t_p|^2 n_{21} + |t_s|^2 n_{21})\frac{\cos\theta_2}{\cos\theta_1}$$

$$= \frac{1}{2}(|t_p|^2 + |t_s|^2)\frac{\sqrt{n_{21}^2 - \sin^2\theta_1}}{\cos\theta_1} = 83\%$$

1.13 利用菲涅耳公式证明：(1) $R_s + T_s = 1$；(2) $R_p + T_p = 1$。

证明 据菲涅耳公式(1.19)及式(1.20)、式(1.21)，证明如下。

(1)
$$R_s + T_s = r_s^2 + \frac{n_2\cos\theta_2}{n_1\cos\theta_1}t_s^2 = \frac{\sin^2(\theta_1 - \theta_2)}{\sin^2(\theta_1 + \theta_2)} + \frac{n_2\cos\theta_2}{n_1\cos\theta_1}\frac{4\sin^2\theta_2\cos^2\theta_1}{\sin^2(\theta_1 + \theta_2)}$$

根据斯涅耳定律(式(1.16))，上式变为

$$R_s + T_s = \frac{\sin^2(\theta_1 - \theta_2)}{\sin^2(\theta_1 + \theta_2)} + \frac{\sin\theta_1\cos\theta_2}{\sin\theta_2\cos\theta_1}\frac{4\sin^2\theta_2\cos^2\theta_1}{\sin^2(\theta_1 + \theta_2)} = \frac{\sin^2(\theta_1 - \theta_2) + 4\sin\theta_1\cos\theta_2\sin\theta_2\cos\theta_1}{\sin^2(\theta_1 + \theta_2)} = 1$$

(2) $R_p + T_p = r_p^2 + \dfrac{n_2\cos\theta_2}{n_1\cos\theta_1}t_p^2$

$$= \frac{\tan^2(\theta_1 - \theta_2)}{\tan^2(\theta_1 + \theta_2)} + \frac{n_2\cos\theta_2}{n_1\cos\theta_1}\frac{4\sin^2\theta_2\cos^2\theta_1}{\sin^2(\theta_1 + \theta_2)\cos^2(\theta_1 - \theta_2)}$$

$$= \frac{\tan(\theta_1 - \theta_2)}{\tan(\theta_1 + \theta_2)} + \frac{4\sin\theta_1\cos\theta_2\sin\theta_2\cos\theta_1}{\sin^2(\theta_1 + \theta_2)\cos^2(\theta_1 - \theta_2)}$$

$$= \frac{\cos^2(\theta_1 + \theta_2)\sin^2(\theta_1 - \theta_2) + 4\sin\theta_1\cos\theta_2\sin\theta_2\cos\theta_1}{\sin^2(\theta_1 + \theta_2)\cos^2(\theta_1 - \theta_2)} = 1$$

1.14 光矢量垂直于入射面和平行于入射面的两束等强度的线偏振光以 50° 角入射到一块平行平板玻璃上，试比较两者透射光的强度。

解 设玻璃折射率 $n_2 = 1.5$，对应的布儒斯特角 $\theta_B \approx 56° \neq 50°$。

对于透射光，经历空气—玻璃(上)和玻璃—空气(下)两个界面：

$$t_s = t_{s1}t_{s2} = \frac{2n_1\cos\theta_1}{n_1\cos\theta_1 + n_2\cos\theta_2} \cdot \frac{2n_2\cos\theta_2}{n_2\cos\theta_2 + n_1\cos\theta_1} = 0.888$$

$$\mathcal{T}_s = \frac{n_2}{n_1}|t_{s1}|^2\frac{n_1}{n_2}|t_{s2}|^2 = |t_{s1}|^2|t_{s2}|^2 = 0.789$$

$$t_p = t_{p1}t_{p2} = \frac{2n_1\cos\theta_1}{n_2\cos\theta_1 + n_1\cos\theta_2} \cdot \frac{2n_2\cos\theta_2}{n_1\cos\theta_2 + n_2\cos\theta_1} = 0.997$$

$$\mathcal{T}_p = 0.994$$

设入射光束强度均为 I_0，则两透射光的强度分别为

$$I_s = \mathcal{T}_s I_0 = 0.789 I_0, \quad I_p = \mathcal{T}_p I_0 = 0.994 I_0$$

1.15 证明光束以布儒斯特角入射到平行平面玻璃片的上表面时,在下表面的入射角也是布儒斯特角。

证明 从图1.3可见,下表面入射角等于上表面折射角θ_2。

又由斯涅耳定律(式(1.16))可知

$$n_1 \sin\theta_1 = n_2 \sin\theta_2$$

得

$$\tan\theta_2 = \frac{\sin\theta_2}{\cos\theta_2} = \frac{\dfrac{n_1}{n_2}\sin\theta_1}{\sqrt{1-\left(\dfrac{n_1}{n_2}\sin\theta_1\right)^2}}$$

考虑上表面入射的布儒斯特角 $\tan\theta_1 = \tan\theta_B = \dfrac{n_2}{n_1}$,将其代

入上式得

$$\tan\theta_2 = \frac{\sin\theta_1/\tan\theta_1}{\sqrt{1-(\sin\theta_1/\tan\theta_1)^2}} = \frac{\cos\theta_1}{\sin\theta_1} = \frac{n_1}{n_2}$$

图1.3　题1.15用图

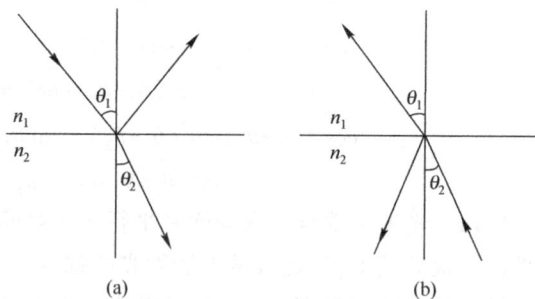

与式(1.24)比较可知,θ_2等于下表面入射的布儒斯特角。

1.16 光波在折射率分别为n_1和n_2的两介质界面上反射和折射,当入射角为θ_1时(折射角为θ_2,见图1.4(a)),s波和p波的反射系数分别为r_s和r_p,透射系数分别为t_s和t_p。若光波反过来从n_2介质入射到n_1介质,且当入射角为θ_2时(折射角为θ_1,见图1.4(b)),s波和p波的反射系数分别为r_s'和r_p',透射系数分别为t_s'和t_p'。试利用菲涅耳公式证明:(1) $r_s = -r_s'$;(2) $r_p = -r_p'$;(3) $t_s t_s' = T_s$;(4) $t_p t_p' = T_p$。

证 (1) 由式(1.19)的第二式得

$$r_s = -\frac{\sin(\theta_1 - \theta_2)}{\sin(\theta_1 + \theta_2)}$$

而

$$r_s' = -\frac{\sin(\theta_2 - \theta_1)}{\sin(\theta_2 + \theta_1)} = \frac{\sin(\theta_1 - \theta_2)}{\sin(\theta_1 + \theta_2)}$$

所以 $r_s = -r_s'$。

(2) 由式(1.19)第一式得

$$r_p = \frac{\tan(\theta_1 - \theta_2)}{\tan(\theta_1 + \theta_2)}$$

$$r_p' = \frac{\tan(\theta_2 - \theta_1)}{\tan(\theta_2 + \theta_1)} = -\frac{\tan(\theta_1 - \theta_2)}{\tan(\theta_1 + \theta_2)}$$

图1.4　题1.16用图

所以 $r_p = -r_p'$。

(3) 由式(1.19)、式(1.20)及式(1.21)得

$$t_s = \frac{2\sin\theta_2\cos\theta_1}{\sin(\theta_1 + \theta_2)}, \quad t_s' = \frac{2\sin\theta_1\cos\theta_2}{\sin(\theta_2 + \theta_1)}$$

$$t_s t_s' = \frac{2\sin\theta_2\cos\theta_1}{\sin(\theta_1 + \theta_2)} \cdot \frac{2\sin\theta_1\cos\theta_2}{\sin(\theta_2 + \theta_1)} = \frac{n_2\cos\theta_2}{n_1\cos\theta_1}\frac{4\sin^2\theta_2\cos^2\theta_1}{\sin^2(\theta_1 + \theta_2)} = T_s$$

(4) 由式(1.19)、式(1.20)及式(1.21)得

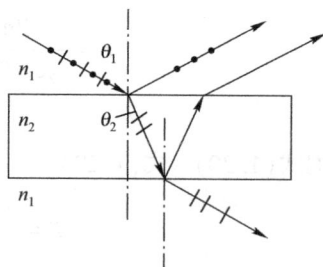

$$t_p = \frac{2\sin\theta_2\cos\theta_1}{\sin(\theta_1+\theta_2)\cos(\theta_1-\theta_2)}, \quad t'_p = \frac{2\sin\theta_1\cos\theta_2}{\sin(\theta_2+\theta_1)\cos(\theta_2-\theta_1)}$$

$$t_p t'_p = \frac{\sin\theta_1\cos\theta_2}{\sin\theta_2\cos\theta_1}\frac{4\sin^2\theta_2\cos^2\theta_1}{\sin^2(\theta_1+\theta_2)\cos^2(\theta_1-\theta_2)}$$

$$= \frac{n_2\cos\theta_2}{n_1\cos\theta_1}\frac{4\sin^2\theta_2\cos^2\theta_1}{\sin^2(\theta_1+\theta_2)\cos^2(\theta_1-\theta_2)} = T_p$$

1.17 导出光束正入射或以小角度入射到两介质界面时的反射系数和透射系数的表示式。

解 光束正入射或以小角度入射时，$\cos\theta_1 \approx \cos\theta_2 \approx 1$，因此：

（1）
$$r_s = -\frac{\sin(\theta_1-\theta_2)}{\sin(\theta_1+\theta_2)} = -\frac{\sin\theta_1\cos\theta_2-\cos\theta_1\sin\theta_2}{\sin\theta_1\cos\theta_2+\cos\theta_1\sin\theta_2} = -\frac{\sin\theta_1-\sin\theta_2}{\sin\theta_1+\sin\theta_2}$$

上式的分子分母同除以 $\sin\theta_2$，并注意到折射定律 $\dfrac{\sin\theta_1}{\sin\theta_2} = n_{21}$，则 $r_s = -\dfrac{n_{21}-1}{n_{21}+1}$。

（2）光束正入射或以小角度入射时，$\tan\theta \approx \sin\theta$，故

$$r_p = \frac{\tan(\theta_1-\theta_2)}{\tan(\theta_1+\theta_2)} = \frac{\sin(\theta_1-\theta_2)}{\sin(\theta_1+\theta_2)} = \frac{n_{21}-1}{n_{21}+1}$$

（3）
$$t_s = \frac{2\sin\theta_2\cos\theta_1}{\sin(\theta_1+\theta_2)} = \frac{2\sin\theta_2}{\sin\theta_1+\sin\theta_2} = \frac{2}{\frac{\sin\theta_1}{\sin\theta_2}+1} = \frac{2}{n_{21}+1}$$

（4）
$$t_p = \frac{2\sin\theta_2\cos\theta_1}{\sin(\theta_1+\theta_2)\cos(\theta_1-\theta_2)} = \frac{2\sin\theta_2}{\sin\theta_1+\sin\theta_2} = \frac{2}{n_{21}+1}$$

1.18 证明当入射角 $\theta_1 = 45°$ 时，光波在任何两种介质界面上的反射都有 $r_p = r_s^2$。

证明 因为 $\theta_1 = 45°$，所以

$$r_p = \frac{\tan(\theta_1-\theta_2)}{\tan(\theta_1+\theta_2)} = \frac{\dfrac{\tan\theta_1-\tan\theta_2}{1+\tan\theta_1\tan\theta_2}}{\dfrac{\tan\theta_1+\tan\theta_2}{1-\tan\theta_1\tan\theta_2}} = \left(\frac{1-\tan\theta_2}{1+\tan\theta_2}\right)^2 = \left(\frac{\cos\theta_2-\sin\theta_2}{\cos\theta_2+\sin\theta_2}\right)^2$$

另一方面 $r_s^2 = \left(-\dfrac{\sin(\theta_1-\theta_2)}{\sin(\theta_1+\theta_2)}\right)^2 = \left(-\dfrac{\sin\theta_1\cos\theta_2-\cos\theta_1\sin\theta_2}{\sin\theta_1\cos\theta_2+\cos\theta_1\sin\theta_2}\right)^2 = \left(\dfrac{\cos\theta_2-\sin\theta_2}{\cos\theta_2+\sin\theta_2}\right)^2$

因此 $r_p = r_s^2$。此结论与界面两边的介质性质无关。

1.19 证明光波以布儒斯特角入射到两种介质的界面上时，$t_p = 1/n_{21}$，其中 $n_{21} = n_2/n_1$。

证明 由于入射角为布儒斯特角，即 $\theta_1+\theta_2 = \dfrac{\pi}{2}$，$\tan\theta_1 = n_{21}$，因此

$$t_p = \frac{2\sin\theta_2\cos\theta_1}{\sin(\theta_1+\theta_2)\cos(\theta_1-\theta_2)} = \frac{2\cos\theta_1\cos\theta_1}{\cos\theta_1\sin\theta_1+\sin\theta_1\cos\theta_1} = \frac{1}{n_{21}}$$

1.20 光波垂直入射到玻璃—空气界面，玻璃折射率 $n = 1.5$，试计算反射系数、透射系数、反射率和透射率。

解 光波垂直入射到玻璃-空气界面，相对折射率 $n_{21} = 1/1.5$，由题 1.17 的结果可得反射系数和透射系数分别为

$$r_s = -\frac{n_{21}-1}{n_{21}+1} = -\frac{1/1.5-1}{1/1.5+1} = 0.2, \quad r_p = \frac{n_{21}-1}{n_{21}+1} = -0.2, \quad t_s = t_p = \frac{2}{n_{21}+1} = 1.2$$

由式（1.23）得反射率和透射率分别为

$$R_p = R_s = \left(\frac{n_{21}-1}{n_{21}+1}\right)^2 = 0.04, \quad T_p = T_s = \frac{4n_1 n_2}{(n_2+n_1)^2} = \frac{4 \times 1.5 \times 1}{(1+1.5)^2} = 0.96$$

1.21 光束垂直入射到45°直角棱镜的一个侧面，光束经斜面反射后从第二个侧面透出（见图1.5）。若入射光强度为 I_0，问从棱镜透出的光束的强度为多少？设棱镜的折射率为1.52，并且不考虑棱镜的吸收。

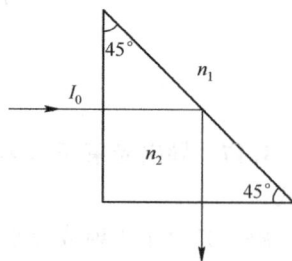

解 （1）若光束垂直入射空气–棱镜的反射率为 R_1，则光束透过第一个侧面后的强度为

图1.5　题1.21用图

$$I_1 = (1-R_1)I_0$$

（2）从图中看出，光束在斜面的入射角为45°，对于题给的玻璃–空气，全反射的临界角

$$\sin\theta_c = n_1/n_2 = 0.66 < \sqrt{2}/2 = \sin 45°$$

因此，光束在斜面发生全反射，即反射光的光强仍为 I_1。

（3）设第二个侧面透出时的反射率为 R_2，则最后透出的光强为

$$I_2 = (1-R_2)I_1 = (1-R_1)(1-R_2)I_0$$
$$= \left[1-\left(\frac{n_2-n_1}{n_2+n_1}\right)^2\right]\left[1-\left(\frac{n_1-n_2}{n_1+n_2}\right)^2\right]I_0 = 0.92 I_0$$

1.22 一个光学系统由两片分离的透镜组成，两片透镜的折射率分别为1.5和1.7，求此系统的反射光能损失。如透镜表面镀上增透膜，使表面反射率降为1%，则此系统的光能损失又是多少？假设光束接近于正入射通过各反射面。

解 （1）系统包括4个反射面，题目假设光束是接近正入射情形下通过各反射面的，因此，根据式（1.23）得各面的反射率分别为

第一界面
$$R_1 = \left(\frac{n_{21}-1}{n_{21}+1}\right)^2 = \left(\frac{1.5-1}{1.5+1}\right)^2 = 0.04$$

第二界面
$$R_2 = \left(\frac{n_{32}-1}{n_{32}+1}\right)^2 = \left(\frac{1/1.5-1}{1/1.5+1}\right)^2 = 0.04$$

第三界面
$$R_3 = \left(\frac{n_{43}-1}{n_{43}+1}\right)^2 = \left(\frac{1.7-1}{1.7+1}\right)^2 = 0.067$$

第四界面
$$R_4 = \left(\frac{n_{54}-1}{n_{54}+1}\right)^2 = \left(\frac{1/1.7-1}{1/1.7+1}\right)^2 = 0.067$$

如果入射到系统的光能为 W，则相继透过各面的光能为

$$W_1 = (1-R_1)W = (1-0.040)W = 0.960W$$
$$W_2 = (1-R_2)W_1 = 0.960W_1 = (0.960)^2 W = 0.922W$$
$$W_3 = (1-R_3)W_2 = 0.860W$$
$$W_4 = (1-R_4)W_3 = 0.803W$$

因此光能损失约为20%。

（2）若表面反射率降为1%，即

$$R_1 = R_2 = R_3 = R_4 = 0.01$$

则

$$W_4 = (1-R_1)^4 W = 0.960W$$

因而光能损失为 4%。

1.23 光束以很小的入射角射到一块平行平板上(如图 1.6 所示),试求相继从平板反射的两支光束 1′、2′ 和透射的两支光束 1″、2″ 的相对强度。设平板的折射率 $n = 1.5$。

解 当光束以很小的角度入射时,由题 1.22 知,平板上表面的反射率为

$$R = \left(\frac{n_{21}-1}{n_{21}+1}\right)^2 = \left(\frac{1.5-1}{1.5+1}\right)^2 = 0.04$$

其中,$n_{21} = n_2/n_1$,$n_1 = 1$,$n_2 = n = 1.5$。显然,把上式中的 n_1 和 n_2 对调即为光束在平板下表面的反射率,故也为 $R(=0.04)$。

设入射光强为 I,则图中第 1 支反射光束的强度为

$$I_1' = RI = 0.04I$$

第 2 支反射光束的强度为

$$I_2' = (1-R)R(1-R)I = 0.037I$$

而两支透射光束的强度分别为

$$I_1'' = (1-R)(1-R)I = (1-0.04)^2 I = 0.922I$$

$$I_2'' = (1-R)RR(1-R)I = (1-0.04)^2 0.04^2 I = 0.0015I$$

图 1.6 题 1.23 用图

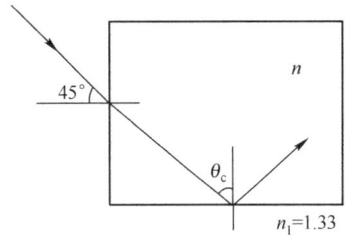

1.24 如图 1.7 所示,玻璃块周围介质(水)的折射率为 1.33。若光束射向玻璃块的入射角为 45°,问玻璃块的折射率至少应为多大才能使透入的光束发生全反射?

解 全反射临界角 θ_c 满足

$$\sin\theta_c = n_1/n$$

又,当光束以 45° 入射时,由折射定律得

$$n_1 \sin 45° = n \sin(90° - \theta_c)$$

两式结合解得

$$\sin\theta_c = 0.816$$

所以玻璃块的折射率至少应为

$$n = n_1/\sin\theta_c = 1.63$$

图 1.7 题 1.24 用图

1.25 线偏振光在玻璃–空气界面上发生全反射,线偏振光电矢量的振动方向与入射面成 45° 角。设玻璃折射率 $n = 1.5$,问线偏振光应以多大的角度入射才能使反射光的 s 波和 p 波的位相差等于 45°。

解 由式(1.18)可知,全反射时位相差 δ 和入射角 θ 的关系为

$$\tan\frac{\delta}{2} = \frac{\cos\theta_1\sqrt{\sin^2\theta_1 - n_{21}^2}}{\sin^2\theta_1}$$

把上式两边平方,整理后得到

$$\left(1 + \tan^2\frac{\delta}{2}\right)\sin^4\theta_1 - (n_{21}^2 + 1)\sin^2\theta_1 + n_{21}^2 = 0$$

将题设 $n_{21} = \dfrac{1}{1.5}$ 和 $\tan\dfrac{\delta}{2} = \tan\dfrac{45°}{2}$ 代入上式解得 $\theta_1 = 53°15'29''$ 或 $50°13'45''$。

1.26 线偏振光在 n_1 和 n_2 介质的界面上发生全反射,线偏振光电矢量的振动方向与入

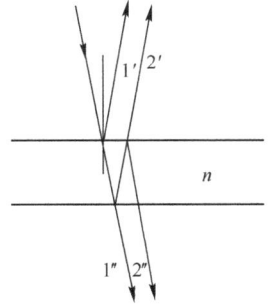

射面成 45°。证明当 $\cos\theta=\sqrt{\dfrac{n_1^2-n_2^2}{n_1^2+n_2^2}}$ 时（θ 是入射角），反射光 s 波和 p 波的位相差有最大值。

证明　根据式（1.18），反射光 s 波和 p 波的位相差为

$$\tan\frac{\delta}{2}=\frac{\cos\theta\sqrt{\sin^2\theta-n_{21}^2}}{\sin^2\theta}$$

δ 取最大值由满足下式的 θ 决定：

$$\frac{\mathrm{d}}{\mathrm{d}\theta}\left(\frac{\cos\theta\sqrt{\sin^2\theta-n_{21}^2}}{\sin^2\theta}\right)=0$$

整理得

$$\cos\theta=\sqrt{\frac{1-n_{21}^2}{1+n_{21}^2}}=\sqrt{\frac{n_1^2-n_2^2}{n_1^2+n_2^2}}$$

1.27　图 1.8 所示是一根直圆柱形光纤，光纤纤芯的折射率为 n_1，光纤包层的折射率为 n_2，并且 $n_1>n_2$。

（1）证明入射光的最大孔径角 $2u$ 满足关系式 $\sin u=\sqrt{n_1^2-n_2^2}$；

（2）若 $n_1=1.62$，$n_2=1.52$，则最大孔径角等于多少？

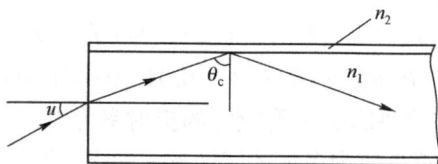

图 1.8　题 1.27 用图

解　（1）为了保证光线在光纤内的入射角大于临界角，必须使入射到光纤端面的光线限制在最大孔径角 $2u$ 范围内。在光纤端面应用折射定律：

$$\sin u=n_1\sin(90°-\theta_\mathrm{c})=n_1\cos\theta_\mathrm{c}$$

而临界角 θ_c 由下式决定：

$$\sin\theta_\mathrm{c}=n_2/n_1$$

因此　　　　　$\sin u=n_1\sqrt{1-\sin^2\theta_\mathrm{c}}=n_1\sqrt{1-(n_2/n_1)^2}=\sqrt{n_1^2-n_2^2}$

（2）当 $n_1=1.62$，$n_2=1.52$ 时：

$$\sin u=0.56,\quad u\approx34°$$

所以，最大孔径角为 68°。

1.28　图 1.9 所示是一根弯曲的圆柱形光纤，其纤芯和包层的折射率分别为 n_1 和 n_2（$n_1>n_2$），纤芯的直径为 D，曲率半径为 R。

（1）证明入射光的最大孔径角 $2u$ 满足关系式 $\sin u=\sqrt{n_1^2-n_2^2\left(1+\dfrac{D}{2R}\right)^2}$。

（2）若 $n_1=1.62$，$n_2=1.52$，$D=70\mu\mathrm{m}$，$R=12\mathrm{mm}$，则最大孔径角等于多少？

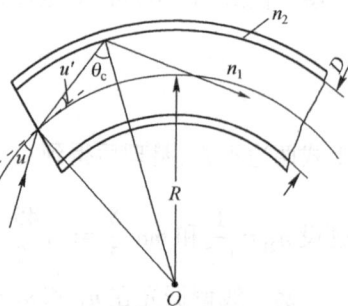

图 1.9　题 1.28 用图

解 （1）在光纤内以临界角入射的光线与在端面以 u 角入射的光线相应,有关系式:

$$\frac{\sin\theta_c}{R}=\frac{\sin(u'+90°)}{R+\dfrac{D}{2}}=\frac{\cos u'}{R+\dfrac{D}{2}}$$

因此

$$\cos u'=\left[\frac{R+\dfrac{D}{2}}{R}\right]\sin\theta_c=\left(1+\frac{D}{2R}\right)\sin\theta_c$$

其中 u' 是相应的折射角,故 $\sin u'=\sqrt{1-\cos^2 u'}=\sqrt{1-\left(1+\dfrac{D}{2R}\right)^2\sin^2\theta_c}$

由于 $\sin\theta_c=n_2/n_1$,则

$$\sin u'=\sqrt{1-\left(1+\frac{D}{2R}\right)^2\left(\frac{n_2}{n_1}\right)^2}$$

因此

$$\sin u=n_1\sin u'=n_1\sqrt{1-\left(1+\frac{D}{2R}\right)^2\left(\frac{n_2}{n_1}\right)^2}=\sqrt{n_1^2-n_2^2\left(1+\frac{D}{2R}\right)^2}$$

（2）当 $n_1=1.62,n_2=1.52,D=70\mu m,R=12mm$ 时,

$$\sin u=\sqrt{n_1^2-n_2^2\left(1+\frac{D}{2R}\right)^2}=\sqrt{1.62^2-1.52^2\left(1+\frac{0.07}{24}\right)^2}=0.5483$$

$$u=33°14'$$

所以,最大孔径角为 $2u=66°28'$。

1.29 已知硅试样的相对介电常数 $\varepsilon/\varepsilon_0=12$,电导率 $\sigma=2/(\Omega\cdot cm)$。证明当电磁波的频率 $\nu<10^9 Hz$ 时,硅试样将起良导体作用,并计算 $\nu=10^6 Hz$ 时对这种试样的穿透深度。

解 由题给条件得

$$\frac{\sigma}{\varepsilon\omega}>\frac{2\times100}{12\times8.85418\times10^{-12}\times2\pi\times10^9}=299.6\gg1$$

因此,硅试样为良导体。

当 $\nu=10^6 Hz$ 时,试样的穿透深度为

$$z_0\approx\left(\frac{2}{\omega\mu\sigma}\right)^{1/2}=\left(\frac{2}{2\pi\times10^6\times4\pi\times10^{-7}\times2\times100}\right)^{1/2}=0.0356(m)$$

1.30 试利用电磁场的边值关系证明,当平面电磁波倾斜入射到金属表面时,透入金属内的波的等相面和等幅面不互相重合。

证 设平面电磁波长真空入射,金属表面为 xOy 平面,入射面为 xOz 平面,入射角为 θ,如图 1.10 所示。

由电磁场的边值关系: $\boldsymbol{n}\times(\boldsymbol{E}_2-\boldsymbol{E}_1)=0$,可得

$$k_{1x}=k'_{1x}=k_{2x}=\frac{\omega}{c}\sin\theta,\qquad k_{1y}=k'_{1y}=k_{2y}=0$$

而折射波矢为

$$\boldsymbol{k}_2=\boldsymbol{\beta}+\mathrm{i}\boldsymbol{\alpha}$$

即

$$k_{2x}=\beta_x+\mathrm{i}\alpha_x=\frac{\omega}{c}\sin\theta,\qquad k_{2y}=\beta_y+\mathrm{i}\alpha_y=0,\qquad k_{2z}=\beta_z+\mathrm{i}\alpha_z$$

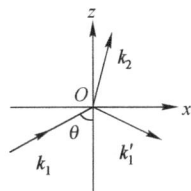

图 1.10　题 1.30 用图

可见

$$\begin{cases}\alpha_x=\alpha_y=0\\[2mm]\beta_x=\dfrac{\omega}{c}\sin\theta\end{cases}\qquad(a)$$

即透射波矢 $\boldsymbol{k}_2$ 中 α 只有 z 分量，从而

$$k_2^2=k_{2x}^2+k_{2y}^2+k_{2z}^2=\left(\frac{\omega}{c}\sin\theta\right)^2+\beta_z^2-\alpha_z^2+2\mathrm{i}\beta_z\alpha_z$$

同时

$$k_2^2=\left(\omega\sqrt{\mu\varepsilon_2}\right)^2=\omega^2\mu\varepsilon+\mathrm{i}\omega\mu\sigma$$

比较两式得

$$\frac{\omega^2}{c^2}\sin^2\theta+\beta_z^2-\alpha_z^2=\omega^2\mu\varepsilon$$

$$\beta_z\alpha_z=\frac{1}{2}\omega\mu\sigma$$

解得

$$\begin{cases}\beta_z^2=\dfrac{1}{2}\left(\omega^2\mu\varepsilon-\dfrac{\omega^2}{c^2}\sin^2\theta\right)+\dfrac{1}{2}\left[\left(\omega^2\mu\varepsilon-\dfrac{\omega^2}{c^2}\sin^2\theta\right)^2+(\omega\mu\sigma)^2\right]^{1/2}\\[4mm]\alpha_z^2=-\dfrac{1}{2}\left(\omega^2\mu\varepsilon-\dfrac{\omega^2}{c^2}\sin^2\theta\right)+\dfrac{1}{2}\left[\left(\omega^2\mu\varepsilon-\dfrac{\omega^2}{c^2}\sin^2\theta\right)^2+(\omega\mu\sigma)^2\right]^{1/2}\end{cases}\qquad(b)$$

由透射波的表达式(式(1.27))

$$\boldsymbol{E}=\boldsymbol{A}\exp(-\boldsymbol{\alpha}\cdot\boldsymbol{r})\exp[\mathrm{i}(\boldsymbol{\beta}\cdot\boldsymbol{r}-\omega t)]$$

得等幅面为 $\boldsymbol{\alpha}\cdot\boldsymbol{r}=const$，把上述结果代入得等幅面方程为

$$\alpha_z z=const\qquad(c)$$

而等相面为

$$\boldsymbol{\beta}\cdot\boldsymbol{r}-\omega t=const$$

即

$$\beta_x x+\beta_z z-\omega t=const\qquad(d)$$

结合式(a)、(b)，比较式(c)和式(d)得，透入金属内的波的等相面和等幅面不互相重合。

1.31 铝在 $\lambda=500\text{nm}$ 时，$n=1.5$，$n\kappa=3.2$，求正入射时的反射率和反射的位相变化。

解 根据式(1.31)，正入射时反射率为

$$R=\frac{n^2+n^2\kappa^2+1-2n}{n^2+n^2\kappa^2+1+2n}=0.636$$

$$r_s=|r_s|\exp(\mathrm{i}\delta_s)=-\frac{\widetilde{n}-1}{\widetilde{n}+1}=-0.6968-0.388\mathrm{i}$$

$$r_p=|r_p|\exp(\mathrm{i}\delta_p)=-\frac{\widetilde{n}-1}{\widetilde{n}+1}=-\frac{n(1+\mathrm{i}\kappa)-1}{n(1+\mathrm{i}\kappa)+1}=0.6968+0.388\mathrm{i}$$

因此

$$\delta=\delta_s=\delta_p=29°5'$$

1.32 在正常色散区，$\widetilde{n}^2\leqslant 1+\dfrac{Nq^2}{\varepsilon_0 m}\sum\limits_j\dfrac{f_j}{(\omega_j^2-\omega^2-\mathrm{i}\gamma_i\omega)}$ 的实部可以写为 $(\kappa\ll 1)$

$$n^2=1+\frac{Nq^2}{\varepsilon_0 m}\sum_j\frac{f_j(\omega_j^2-\omega^2)}{(\omega_j^2-\omega^2)^2+(\omega\gamma_j)^2}$$

试证明在略去 γ_j 后由上式可以得到柯西公式。

证明 略去 γ_j 后题给式子变为

$$n^2=1+\frac{Nq^2}{\varepsilon_0 m}\sum_j\frac{1}{\omega_j^2}\cdot\frac{f_j}{1-\left(\dfrac{\omega}{\omega_j}\right)^2}$$

在正常色散区，当 $\omega \leqslant \omega_j$ 时，上式为

$$n^2 = 1 + \frac{Nq^2}{\varepsilon_0 m} \sum \frac{f_j}{\omega_j^2}\left(1 + \frac{\lambda_j^2}{\lambda^2}\right) = 1 + A + \frac{B}{\lambda^2}$$

其中

$$A = \frac{Nq^2}{\varepsilon_0 m} \sum \frac{f_j}{\omega_j^2}, \quad B = \frac{Nq^2}{\varepsilon_0 m} \sum \frac{f_j \lambda_j^2}{\omega_j^2}$$

1.33 冕玻璃 k9 对谱线 435.8nm 和 546.1nm 的折射率分别为 1.52626 和 1.51829，试确定柯西公式中的常数 a 和 b，并计算玻璃对波长 486.1nm 的折射率和色散率 $\dfrac{\mathrm{d}n}{\mathrm{d}\lambda}$。

解 把冕玻璃 k9 对两条谱线的折射率分别代入柯西公式 $n = a + \dfrac{b}{\lambda^2}$，得联立方程：

$$\begin{cases} 1.52626 = a + \dfrac{b}{435.8^2} \\ 1.51829 = a + \dfrac{b}{546.1^2} \end{cases}$$

解得 $a = 1.5043, b = 4.1681 \times 10^3 \mathrm{nm}^2$。

当 $\lambda = 486.1\mathrm{nm}$ 时，对应的折射率及色散率分别为

$$n = 1.5043 + \frac{4168.1}{486.1^2} = 1.522$$

$$\frac{\mathrm{d}n}{\mathrm{d}\lambda} = -\frac{2b}{\lambda^3} = -\frac{2 \times 4168.1}{486.1^3} = -7.258 \times 10^{-5}\,(\mathrm{nm}^{-1})$$

1.5 自 测 题

1.1 $E = E_0 \exp[-\mathrm{i}(\omega t + kz)]$ 与 $E = E_0 \exp[-\mathrm{i}(\omega t - kz)]$ 描述的是_____ 传播的光波。

    A. 沿正 z 方向   B. 沿负 z 方向

    C. 分别沿正 z 和负 z 方向   D. 分别沿负 z 和正 z 方向

1.2 玻璃折射率 $n = 1.7$，当光从空气垂直入射时光强反射率 $\mathscr{R}$_____，光强透射率 $\mathscr{T}$_____。

1.3 下列表达式中表示球面光波的是_____。

    A. $E = E_0 \cos\left[2\pi\left(\dfrac{t}{T} - \dfrac{z}{\lambda}\right)\right]$ B. $E = A\exp[\mathrm{i}(\boldsymbol{k}\boldsymbol{r} - \omega t + \phi_0)]$

    C. $E = \dfrac{A}{\sqrt{r}}\exp[\mathrm{i}(kr - \omega t)]$ D. $E = \dfrac{A}{r}\exp[\mathrm{i}(kr - \omega t)]$

1.4 一玻璃管长 2.5m，内装某种液体，若这种液体的吸收系数为 $0.01\mathrm{cm}^{-1}$，则透射光与入射光强度比为_____%。

1.5 一束光通过吸收介质传播后的光强_____。

    A. 与传播距离成反比   B. 与传播距离成正比

    C. 与传播距离的平方成反比   D. 与传播距离的指数成反比

1.6 介质复折射率的虚部描述了光的_____特性。

    A. 吸收   B. 色散   C. 散射   D. 衍射

1.7 一束光从空气射入水中后,其频率、波长、光速的变化情况为 _____。

　　A. 频率不变、波长变长、光速变小　　B. 频率变大、波长变短、光速变小

　　C. 频率不变、波长变短、光速变小　　D. 频率变小、波长变长、光速变小

1.8 写出发散球面波和会聚球面波的复振幅。

1.9 一单色平面电磁波在自由空间沿 z 方向传播,其电矢量的振动平面在 xy 平面,电磁波的频率为 $10^7 Hz$,振幅为 $0.16 V/m$。(1)求波的周期和波长;(2)写出 $E(z,t)$ 和 $B(z,t)$ 的表达式;(3)求振幅强度矢量的时间平均值 $<S>$。

1.10 一平面电磁波表示为 $E = (-2\sqrt{3}e_x + 2e_y)\exp[i(x+\sqrt{3}y+6\times10^8 t)]$(SI),试求:

(1)波的传播方向;(2)波的偏振方向;(3)振幅;(4)频率;(5)相速度;(6)波长。

1.11 在一维简谐平面波函数 $E(z,t) = A\cos\omega\left(\dfrac{z}{v}-t\right)$ 中,$\dfrac{z}{v}$ 表示什么?如果把波函数写为 $E(z,t) = A\cos\left(\dfrac{\omega z}{v}-\omega t\right)$,则 $\dfrac{\omega z}{v}$ 表示什么?

1.12 频率为 $6\times10^{14} Hz$、相速度为 $3\times10^8 m/s$ 的光波,在传播方向上位相差为 $\pi/3$ 的任意两点之间的最短距离是多少?

1.13 一单色光波在真空中的波长为 $0.5\mu m$,它在折射率为 $n_2 = 1.5$ 的媒质中的频率是多少?速度又是多少?

1.14 光由光密媒质向光疏媒质入射时,其布儒斯特角能否大于全反射的临界角?为什么?

1.15 若白光中波长为 $\lambda_1 = 593nm$ 的橙黄光和波长为 $\lambda_2 = 450nm$ 的蓝光强度相等,则瑞利散射光中两者强度之比是多少?

1.16 光强为 I_0 的一束平行光通过 $1m$ 的某气体管后,光强变为 $0.99I_0$,则该气体的吸收系数 $\bar{\alpha}$ 为多大?

1.17 强度为 I_0 的一束光通过一个有污染气体的地区,在 $100m$ 处测得光强度为 I_1,在 $50m$ 处测得光强度为 I_2,若 $I_2/I_1 = e^2$,假定污染气体浓度分布均匀,则它对光的衰减系数 $\alpha(m^{-1})$ 为多大?

1.18 在正常色散区,折射率 n 随波长 λ 的增大而如何变化?其色散率随媒质折射率 n 的减小如何变化?

1.19 天空呈现浅蓝色,而旭日和夕阳呈现红色的原因是什么?

1.20 在大风天和雾天,为了避免和对面来的车相碰,汽车必须打开雾灯。请解释为什么雾灯是橘红色的?

*1.21 光的单色性和偏振有什么关系?偏振光是否是单色光?单色光是否是偏振光?自然光可能是单色光吗?

*1.22 若线偏振光入射到两种透明媒质的界面上,则分析说明在外反射和全内反射的情况下,反射光的偏振态的变化情况。

1.23 一均匀透明各向同性固体介质和水对绿光($\lambda = 546.1nm$)的折射率完全相同,但对其他波长的折射率不尽相同,将其浸入水中。分析说明:

(1)在 $\lambda = 546.1nm$ 的绿光照射下,在反射方向和透射方向将看到什么现象?

─────────────

注:带 * 号为选做题

（2）在白光的照射下,在反射方向和透射方向将看到什么现象?

1.6 自测题解答

1.1 D

1.2 0.067；0.933

1.3 D

1.4 8.2

1.5 D

1.6 A

1.7 C

1.8 发散球面波的复振幅 $\widetilde{E}(r,t) = \dfrac{A_1}{r}\exp(ikr)$

会聚球面波的复振幅 $\widetilde{E}(r,t) = \dfrac{A_1}{r}\exp(-ikr)$

1.9 （1）周期 $T = \dfrac{1}{\nu} = \dfrac{1}{10^7} = 10^{-7}(s)$；波长 $\lambda = \dfrac{c}{\nu} = \dfrac{3\times10^8}{10^7} = 30(m)$

（2）$E(z,t) = A\exp[i(kz-\omega t)] = 0.16\exp\left[i\left(\dfrac{\pi}{15}z - 2\times10^7\pi t\right)\right]$

$B = \dfrac{E}{c} = \dfrac{0.16}{3\times10^8} = 5.33\times10^{-6}(T)$

$B(z,t) = 5.33\times10^{-6}\exp\left[i\left(\dfrac{\pi}{15}z - 2\times10^7\pi t\right)\right]$

（3）$<S> = I = \dfrac{c\varepsilon_0}{2}E_0^2 = \dfrac{3\times10^8\times8.85\times10^{-12}}{2}\times0.16^2 = 3.4\times10^{-5}(W/m^2)$

1.10 （1）传播方向 $k = (1,\sqrt{3},0) = 2\left(\dfrac{1}{2},\dfrac{\sqrt{3}}{2},0\right)$，即与 x, y 和 z 轴的方向余弦为 $\cos\alpha = \dfrac{1}{2}$，

$\cos\beta = \dfrac{\sqrt{3}}{2}, \cos\gamma = 0$，则夹角分别为 $\alpha = 60°, \beta = 30°, \gamma = 90°$。

（2）偏振方向 $E_0 = (-2\sqrt{3},2,0) = 4\left(-\dfrac{\sqrt{3}}{2},\dfrac{1}{2},0\right)$；$\alpha = 120°, \beta = 60°, \gamma = 90°$。

（3）振幅 $A = 4V/m$

（4）频率 $\nu = \dfrac{6\times10^8}{2\pi} = 9.55\times10^7(Hz)$

（5）相速度 $v = \lambda\times\nu = 3\times10^8(m/s)$

（6）波长 $\lambda = \dfrac{2\pi}{k} = \pi$

1.11 $\dfrac{z}{v}$ 表示沿 z 方向任意一点的振动落后于坐标原点(或振动源)的一个时间间隔。而 $\dfrac{\omega z}{v}$ 表示 z 处波函数的初相,它描述位相的空间分布。

1.12 设最短距离是 l，则有 $\dfrac{2\pi}{\lambda}=\dfrac{\pi/3}{l}$，将 6×10^{14}Hz 和 3×10^8m/s 代入，得

$$l=\frac{1}{6}\lambda=\frac{1}{6}\frac{\nu}{v}=\frac{1}{6}\times\frac{3\times10^8}{6\times10^{14}}=8.32\times10^{-8}\text{m}=83.2\text{nm}$$

1.13 同一光波在不同的介质中频率是不变的。根据式(1.9)，频率为

$$\nu=\frac{c}{\lambda}=\frac{3\times10^8}{0.5\times10^{-6}}=6\times10^{14}(\text{Hz})$$

速度则为 $v=\dfrac{c}{n_2}=\dfrac{3\times10^8}{1.5}=2\times10^8(\text{m/s})$

1.14 光密媒质入射光疏媒质时：

全反射的临界角 θ_c：$\sin\theta_c=\dfrac{n_2}{n_1}$，布儒斯特角 θ_B：$\tan\theta_B=\dfrac{n_2}{n_1}$，则有

$$\sin\theta_B=\frac{n_2}{n_1}\left(1+\left(\frac{n_2}{n_1}\right)^2\right)^{-1/2}=\sin\theta_c/\sqrt{1+\sin^2\theta_c}$$

可见，$\sin\theta_B<\sin\theta_c$，因而 θ_B 不可能大于 θ_c。

从另一角度看，若布儒斯特角可以大于全反射的临界角，则当自然光以布儒斯特角入射时，只有全反射的 S 波，没有折射光，也没有 P 波，违反了能量守恒定律，因此是不可能的。可见 θ_B 不可能大于 θ_c。

1.15 根据瑞利散射定律式(1.35)得 $I\propto\dfrac{1}{\lambda^4}$，所以两者强度之比为

$$\frac{I_1}{I_2}=\frac{\lambda_2^4}{\lambda_1^4}=\frac{450^4}{593^4}=0.33$$

1.16 根据朗伯定律，经传播距离 l 后光强减小为

$$I=I_0\exp(-\bar\alpha l)$$

因此吸收系数 $\bar\alpha=-\dfrac{1}{l}\ln\dfrac{I}{I_0}=-\ln\dfrac{0.99I_0}{I_0}\text{m}^{-1}=1\text{cm}^{-1}$。

1.17 由式(1.31)，得 $I_2/I_1=\text{e}^{-\alpha(50-100)}$，即 $\text{e}^2=\text{e}^{50\alpha}$，因此，$\alpha=0.04(\text{m}^{-1})$。

1.18 由柯西色散公式
$$n=A+\frac{B}{\lambda^2}+\frac{C}{\lambda^4}$$

得色散率
$$\frac{\mathrm{d}n}{\mathrm{d}\lambda}=A-\frac{2B}{\lambda^3}-\frac{4C}{\lambda^5}$$

因为在正常色散区，A,B,C 均为正数，因此折射率 n 随波长 λ 的增大而减少；色散率则随波长 λ 的增大而增大。

1.19 太阳白光被大气瑞利散射，瑞利散射光强与波长的四次方成反比。短波长的散射光强强于长波长的散射光强，因此天空呈现浅蓝色。旭日和夕阳的光线入射到地球上时经历更厚的大气层，短波长的光波被大量散射，因此看起来呈现红色。

1.20 在大风天和雾天，空气中漂浮着很多尘埃和雾滴，其线度大小正好能发生瑞利散射。按照瑞利散射定律($I\propto\lambda^{-4}$)，波长短的光容易被散射掉，为了能让灯光信号传播得更远一些，必须选用波长较长的光，因此选择橘红色。

*1.21 (1) 光的单色性是描述光的频率是否单一、它的两个正交分量是否相干。

偏振是描述光波电矢量的振动分量的特性。"偏振"指的是场中某一特定点处的行为,因而在场中不同地点偏振态一般将不相同。一个波可以在某些点是线偏振的或圆偏振的,而在其他点是椭圆偏振的。只有在特别情况下,如均匀平面波中各点的偏振态才会都一样。

(2) 两者关系:理想单色光必定是偏振光,因为其波列无限长,它分解的两个正交分量仍然是无限的,两分量为同一频率,且两者之间的位相差,无论波传播多长时间,始终都保持恒定关系,因此这两个分量必定相干,叠加的结果,波必定是某一偏振态。但偏振光不一定是单色的,偏振光可以是由复色的光叠加在一起形成的,例如,白光通过一偏振片后即为复色偏振光。任何偏振态的正交偏振分量必定是相关的,它们之间保持一个确定的复振幅比。

(3) 自然光的正交偏分量是不相干的,这种不相干源于它的各个偏振分量是不同的随机扰动过程,而随机扰动就不是谐波,不是单色波。但若用起偏器把其中一个偏振分量滤掉,则它就成为线偏光,尽管它仍是一个随机扰动,或者它的任何两个正交分量也是随机扰动,但这两个扰动是完全相干的,换言之,尽管每个分量的复振幅都随时间变化,但各分量的振幅比却是常数。

自然光二分量在随机变化,因此它不可能是单色光,充其量是准单色光。

*1.22 当光从光疏媒质入射到光密媒质时,折射角小于入射角,光在这种情况下的反射,叫作外反射。当光从光密媒质入射到光疏媒质时,折射角大于入射角,光在这种情况下的反射,叫作内反射。内反射时,折射角随着入射角的增大而增大,当折射角等于90°时,对应的入射角为 θ_c,由折射定律 $n\sin\theta_c = n'\sin90°$ 可知,θ_c 称作临界角。全部光能量都反回原介质,这种反射叫作光的全反射,或叫作光的全内反射。

线偏振光的两个相互垂直的振动分量的位相差是 $2m\pi$ 或者 $2m\pi+\pi$。外反射时,经过界面反射后,产生的相移为 0 或 π,因此,反射后仍为 p 态。但是,在一般情况下,由于反射时其 p 分量和 s 分量的振幅反射比 $r_\perp \neq r_\parallel$,因此反射波的振动要发生旋转,只有在正入射和接近90°入射时,p 态的振动面才不转动,即与入射波的偏振态相同。

在全反射时,p 分量和 s 分量的反射相移 δ_{11} 和 $\delta_\parallel$ 一般不相等,均不等于 0 或 π。只有在入射角为临界角,即 θ_c 为90°时,才有 $\delta_{11}=\delta_\parallel$,反射波仍为线偏振光。

1.23 (1) 当固体介质和水对绿光的折射率完全相同时,在绿光照射下,将不产生反射和折射,人眼发现不了界面的存在,因而发现不了水中的固体介质。

(2) 在白光照射下,水和固体介质对不同波长的光的折射率不可能均相同,除了不对 $\lambda = 546.1nm$ 的绿光无反射以外,对其他波长的光总会有些反射。

在反射方向将看到固体介质为略带缺少绿色的品红色(互补色),在透射方向因绿光透射更多些而显得更绿一些。

第2章 光波的叠加与分析

2.1 学习目的和要求

1. 掌握光的叠加原理,理解光的相干叠加条件;
2. 掌握同频率、同振动方向的两列光波的叠加;
3. 理解频率相同、振动方向互相垂直、位相差恒定的两光波的叠加,认识光的五种偏振态的特性;
4. 理解光程的概念,熟悉光程差和位相差的概念及转换关系;
5. 掌握复杂光波的傅里叶分析;
6. 领会群速度、相速度的概念,了解光拍、光驻波。

2.2 基本概念和基本公式

1. 光波的独立传播定律

光在传播过程中与其他光束相遇时,不改变各自的传播方向,光束之间互不影响,各自独立地传播。

2. 光的叠加原理

两个或两个以上的光波在相遇点产生的合振动是各个波单独产生的振动的矢量和,即
$E = E_1 + E_2 + \cdots = \sum_n E_n$。

3. 相速度

单色光波的等相面沿其法线方向移动的速度称为相速度。如果色散存在,则在同一介质中传播的不同频率的光波具有不同的相速度,平面波的相速度就是波动方程中出现的光速。

4. 群速度

等幅面传播的速度。它是光波能量的传播速度。

5. 五种偏振态

自然光、部分偏振光、线偏振光、椭圆偏振光、圆偏振光。

6. 两个同频率、同振动方向的光波的叠加

设两光波可分别表示为
$$E_1 = a_1 \exp[i(\phi_1 - \omega t)], \quad E_2 = a_2 \exp[i(\phi_2 - \omega t)] \tag{2.1}$$
两光波叠加得到
$$E = E_1 + E_2 = A \exp[i(\phi - \omega t)] \tag{2.2}$$
其中,合振幅和初相分别为
$$A = \sqrt{a_1^2 + a_2^2 + 2a_1 a_2 \cos(\phi_2 - \phi_1)} \tag{2.3}$$

$$\phi = \arctan \frac{a_1 \sin\phi_1 + a_2 \sin\phi_2}{a_1 \cos\phi_1 + a_2 \cos\phi_2} \tag{2.4}$$

$$I = I_1 + I_2 + 2\sqrt{I_1 I_2}\cos\delta$$

如果 $a_1 = a_2 = a$，则光强为

$$I = 4I_0 \cos^2 \frac{\delta}{2} \tag{2.5}$$

其中，$I_0 = a^2$，$\delta = \phi_2 - \phi_1$。

当 $\delta = \pm 2m\pi$ 时，$I = 4I_0$ 为最大值，当 $\delta = \pm\left(m + \frac{1}{2}\right)2\pi$ 时，$I = 0$ 为最小值，$m = 0, \pm 1, \pm 2, \cdots$，位相差介于两者之间时，光强介于 $0 \sim 4I_0$ 之间。

光波发生干涉的必要条件是：叠加光波的振动方向相同、频率相同、位相差恒定。

特别地，当式（2.1）中，$\phi_1 = -\phi_2$，$a_1 = a_2 = a$，即两个同频率、同振动方向、同振幅但传播方向相反的光波叠加时，则

$$E = 2a\cos\left(kz + \frac{\delta}{2}\right)\cos\omega t \tag{2.6}$$

这时，称其为驻波。其中振幅 $A = \left| 2a\cos\left(kz + \frac{\delta}{2}\right)\right|$，显然它是 z 的函数：当 $kz + \frac{\delta}{2} = (2m + 1/2)\pi$ 时，振幅为零；而当 $kz + \frac{\delta}{2} = 2m\pi$ 时，振幅为 $2a$。它们分别对应于驻波的波节和波腹。

7. 两个频率相同、振动方向互相垂直的光波的叠加

两个频率相同、振动方向互相垂直，沿 z 方向传播的单色光波可分别表示为

$$E_x = a_1 \exp[\mathrm{i}(kz - \omega t)], \quad E_y = a_2 \exp[\mathrm{i}(kz - \omega t + \delta)] \tag{2.7}$$

考虑两光波的叠加，把上述方程合并，消去 t，得到

$$\frac{E_x^2}{a_1^2} + \frac{E_y^2}{a_2^2} - 2\frac{E_x E_y}{a_1 a_2}\cos\delta = \sin^2\delta \tag{2.8}$$

一般地，得到的是椭圆偏振光，且椭圆长轴与 x 轴的夹角 ψ 为

$$\tan 2\psi = \frac{2a_1 a_2}{a_1^2 - a_2^2}\cos\delta \tag{2.9}$$

当 δ 是 π 的整数倍时，从式（2.8）可知，椭圆方程退化为直线方程，两光波叠加的结果为线偏振光；当 δ 是 $\pi/2$ 的奇数倍，且 $a_1 = a_2$ 时，两光波叠加的结果为圆偏振光；当 $\sin\delta < 0$ 时，合成光波为右旋偏振光，当 $\sin\delta > 0$ 时为左旋偏振光，参见图 2.2。

8. 两个不同频率的单色光波的叠加

两个振动方向相同、振幅相同而频率相差很小的单色光波的叠加结果为光拍。

设两光波可分别表示为

$$E_1 = a\exp[\mathrm{i}(k_1 z - \omega_1 t)], \quad E_2 = a\exp[\mathrm{i}(k_2 z - \omega_2 t)]$$

把两光波叠加得到 $\qquad E = A\exp[\mathrm{i}(\overline{k}z - \overline{\omega}t)] \tag{2.10}$

其中，振幅 $A = 2a\cos(k_m z - \omega_m t)$，对应的强度是时间和空间的函数，因而称为"拍"。

而 $\qquad \omega_m = \frac{1}{2}(\omega_1 - \omega_2), \quad k_m = \frac{1}{2}(k_1 - k_2), \quad \overline{\omega} = \frac{1}{2}(\omega_1 + \omega_2), \quad \overline{k} = \frac{1}{2}(k_1 + k_2) \tag{2.11}$

相速度为 $\qquad v = \overline{\omega}/\overline{k}$ $\qquad$ (2.12)

群速度为 $\qquad v_g \approx \omega_m/k_m$ $\qquad$ (2.13)

相速度与群速度的关系为 $\qquad v_g \approx v - \lambda \dfrac{\mathrm{d}v}{\mathrm{d}\lambda}$ $\qquad$ (2.14)

9. 复杂光波的分解

利用傅里叶级数和傅里叶积分,把复杂的非简谐波分解为许多单色波的组合。

周期性波函数 $f(z)$ 的分解:

$$f(z) = \frac{A_0}{2} + \sum_{m=1}^{\infty} (A_m \cos mkz + B_m \sin mkz) \tag{2.15}$$

其中,系数分别为

$$\begin{cases} A_0 = \dfrac{2}{\lambda} \displaystyle\int_0^{\lambda} f(z)\,\mathrm{d}z \\[2mm] A_m = \dfrac{2}{\lambda} \displaystyle\int_0^{\lambda} f(z)\cos mkz\,\mathrm{d}z \\[2mm] B_m = \dfrac{2}{\lambda} \displaystyle\int_0^{\lambda} f(z)\sin mkz\,\mathrm{d}z \end{cases} \tag{2.16}$$

周期性波函数 $f(z)$ 的分解也可以写成复数形式:

$$f(z) = \sum_{m=-\infty}^{\infty} C_m \exp[\mathrm{i}mkz] \tag{2.17}$$

其中,系数分别为 $\qquad C_m = \dfrac{1}{\lambda} \displaystyle\int_{-\lambda/2}^{\lambda/2} f(z)\exp[-\mathrm{i}mkz]\,\mathrm{d}z, \quad m = 0, \pm 1, \pm 2, \cdots \tag{2.18}$

非周期性波函数 $f(z)$ 的分解:

$$f(z) = \frac{1}{2\pi} \int_{-\infty}^{\infty} A(k)\exp(\mathrm{i}kz)\,\mathrm{d}k \tag{2.19}$$

其中 $\qquad A(k) = \displaystyle\int_{-\infty}^{\infty} f(z)\exp(-\mathrm{i}kz)\,\mathrm{d}z \tag{2.20}$

波列长度 $2L$ 和波列所包含的单色波的波长范围 $\Delta\lambda$ 的关系为

$$\Delta\lambda = \frac{\overline{\lambda}^2}{2L} \tag{2.21}$$

其中,λ 为中心波长。对理想的单色波,$\Delta\lambda = 0$,波列长度 $L \to \infty$,说明波列越长,单色性越好。

2.3 常见习题分类及典型例题分析

题型一 求两个(或两个以上)频率相同、振动方向相同的单色波叠加的复振幅表达式、强度分布、干涉条纹图样及条纹间距。

基本解题思路 先求两列波的振动叠加。由于振动方向相同,所以振动叠加实际上是标量相加;再通过复振幅的模方求强度分布,根据强度分布的表达式判断条纹图样并求出条纹间距。

例 2.1 两列振幅相同、振动方向相同,频率分别为 $\omega + \mathrm{d}\omega$ 和 $\omega - \mathrm{d}\omega$ 的平面波沿 z 轴方向传播。(1)求合成波,并证明波的振幅不是常数;(2)求合成波的位相传播速度和振幅传播速度。

解 (1)设两列波的振动方向均沿 y 方向,则

$$E_1 = A\cos\left[\frac{\omega+\mathrm{d}\omega}{c}z-(\omega+\mathrm{d}\omega)t\right], \quad E_2 = A\cos\left[\frac{\omega-\mathrm{d}\omega}{c}z-(\omega-\mathrm{d}\omega)t\right]$$

$$E_1+E_2 = 2A\left\{\cos\left[\frac{\frac{2\omega}{c}z-2\omega t}{2}\right]\cdot\cos\left[\frac{\frac{2\mathrm{d}\omega}{c}z-2\mathrm{d}\omega t}{2}\right]\right\}$$

$$= 2A\cos(\mathrm{d}k\cdot z-\mathrm{d}\omega\cdot t)\exp[\mathrm{i}(kz-\omega t)]$$

故振幅为 $2A\cos(\mathrm{d}k\cdot z-\mathrm{d}\omega\cdot t)$，它是 z 和 t 的函数而不是常数。

（2）先求位相传播速度。

设 t 时刻：
$$kz-\omega t = b$$

$t+\Delta t$ 时刻：
$$k(z+\Delta z)-\omega(t+\Delta t) = b$$
$$k(z+\Delta z)-\omega(t+\Delta t) = kz-\omega t$$

则
$$k\Delta z = \omega\Delta t$$

$$v = \Delta z/\Delta t = \omega/k$$

下面求振幅传播速度（即群速度）。

由（1）的结果得
$$\mathrm{d}k\cdot z-\mathrm{d}\omega\cdot t = c_1$$

$$\mathrm{d}k(z+\Delta z)-\mathrm{d}\omega(t+\Delta t) = c_1$$

即
$$\mathrm{d}k\cdot z-\mathrm{d}\omega\cdot t = \mathrm{d}k(z-\Delta z)-\mathrm{d}\omega(t+\Delta t)$$

故
$$\mathrm{d}k\Delta z = \mathrm{d}\omega\cdot\Delta t$$

$$v_g = \Delta z/\Delta t = \mathrm{d}\omega/\mathrm{d}k$$

例2.2 如图 2.1 所示，三束相干平行光在 O 点处的初相均为 0，它们的传播方向平行于 xz 平面，与 z 轴夹角分别为 $\alpha,0,-\alpha$，其振幅分别为 $A,2A,A$。求 xy 平面上的光强分布，并指出干涉条纹的形状和取向。

解 因为求 xy 平面上的光强分布，所以 $z=0$，即

$$E_1 = A\exp[-\mathrm{i}kx\sin\alpha], \quad E_2 = 2A, \quad E_3 = A\exp[\mathrm{i}kx\sin\alpha]$$
$$E = E_1+E_2+E_3 = 2A[1+\cos(kx\sin\alpha)]$$

光强为 $\quad I = EE^* = 4A^2[1+2\cos(kx\sin\alpha)+\cos^2(kx\sin\alpha)]$

由于光强分布与 y 无关，所以三束光干涉产生的条纹为垂直 x 轴、沿 y 向的平行直条纹。条纹间距为

图 2.1　例题 2.2 用图

$$e = \frac{2\pi}{k\sin\alpha} = \frac{\lambda}{\sin\alpha}$$

比两束光产生的条纹间距 $e = \dfrac{\lambda}{2\sin\alpha}$（见自测题 2.7）大了一倍，但条纹变细锐了。

题型二 两个振动方向相互垂直、频率相同的单色波叠加，判断偏振状态。

基本解题思路 属非相干叠加，光强等于两相互垂直的单色波的强度之和，与两叠加波的位相差无关。偏振状态则由两叠加波的位相差和振幅比决定，设位相差 $\delta=\phi_y-\phi_x$，位相差 δ 与合成波偏振状态的关系如图 2.2 所示。

图（2.2）中，图（a）和图（e）是线偏振光；图（b）、图（c）和图（d）是左旋椭圆偏振光；图（f）、图（g）和图（h）是右旋椭圆偏振光。若两叠加波的振幅相等，则图（c）和图（g）分别是左旋和右旋圆偏振光。

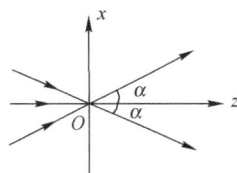

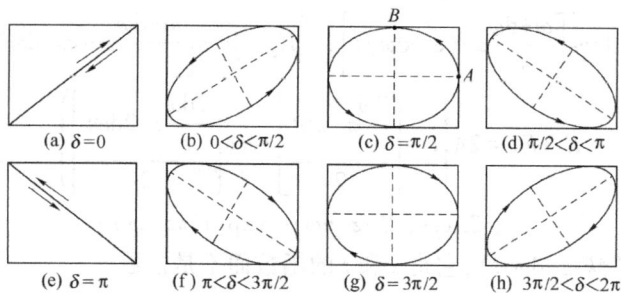

图 2.2　位相差 δ 与合成波偏振状态的关系

例 2.3　下列两波及其合成波是否是单色波？均匀波？偏振状态如何？计算两波及其合成波光强的相对大小。

$$波\,1\begin{cases} E_x = A\sin\left(kz - \omega t - \dfrac{\pi}{2}\right) \\[2mm] E_y = A\cos\left(kz - \omega t + \dfrac{\pi}{2}\right) \end{cases} \quad 和 \quad 波\,2\begin{cases} E_x = A\cos\left[kz - \omega t + \phi_x(t)\right] \\[2mm] E_y = A\cos\left[kz - \omega t - \phi_y(t)\right] \end{cases}$$

其中，$\phi_x(t)$ 和 $\phi_y(t)$ 均为时间 t 的无规律变化函数，且 $\phi_y(t) - \phi_x(t) \neq$ 常数。

解：波 1 是单色波，且

$$E_x = A\sin\left(kz - \omega t - \frac{\pi}{2}\right) = A\cos(kz - \omega t - \pi)$$

而

$$E_y = A\cos\left(kz - \omega t + \frac{\pi}{2}\right)$$

显然，等相面和等幅面重合，所以是均匀波。

又因为 $\delta = \phi_y - \phi_x = -\dfrac{\pi}{2}$，且 x 和 y 方向振动的振幅相等，所以是右旋圆偏振光。

对于波 2，因为 $\phi_y(t) - \phi_x(t) \neq$ 常数，所以是自然光。

而相速 $v = \dfrac{\omega}{\nabla\phi}$ 只与空间部分有关，虽然 $\phi_y(t) - \phi_x(t) \neq$ 常数，但等相面和等幅面仍然重合，故为均匀波。

波 1 和波 2 是不相干波，因此由上述结果得合成波是非单色光，是部分偏振光，是均匀波。下面求光强度：

$$波\,1 \qquad I_1 = E_x^2 + E_y^2 = 2A^2$$

$$波\,2 \qquad I_2 = E_x^2 + E_y^2 = 2A^2$$

$$合成波 \qquad I_3 = I_1 + I_2 = 4A^2$$

因此，三个波的光强的相对大小为

$$I_1 : I_2 : I_3 = 1 : 1 : 2$$

题型三　不同频率的单色光叠加，相速度和群速度。

基本解题思路　运用式(2.10)~式(2.14)求解。

例 2.4　考虑两个在真空中沿 z 方向传播的单色波的叠加，即

$$E_1 = a\cos 2\pi\left(\nu t - \frac{z}{\lambda}\right), \quad E_2 = a\cos 2\pi\left[(\nu - \Delta\nu)t - \frac{z}{\lambda + \Delta\lambda}\right]$$

若 $a=100\text{V/m}, \nu=6\times10^{14}\text{Hz}, \Delta\nu=10^8\text{Hz}$,求:

(1) $z=0, z=1\text{m}$ 和 $z=1.5\text{m}$ 各处合成波的强度随时间的变化;

(2) 合成波振幅周期变化和强度周期变化的空间周期。

解 (1) 令 $\omega_1=2\pi\nu, \omega_2=2\pi(\nu-\Delta\nu)$, $k_1=\dfrac{2\pi}{\lambda}, k_2=\dfrac{2\pi}{\lambda+\Delta\lambda}$,因而两个光波可写为 $E_1=a\cos$

$(\omega_1 t-k_1 z), E_2=a\cos(\omega_2 t-k_2 z)$

根据式(2.10),得合成波的强度

$$I=A^2=4a^2\cos^2(k_m z-\omega_m t)$$

式中

$$\omega_m=\frac{1}{2}2\pi\Delta\nu=10^8\pi\text{rad}$$

$$k_m=\frac{1}{2}2\pi\left(\frac{1}{\lambda}-\frac{1}{\lambda+\Delta\lambda}\right)=\pi\left(\frac{\nu}{c}-\frac{\nu-\Delta\nu}{c}\right)=\pi\cdot10^8\text{Hz}/(3\times10^8)=\frac{\pi}{3}\text{m}^{-1}$$

因此

$$I\propto(4\times10^4\text{V}^2/\text{m}^2)\cos^2\left[\frac{\pi}{3\text{m}}z-(10^8\pi\text{s}^{-1})t\right]$$

对于 $z=0$ 处, I 随 t 变化的关系为

$$I\propto(4\times10^4\text{V}^2/\text{m}^2)\cos^2\left[(10^8\pi\text{s}^{-1})t\right]$$

对于 $z=1\text{m}$ 处, I 随 t 变化的关系为

$$I\propto(4\times10^4\text{V}^2/\text{m}^2)\cos^2\left[(10^8\pi\text{s}^{-1})t-\frac{\pi}{3}\right]$$

对于 $z=1.5\text{m}$ 处, I 随 t 变化的关系为

$$I\propto(4\times10^4\text{V}^2/\text{m}^2)\cos^2\left[(10^8\pi\text{s}^{-1})t-\frac{\pi}{2}\right]$$

可见,以上三处的强度随时间周期性地变化;同时,同一时刻三处强度各异。例如,对 $t=0$ 时刻,在 $z=0$ 处,强度有极大值;在 $z=1.5\text{m}$ 处,强度有极小值;在 $z=1\text{m}$ 处,强度介于极大值与极小值之间。

(2) 根据式(2.10),合成波振幅为

$$A=2a\cos(k_m z-\omega_m t),\text{ 由于 } \omega_m=2\pi\nu_m, k_m=2\pi/\lambda_m,$$

上式又可以写为

$$A=2a\cos(z/\lambda_m-\nu_m t)$$

式中 λ_m 就是 A 随位置周期性变化的空间周期,它的数值为 $\lambda_m=2\pi/k_m=2\pi/(\pi/3)=6\text{m}$。

合成波的强度为

$$I=4a^2\cos^2(k_m z-\omega_m t)=4a^2[1+\cos2(k_m z-\omega_m t)]=4a^2\left[1+\cos2\pi\left(\frac{z}{\lambda_m/2}-2\nu_m t\right)\right]$$

可见,强度随位置周期性变化的空间周期比振幅变化的空间周期减小一半,即 $\lambda_1=\lambda_m/2=3\text{m}$。

题型四 有关复杂波分解的问题。

基本解题思路 利用傅里叶级数和傅里叶积分式(2.15)至式(2.20)求解。

例 2.5 求函数 $E(x)=2exp(-\alpha|x|)(\alpha>0)$ 的傅里叶变换。

解 题给函数如图 2.3 所示。这是非周期性函数,由式(2.20)得其傅里叶变换为

$$A(u)=\int_{-\infty}^{\infty}2\exp(-\alpha|x|)\exp(-i2\pi ux)dx$$

$$= \int_{-\infty}^{0} 2\exp(\alpha x)\exp(-\mathrm{i}2\pi ux)\mathrm{d}x + \int_{0}^{\infty} 2\exp(-\alpha x)\exp(-\mathrm{i}2\pi ux)\mathrm{d}x$$

$$= \frac{4\alpha}{\alpha^2+(2\pi \mathrm{u})^2}$$

其频谱如图 2.4 所示。

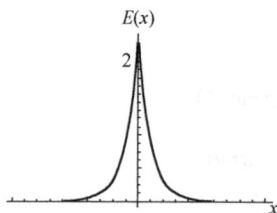

图 2.3　例 2.4 用图　　　　图 2.4　例 2.4 用图

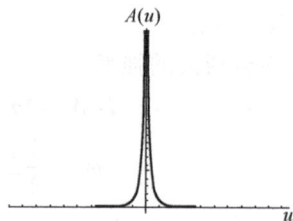

2.4　教材习题解答

2.1　两个振动方向相同的单色波在空间某一点产生的振动分别表示为

$$E_1 = a_1\cos(\phi_1-\omega t)， \qquad E_2 = a_2\cos(\phi_2-\omega t)$$

若 $\omega = 2\pi\times10^{15}\mathrm{Hz}, a_1 = 6\mathrm{V/m}, a_2 = 8\mathrm{V/m}, \phi_1 = 0, \phi_2 = \pi/2$，求该点的合振动表示式。

解　根据式(2.1)至式(2.4)，该点的合振动为

$$E = E_1+E_2 = A\cos(\phi-\omega t)$$

其中

$$A = \sqrt{a_1^2+a_2^2+2a_1 a_2\cos(\phi_2-\phi_1)} = 10\,(\mathrm{V/m})$$

$$\tan\phi = \frac{a_1\sin\phi_1+a_2\sin\phi_2}{a_1\cos\phi_1+a_2\cos\phi_2} = \frac{4}{3}$$

$$\phi = 53°7'48''$$

故

$$E = 10\cos(53°7'48''-2\pi\times10^{15}t)$$

2.2　如图 2.5 所示，从 S_1 和 S_2 发出的电磁波的波长为 10m，两波在彼此相距很近的 P_1、P_2 点处的强度分别为 9W/m² 和 16W/m²。若 $S_1P_1 = 2560\mathrm{m}, S_1P_2 = 2450\mathrm{m}, S_2P_1 = 3000\mathrm{m}, S_2P_2 = 2555\mathrm{m}$，问 P_1 和 P_2 两点处的电磁波的强度等于多少(假设两波从 S_1 和 S_2 发出时同位相)？

解　(1) **方法一**

已知 $I_1 = 9\mathrm{W/m^2}, I_2 = 16\mathrm{W/m^2}$，两波叠加的强度

$$I = I_1+I_2+2\sqrt{I_1 I_2}\cos\delta$$

图 2.5　习题 2.2 用图

对于 P_1 点，$\delta = \dfrac{2\pi}{\lambda}(S_1P_1-S_2P_1)$，因此

$$I_{P_1} = 9+16+2\sqrt{9\times16}\cos\left[\frac{2\pi}{10}(2560-3000)\right] = 49\,(\mathrm{W/m^2})$$

对于 P_2 点，$\delta = \dfrac{2\pi}{\lambda}(S_1P_2-S_2P_2)$，故 $I_{P_2} = 1\,(\mathrm{W/m^2})$。

(2) **方法二**

分别从 S_1 和 S_2 发出的电磁波到达 P_1 点的光程差为

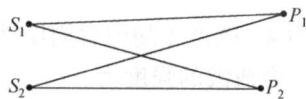

$$S_2P_1 - S_1P_1 = 3000 - 2560 = 440 (\text{m}) = 44\lambda$$

因此在 P_1 点为相长叠加

$$I_{P_1} = (\sqrt{I_1} + \sqrt{I_2})^2 = 49 \ (\text{W/m}^2)$$

分别从 S_1 和 S_2 发出的电磁波到达 P_2 点的光程差为

$$S_2P_2 - S_1P_2 = 2555 - 2450 = 10.5\lambda$$

因此在 P_2 点为相消叠加

$$I_{P_2} = (\sqrt{I_1} - \sqrt{I_2})^2 = 1 \ (\text{W/m}^2)$$

2.3 两个振动方向相同,沿 x 方向传播的波可表示为

$$E_1 = a\sin[k(x+\Delta x) - \omega t], \quad E_2 = a\sin(kx - \omega t)$$

试证明合成波的表达式为 $\quad E = 2a\cos\left(\dfrac{k\Delta x}{2}\right)\sin\left[k\left(x+\dfrac{\Delta x}{2}\right) - \omega t\right]$

证明 由式(2.2)至式(2.4)得,合成波的振幅为

$$A = \sqrt{a^2 + a^2 + 2aa\cos[k(x+\Delta x) - kx]}$$
$$= 2a\cos\frac{k\Delta x}{2}$$

合成波的初相为 $\quad \phi = \arctan\dfrac{a\sin[-k(x+\Delta x)] + a\sin(-kx)}{a\cos[-k(x+\Delta x)] + a\cos(-kx)}$

利用三角函数的和差化积公式,上式可进一步写为

$$\phi = \arctan\frac{2\sin\dfrac{kx+k\Delta x+kx}{2}\cos(k\Delta x)}{2\cos\dfrac{kx+k\Delta x+kx}{2}\cos(k\Delta x)} = \arctan\frac{\sin\left(kx+\dfrac{k\Delta x}{2}\right)}{\cos\left(kx+\dfrac{k\Delta x}{2}\right)} = k\left(x+\dfrac{\Delta x}{2}\right)$$

因此,合成波可写为 $\quad E = E_1 + E_2 = A\sin(\phi - \omega t)$

$$= 2a\cos\left(\frac{k\Delta x}{2}\right)\sin\left[k\left(x+\frac{\Delta x}{2}\right) - \omega t\right]$$

2.4 利用波的复数表达式求以下两个波的合成:

$$E_1 = a\cos(kx + \omega t), \quad E_2 = -a\cos(kx - \omega t)。$$

解 E_1 和 E_2 的复数表达式分别为

$$E_1 = a\exp[i(kx + \omega t)], \quad E_2 = -a\exp[i(kx - \omega t)]$$

两个波合成为 $\quad E = E_1 + E_2 = a\exp(ikx)[\exp(i\omega t) - \exp(-i\omega t)]$

$$= -2a\exp\left(i\frac{\pi}{2} + ikx\right)\sin\omega t$$

取实部得 $\quad E = -2a\sin kx \sin \omega t$

如果不用复数表达式,而是直接利用三角函数的和差化积公式也能得到两个波叠加的结果。但在光学中,用复数写出波的表达式往往使问题的处理过程得到简化。

2.5 已知光驻波的电场为 $E_x(z,t) = 2a\sin kz\cos\omega t$,试导出磁场 $\boldsymbol{B}(z,t)$ 的表达式,并绘出该驻波的示意图。

解 根据题目所给知 $E_y = 0$, $E_z = 0$。由麦克斯韦方程组中的关系 $\nabla \times \boldsymbol{E} = -\dfrac{\partial \boldsymbol{B}}{\partial t}$,得

$$\frac{\partial E_x}{\partial z} = -\frac{\partial B_y}{\partial t}, \quad B_x = B_z = 0$$

因此 $\quad B_y(z,t) = -\int \frac{\partial E_x}{\partial z}\mathrm{d}t = -\int 2ak\cos kz\cos\omega t\mathrm{d}t$

$$= -\frac{2ak}{\omega}\cos kz\sin\omega t$$

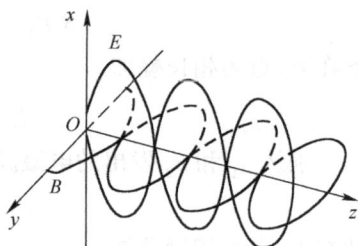

图 2.6 习题 2.5 用图

即磁场沿 y 轴方向振动。光驻波的示意图如图 2.6 所示。

2.6 在维纳光驻波实验中,涂有感光乳胶膜的玻璃片的长度为 1cm。玻璃片一端与反射镜接触,另一端与反射镜相距 $10\mu m$。实验中测量出乳胶上两个黑纹的距离为 $250\mu m$,问所用光波的波长是多少?

解 由于在驻波中两相邻波腹间的距离等于 $\lambda/2$,如图 2.7 所示,所以乳胶膜上两个黑纹的距离为

$$l = \frac{\lambda}{2\sin\theta}$$

其中 $\quad \sin\theta = \dfrac{\overline{AC}}{\overline{AM}} = \dfrac{10}{10000}$

因此,所用光波的波长为

$$\lambda = 2l\sin\theta = 2\times250\times\frac{10}{10000} = 0.5(\mu m)$$

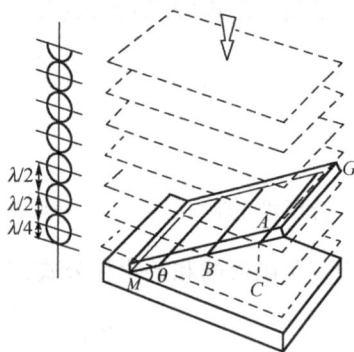

图 2.7 习题 2.6 用图

2.7 一束沿 z 方向传播的椭圆偏振光可以表示为

$$E(z,t) = e_x A\cos(kz-\omega t) + e_y A\cos\left(kz-\omega t-\frac{\pi}{4}\right)$$

试求偏振椭圆的方位角和椭圆长半轴及短半轴的大小。

解 由式(2.9)得 $\quad \tan2\psi = \dfrac{2AA}{A^2-A^2}\cos\left(-\dfrac{\pi}{4}\right) = \infty$

所以椭圆偏振光的方位角为 $\psi = \pi/4$。

当电矢量旋转到椭圆长半轴的位置时,$E_x = E_y$。

又因为题给 $E_x = A\cos(kz-\omega t)$,$E_y = A\cos\left(kz-\omega t-\dfrac{\pi}{4}\right)$,故得 $\omega t = \pi/8$。即 $t = T/16$ 时,有

$$E_x = E_y = A\cos(\pi/8)$$

因此椭圆长半轴的长度为

$$|E(0,T/16)| = \sqrt{E_x^2+E_y^2} = \sqrt{2A^2\cos^2\frac{\pi}{8}} = 1.31A$$

电矢量从此位置再旋转 $T/4$,即 $t = 5T/16$,或 $\omega t = 5\pi/8$ 时,便到达椭圆短半轴对应的位置,故椭圆短半轴为

$$|E(0,5T/16)| = \sqrt{E_x^2+E_y^2} = \sqrt{2A^2\cos^2\frac{5\pi}{8}} = 0.542A$$

2.8 一束角频率为 ω 的线偏振光沿 z 方向传播,其电矢量的振动面与 zx 平面成 30°角,试写出该线偏振光的表示式。

解 该线偏振光可以看作由两束频率同为 ω、振动方向分别沿 x 轴和 y 轴且位相差为零的线偏振光叠加而成。因此,沿 x 轴和 y 轴振动的线偏振光的振幅分别为

$$A_x = A_0\cos30° = 0.866A_0, \quad A_y = A_0\sin30° = 0.5A_0$$

其中,A_0 为题设线偏振光的振幅,故所求的线偏振光的表达式为

$$E(z,t) = (0.866\boldsymbol{e}_x + 0.5\boldsymbol{e}_y)A_0\cos(\omega t - kz)$$

2.9 一个右旋圆偏振光在 $50°$ 角下入射到空气-玻璃界面(玻璃折射率 $n=1.5$),如图 2.8 所示,试确定反射波和透射波的偏振状态。

解 入射的右旋圆偏振光可写为

$$E_s = a\cos\omega t$$

$$E_p = a\cos\left(\omega t - \frac{\pi}{2}\right) = a\sin\omega t$$

因为入射角小于布儒斯特角,故反射光的电矢量分量为

$$E_s' = -|r_s|a\cos\omega t = |r_s|a\sin\left(\omega t - \frac{\pi}{2}\right)$$

$$E_p' = -|r_p|a\sin\omega t$$

可见,E_s' 对 E_p' 的位相差为 $-\pi/2$,且由菲涅耳公式易见 $|r_p| < |r_s|$,所以,反射光应为左旋椭圆偏振光。

对于透射偏振光,电矢量分量为

$$E_s'' = -t_s a\cos\omega t$$

$$E_p'' = -t_p a\cos\left(\omega t - \frac{\pi}{2}\right)$$

由于 $t_s \neq t_p$,而 E_s'' 对 E_p'' 的位相差为 $\pi/2$,因此透射光为右旋椭圆偏振光。

2.10 确定其正交分量由下面两式表示的光波的偏振状态:

$$E_x(z,t) = A\cos\left[\omega\left(\frac{z}{c}-t\right)\right], \quad E_y(z,t) = A\cos\left[\omega\left(\frac{z}{c}-t\right)+\frac{5}{4}\pi\right]$$

解 **(1) 方法一**

选择几个不同的时刻,考察 $z=0$ 处的情况。

$$\omega t = 0: \quad E_x = A, E_y = -A/\sqrt{2};$$

$$\omega t = \pi/4: \quad E_x = A/\sqrt{2}, E_y = -A;$$

$$\omega t = \pi/2: \quad E_x = 0, E_y = -A/\sqrt{2};$$

$$\omega t = \pi: \quad E_x = -A, E_y = A/\sqrt{2};$$

$$\omega t = 3\pi/2: \quad E_x = 0, E_y = A/\sqrt{2}。$$

因此,是右旋椭圆偏振光。

(2) 方法二

由题设两正交分量方程消去时间 t,合成后得方程为

$$\frac{E_x^2}{A^2} + \frac{E_y^2}{A^2} - 2\frac{E_x E_y}{A^2}\cos\frac{5\pi}{4} = \sin^2\frac{5\pi}{4}$$

比较式(2.8)得

$$\sin\delta = \sin\frac{5\pi}{4} = -\frac{1}{\sqrt{2}} < 0$$

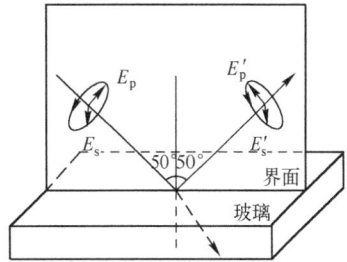

因此,是右旋椭圆偏振光,椭圆的长轴与 x 轴的夹角 ψ 为

$$\tan 2\psi = \frac{2AA}{A^2 - A^2}\cos\left(\frac{5\pi}{4}\right) = \infty$$

所以

$$\psi = 135°$$

2.11 证明在电磁驻波中 E^2 的平均值取决于 z,而在简谐行波中 E^2 与 z 无关。

证 电磁驻波的表达式为

$$E = 2a\cos\left(kz + \frac{\delta}{2}\right)\exp\left[\mathrm{i}\left(\frac{\delta}{2} - \omega t\right)\right]$$

因此,E^2 对时间的平均值为

$$I = \frac{1}{T}\int_0^T E^2 \mathrm{d}t = 4a^2\cos^2\left(kz + \frac{\delta}{2}\right)$$

显然与 z 有关;而简谐行波的表达式为

$$E = a\exp(\mathrm{i}\boldsymbol{k}\cdot\boldsymbol{r})\exp(-\mathrm{i}\omega t)$$

因此,E^2 的平均值

$$I = \frac{1}{T}\int_0^T E^2 \mathrm{d}t = a^2$$

为常量,与 z 无关。

2.12 设平面波以 θ 角入射到一平面反射面,如图 2.9 所示,反射面的反射系数为 $r = r_0\exp(\mathrm{i}\delta)$。

(1)证明入射波和反射波的合成场可以表示为

$$E = (1-r_0)A_0\cos\left[\omega\left(t - \frac{x\cos\theta - y\sin\theta}{c}\right) + \phi\right] + 2r_0A_0\cos\left[\omega\left(t - y\frac{\sin\theta}{c}\right) + \phi + \frac{\delta}{2}\right]\cos\left(\omega x\frac{\cos\theta}{c} + \frac{\delta}{2}\right)$$

式中,A_0 为入射波的振幅,ϕ 为入射波的初相。

(2)解释该表示式的意义。

证明 (1)入射平面波波矢的三个分量为

$$k_x = k\cos\theta, \quad k_y = k\sin\theta, \quad k_z = 0$$

则入射平面波可写为

$$E_\mathrm{i} = A_0\cos[\omega t - k(x\cos\theta + y\sin\theta) + \phi]$$

而反射平面波波矢的三个分量为

$$k_x = -k\cos\theta, \quad k_y = k\sin\theta, \quad k_z = 0$$

则反射平面波可写为

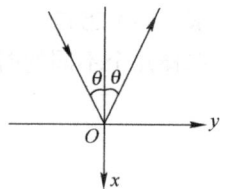

图 2.9 习题 2.12 用图

$$E_\mathrm{r} = r_0 A_0\cos[\omega t - k(-x\cos\theta + y\sin\theta) + \phi + \delta]$$

因此,入射波和反射波的合成场为

$$
\begin{aligned}
E &= E_\mathrm{i} + E_\mathrm{r}\\
&= A_0\cos[\omega t - k(x\cos\theta + y\sin\theta) + \phi] + r_0 A_0\cos[\omega t - k(-x\cos\theta + y\sin\theta) + \phi + \delta]\\
&= (1-r_0)A_0\cos[\omega t - k(x\cos\theta + y\sin\theta) + \phi] +\\
&\quad r_0 A_0\{\cos[\omega t - k(x\cos\theta + y\sin\theta) + \phi] + \cos[\omega t - k(-x\cos\theta + y\sin\theta) + \phi + \delta]\}\\
&= (1-r_0)A_0\cos\left[\omega\left(t - \frac{x\cos\theta - y\sin\theta}{c}\right) + \phi\right] +
\end{aligned}
$$

$$2r_0A_0\cos\left[\omega\left(t-y\frac{\sin\theta}{c}\right)+\phi+\frac{\delta}{2}\right]\cos\left[\omega x\frac{\cos\theta}{c}+\frac{\delta}{2}\right]$$

（2）显然，第一项是入射平面波,第二项代表方向沿 y 轴,即垂直入射表面传播、振幅在 0 ~ $2r_0A_0$ 范围内呈周期性变化的波。

2.13 证明群速度可以表示为

$$v_g=\frac{c}{n+\omega\left(\dfrac{dn}{d\omega}\right)}$$

证 由式（2.11）和式（2.13）得

$$v_g=\frac{\omega_m}{k_m}=\frac{\Delta\omega}{\Delta k}$$

当 $\Delta\omega$ 很小时,上式可写为

$$v_g=\frac{d\omega}{dk}=\frac{d(kv)}{dk}=v+k\frac{dv}{dk}$$

而

$$\frac{dv}{dk}=\frac{dv}{d\omega}\frac{d\omega}{dk}=v_g\frac{dv}{d\omega}$$

且 $v=\dfrac{c}{n}$,所以有

$$\frac{dv}{d\omega}=\frac{dv}{dn}\frac{dn}{d\omega}=-\frac{c}{n^2}\frac{dn}{d\omega}$$

故

$$v_g=v-\frac{v_g ck}{n^2}\frac{dn}{d\omega}$$

解得

$$v_g=\frac{v}{1+(ck/n^2)(dn/d\omega)}=\frac{c}{n+\omega(dn/d\omega)}$$

2.14 试计算下列各情况的群速度：

（1） $v=\sqrt{\dfrac{g\lambda}{2\pi}}$（深水波,$g$ 为重力加速度）;

（2） $v=\sqrt{\dfrac{2\pi T}{\rho\lambda}}$（浅水波,$T$ 为表面张力,ρ 为质量密度）;

（3） $n=a+\dfrac{b}{\lambda^2}$（柯西公式）;

（4） $\omega=ak^2$（a 为常数,k 为波数）。

解 由式（2.14）$v_g=v-\lambda\dfrac{dv}{d\lambda}$,可得

（1） $v_g=v-\dfrac{1}{2}\lambda\cdot\dfrac{g}{2\pi}\cdot\dfrac{1}{\sqrt{\dfrac{g\lambda}{2\pi}}}=v-\dfrac{1}{2}\sqrt{\dfrac{g\lambda}{2\pi}}=v/2$

（2） $v_g=v-\lambda\cdot\dfrac{1}{2}\dfrac{2\pi T}{\rho}\left(-\dfrac{1}{\lambda^2}\right)\cdot\dfrac{1}{v}=v+\dfrac{1}{2}\cdot\dfrac{2\pi T}{\rho\lambda}\cdot\dfrac{1}{v}=\dfrac{3}{2}v$

（3）因为 $v=\dfrac{c}{n}$,所以

$$v_g = \frac{c}{n} - \lambda \cdot c \cdot \left[-\frac{1}{\left(a + \frac{b}{\lambda^2} \right)^2} \right] \cdot b \cdot \frac{-2}{\lambda^3} = \frac{c}{n} \left(1 - \frac{2b}{n\lambda^2} \right)$$

（4）因为 $\omega = k \cdot v = k^2 a, v = ak = \frac{2\pi a}{\lambda}$，故

$$v_g = v - \lambda \cdot 2\pi a \cdot \left(-\frac{1}{\lambda^2} \right) = v + \frac{2\pi a}{\lambda} = 2v$$

2.15 求如图 2.10 所示的周期性三角波的傅里叶分析表达式，并绘出其频谱图。

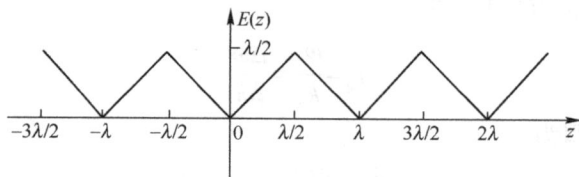

图 2.10 习题 2.15 用图

解 图 2.10 中所示的周期性三角波在一个周期 $(-\lambda/2, \lambda/2)$ 内的函数表达式为

$$E(z) = \begin{cases} z, & 0 < z \leq \lambda/2 \\ -z, & -\lambda/2 < z \leq 0 \end{cases}$$

因为是偶函数，所以从式（2.16）得其傅里叶系数 $B_m = 0$，而

$$A_0 = \frac{4}{\lambda} \int_0^{\lambda/2} z \mathrm{d}z = \frac{4}{\lambda} \left[\frac{z^2}{2} \right]_0^{\lambda/2} = \frac{\lambda}{2}$$

$$A_m = \frac{4}{\lambda} \int_0^{\lambda/2} z \cos mkz \, \mathrm{d}z = \frac{4}{\lambda} \left[\frac{\cos mkz}{(mk)^2} + \frac{z\sin mkz}{mk} \right]_0^{\lambda/2}$$

$$= \begin{cases} 0, & \text{当 } m \text{ 为偶数时} \\ -\frac{2\lambda}{(\pi m)^2}, & \text{当 } m \text{ 为奇数时} \end{cases}$$

其频谱图如图 2.11 所示。

据式（2.15）得傅里叶分析表达式为

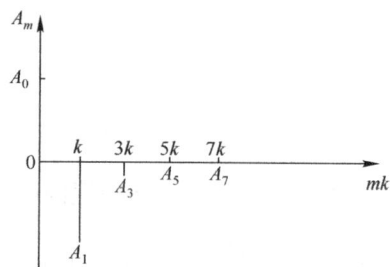

图 2.11 习题 2.15 用图

$$E(z) = \frac{\lambda}{4} - \frac{2\lambda}{\pi^2} \left[\frac{\cos kz}{1^2} + \frac{\cos 3kz}{3^2} + \frac{\cos 5kz}{5^2} + \cdots \right]$$

2.16 利用复数形式的傅里叶级数对图 2.12 所示的周期性矩形波进行傅里叶分析。画出头三个傅里叶分析波及其相加的图形。

解 图 2.12 所示的矩形波在一个周期 $\left(-\frac{\lambda}{2}, \frac{\lambda}{2} \right)$ 内的函数表达式为

$$E(z) = \begin{cases} 1, & 0 < z < \lambda/2 \\ -1, & -\lambda/2 < z < 0 \end{cases}$$

根据式（2.18）得 $C_0 = 0$

$$C_m = \frac{1}{\lambda} \int_{-\lambda/2}^{\lambda/2} E(z) \exp(-imkz) \, \mathrm{d}z$$

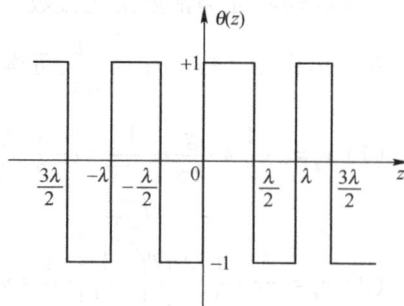

图 2.12 习题 2.16 用图

$$= \frac{1}{\lambda} \int_{-\lambda/2}^{0} (-1) \exp(-imkz) \, dz + \frac{1}{\lambda} \int_{0}^{\lambda/2} (+1) \exp(-imkz) \, dz$$

$$= \frac{1}{im\pi}(1 - \cos m\pi) = \begin{cases} 0, & m \text{ 为偶数} \\ \dfrac{2}{im\pi}, & m \text{ 为奇数} \end{cases}$$

由式(2.17)得相应的傅里叶分析表达式为

$$E(z) = \sum_{m=-\infty}^{\infty} C_m \exp(imkz)$$

$$= \frac{2}{i\pi}\left[\exp(ikz) - \exp(-ikz) \right] + \frac{2}{i3\pi}\left[\exp(i3kz) - \right.$$

$$\left. \exp(-i3kz) \right] + \frac{2}{i5\pi}\left[\exp(i5kz) - \exp(-i5kz) \right] + \cdots$$

$$= \frac{4}{\pi}\left(\sin kz + \frac{1}{3}\sin 3kz + \frac{1}{5}\sin 5kz + \cdots \right)$$

故开头的三个傅里叶分析波为

$$E_1(z) = \frac{4}{\pi}\sin kz, \quad E_3(z) = \frac{4}{3\pi}\sin 3kz, \quad E_5(z) = \frac{4}{5\pi}\sin 5kz$$

对应的图形及相加的图形如图 2.13 所示。

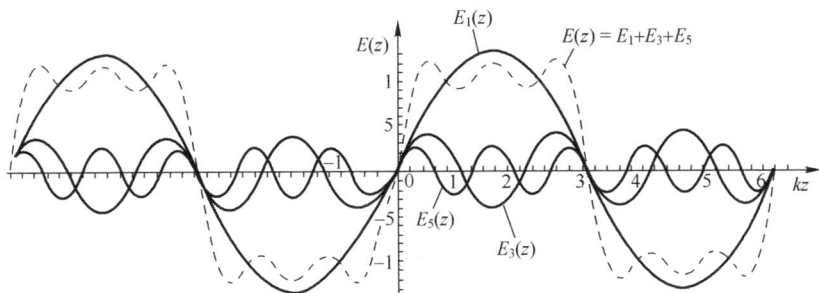

图 2.13　习题 2.16 用图

2.17　试求图 2.14 所示周期性矩形波的傅里叶级数表达式,并绘出它的频谱图。

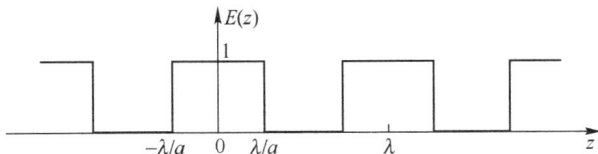

图 2.14　习题 2.17 用图

解　图 2.14 所示的矩形波在一个周期 $(0, \lambda)$ 内的函数表达式为

$$E(z) = \begin{cases} 0, & \lambda/a < z < \lambda - \lambda/a \\ 1, & 0 < z < \lambda/a \text{ 或 } \lambda - \lambda/a < z < \lambda \end{cases}$$

因为是偶函数,所以由式(2.16)知其傅里叶系数 $B_m = 0$,且

$$A_0 = \frac{2}{\lambda} \int_0^\lambda E(z) \mathrm{d}z$$

$$= \frac{2}{\lambda} \left[\int_0^{\lambda/a} (+1) \mathrm{d}z + \int_{\lambda(1-1/a)}^\lambda (+1) \mathrm{d}z \right] = \frac{4}{a}$$

$$A_m = \frac{2}{\lambda} \int_0^\lambda E(z) \cos mkz \mathrm{d}z$$

$$= \frac{2}{\lambda} \left[\int_0^{\lambda/a} (+1) \cos mkz \mathrm{d}z + \int_{\lambda(1-1/a)}^\lambda (+1) \cos mkz \mathrm{d}z \right]$$

$$= \left[\frac{\sin mk\theta}{m\pi} \right]_0^{\lambda/a} + \left[\frac{\sin mk\theta}{m\pi} \right]_{\lambda(1-1/a)}^\lambda = \frac{4}{a} \mathrm{sinc}(2m/a)$$

其中，$\mathrm{sinc}(2m/a) = \left(\dfrac{\sin 2m\pi/a}{2m\pi/a} \right)$ 是光学上常用的函数之一。

因此，根据式(2.15)得矩形波的傅里叶级数表达式为

$$E = \frac{2}{a} + \sum_{m=1}^\infty \frac{4}{a} \mathrm{sinc}(2m/a) \cos mkz$$

为简单起见，设 $a=4$，则其频谱图如图 2.15 所示。

2.18 求图 2.16 所示的三角形脉冲的傅里叶变换。

解 图 2.16 所示的三角形脉冲可表示为

$$E(z) = \begin{cases} 2L-z, & 0<z<2L \\ 2L+z, & -2L<z<0 \end{cases}$$

这是一个非周期函数，根据式(2.19)得其傅里叶分析为

$$E(z) = \frac{1}{2\pi} \int_{-\infty}^\infty A(k) \exp(\mathrm{i}kz) \mathrm{d}k$$

其中频谱为

$$A(k) = \int_{-\infty}^\infty E(z) \exp(-\mathrm{i}kz) \mathrm{d}k$$

$$= \int_{-2L}^0 (2L+z) \exp(-\mathrm{i}kz) \mathrm{d}z +$$

$$\int_0^{2L} (2L-z) \exp(-\mathrm{i}kz) \mathrm{d}z$$

$$= L^2 \left[\frac{\sin\left(\dfrac{1}{2}kL \right)}{\dfrac{1}{2}kL} \right]^2$$

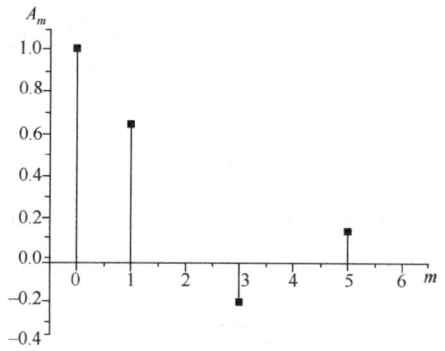

图 2.15 习题 2.17 用图

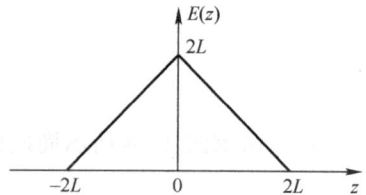

图 2.16 习题 2.18 用图

2.19 原子在发光过程中，本身能量不断衰减，因此原子辐射的是一个衰减的电磁场，如图 2.17 所示，其电场可表示为

$$E(t) = \begin{cases} a\exp(-\alpha t) \exp(-\mathrm{i}\omega_0 t), & t>0 \\ 0, & t<0 \end{cases}$$

式中，α 为衰减因子（$\alpha=\pi/\Delta t$）。试求这一衰减波的频谱函数（功率谱函数），并证明衰减波的频宽 $\Delta\nu=1/\Delta t$（Δt 是原子辐射的时间）。

解 根据式(2.20)，$E(t)$的傅里叶变换频谱为

$$A(\omega) = \int_0^\infty E(t)\exp(i\omega t)\,dt = \int_0^\infty a\exp(-\alpha t)\exp[-i(\omega_0 - \omega)t]\,dt = \frac{a}{\alpha + i(\omega_0 - \omega)}$$

功率谱函数为

$$I = |A|^2 = \frac{a^2}{\alpha^2 + (\omega - \omega_0)^2}$$

如图2.18所示，可见，当$\omega = \omega_0$时，函数有峰值$I = a^2/\alpha^2$，而半峰值$I/2$对应于$\omega - \omega_0 = \pm\alpha$，这两点对应的角频率宽度等于$2\alpha$，考虑到题给的衰减因子与原子辐射的时间关系，易得

$$\Delta\nu = \frac{\Delta\omega}{2\pi} = \frac{2\pi/\Delta t}{2\pi} = \frac{1}{\Delta t}$$

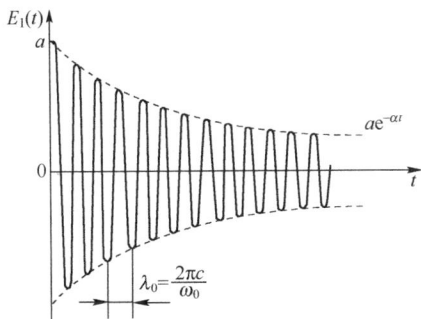

图2.17　习题2.19用图　　　　　图2.18　习题2.19用图

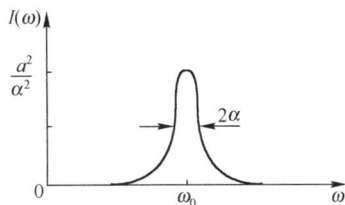

2.20 氪同位素K_r^{86}放电管发出的红光波长为$\lambda = 605.7\text{nm}$，波列长度约为700mm，试求该光波的波长宽度和频率宽度。

解 因为$\lambda = 605.7\text{nm}$，波列长度$2L = 0.7\text{m}$，故由式(2.21)得该光波的波长宽度为

$$\Delta\lambda = \frac{\lambda^2}{2L} = \frac{605.7^2}{700 \times 10^6} = 5.2 \times 10^{-4}(\text{nm})$$

又因为$\nu = \dfrac{c}{\lambda}$，所以$\Delta\nu = -\dfrac{c}{\lambda^2}\Delta\lambda$，负号表示波长增大时频率减少，因此频率宽度为

$$\Delta\nu = \frac{c}{2L} = \frac{3 \times 10^8}{0.7} = 4.3 \times 10^8(\text{Hz})$$

2.21 某一种激光的频宽$\Delta\nu = 5.4 \times 10^4\text{Hz}$，问这一激光的波列长度是多少？

解 同上题，波列长度为

$$2L = \frac{c}{\Delta\nu} = \frac{3.0 \times 10^8}{5.4 \times 10^4} = 5.55 \times 10^3(\text{m})$$

2.5　自　测　题

2.1　完全相干的两束光，它们的_____。

　　A. 光强相同　　　B. 频率相同　　　C. 位相相同　　　D. 方向相同

2.2　两个同频波叠加时，什么情况下其合成波强度I等于各个波强度I_1和I_2之和（位相一定）。

2.3 有两列频率相同的光波,在某相遇处位相差恒定,但振动方向:(1)严格垂直;(2)不严格垂直。问以上两种情形都会产生干涉吗?

2.4 两束振动面平行的相干光,强度均为 I,彼此同相地合并在一起,照射到某一平面,则该表面的强度最大值为_____。

A. I B. $\sqrt{2}I$ C. $2I$ D. $4I$ E. $5I$

2.5 部分偏振光可以表示为_____。

A. 两正交线偏振光的叠加   B. 线偏振光和圆偏振光的叠加
C. 线偏振光和自然光的叠加   D. 线偏振光和椭圆偏振光的叠加

2.6 分析说明来自同一光源的两束准单色光叠加,能否产生干涉?

2.7 求 $E_{1y}=20\sin(\omega t-kz)$ 和 $E_{2y}=20\cos(\omega t-kz)$ 两列相干波叠加的合成波。

2.8 如图 2.19 所示,两束相干单色平面波入射到 xy 平面上,光波波长 $\lambda=632.8\text{nm}$,入射角分别为 θ_1 和 θ_2,$\theta_1=-\theta_2=\theta$,试求 θ 分别为 10° 和 30° 时,干涉条纹间距 e 为多少?

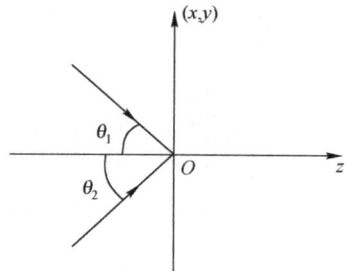

2.9 试说明下列各组光波表达式所代表的偏振态:

(1) $E_x=E_0\sin(kz-\omega t)$,$E_y=E_0\cos(kz-\omega t)$;

(2) $E_x=E_0\cos(kz-\omega t)$,$E_y=E_0\cos\left(kz-\omega t+\dfrac{\pi}{4}\right)$;

(3) $E_x=E_0\sin(kz-\omega t)$,$E_y=-E_0\sin(kz-\omega t)$。

2.10 证明光的折射率 $n(\lambda)$ 有如下关系:$\dfrac{1}{v_g}=\dfrac{1}{v}-\dfrac{1}{c}\lambda\dfrac{\mathrm{d}n(\lambda)}{\mathrm{d}\lambda}$,式中 λ 是光在真空中的波长。

图 2.19 自测题 2.7 用图

2.6 自测题解答

2.1 B

2.2 振动方向互相垂直;

2.3 (1)不产生干涉;(2)平行的部分产生干涉

2.4 D

2.5 C

2.6 两束准单色光若来自同一光源的同一部位,则当其相干长度大于两束光的光程差时,可以产生干涉,对于任何偏振态均成立。但是若两束光为偏振光,其振动方向相互垂直时,则不产生干涉,只要两束光振动方向不垂直,总存在相互平行的分量,因此可以产生干涉。对于其他偏振态,包括自然光和部分偏振光在内,它们的平行分量与平行分量干涉,垂直分量与垂直分量干涉,两组条纹完全重叠,因此可以看到干涉条纹。

2.7
$$E_{2y}=20\cos(\omega t-kz)=20\sin\left(\omega t-kz+\dfrac{\pi}{2}\right)$$

因此合成波
$$E_{1y}+E_{2y}=20\sin(\omega t-kz)+20\sin\left(\omega t-kz+\dfrac{\pi}{2}\right)$$

$$=20\times\left[2\times\sin\dfrac{2(\omega t-kz)+\dfrac{\pi}{2}}{2}\cos\dfrac{\pi}{4}\right]$$

$$= 28.3\sin\left(\omega t - kz + \frac{\pi}{4}\right)$$

2.8 因为求 xy 平面上的光强分布,故 $z=0$。

单色平面光波在 xy 平面上沿 x 轴的复振幅表达式分别为

$$E_1 = E_{10}\exp(-\mathrm{i}kx\sin\theta), \quad E_2 = E_{20}\exp(\mathrm{i}kx\sin\theta)$$

因为
$$E = E_1 + E_2$$

光强分布为

$$I = EE^* = \left[E_{10}\exp(-\mathrm{i}kx\sin\theta) + E_{20}\exp(\mathrm{i}kx\sin\theta)\right]\left[E_{10}\exp(\mathrm{i}kx\sin\theta) + E_{20}\exp(-\mathrm{i}kx\sin\theta)\right]$$

$$= I_1 + I_2 + 2\sqrt{I_1 I_2}\cos(2kx\sin\theta)$$

干涉条纹间距
$$e = \frac{2\pi}{2k\sin\theta} = \frac{\lambda}{2\sin\theta}$$

当 $\theta=10°$ 时,$e = \dfrac{\lambda}{2\sin\theta} = \dfrac{0.6328}{2\sin 10°} = 1.8221(\mu m)$

当 $\theta=30°$ 时,$e = \dfrac{0.6328}{2\sin 30°} = 0.6328(\mu m)$

2.9 (1) $E_x = E_0\sin(kz-\omega t)$,$E_y = E_0\cos(kz-\omega t)$,则

$$E_x = E_0\cos\left(kz - \omega t - \frac{\pi}{2}\right)$$

因 $\delta = \pi/2$,故 E_y 比 E_x 超前 $\pi/2$,所以为左旋圆偏振光。

(2) $E_x = E_0\cos(kz-\omega t)$,$\delta = \pi/4$,$E_y$ 超前 E_x 且 $\Psi = \pi/4$。因此为左旋椭圆偏振光,长轴在 $y=x$ 方向上。

(3) $E_x = E_0\sin(kz-\omega t)$,$E_y = -E_0\sin(kz-\omega t)$,则 $E_y = E_0\sin(kz-\omega t+\pi)$,$\delta = \pi$,且 $\Psi = -\pi/4$。故为线偏振光,振动方向为 $y=-x$。

2.10 应用"教材习题 2.13"的结果:$v_g = \dfrac{c}{n+\omega(\mathrm{d}n/\mathrm{d}\omega)}$

得到 $\dfrac{1}{v_g} = \dfrac{n+\omega(\mathrm{d}n/\mathrm{d}\omega)}{c} = \dfrac{1}{v} + \dfrac{\omega}{c}\dfrac{\mathrm{d}n}{\mathrm{d}\omega}$

因为 $\omega = 2\pi\nu = 2\pi c/\lambda$,所以

$$\frac{1}{v_g} = \frac{1}{v} + \frac{2\pi c}{c\lambda}, \quad \frac{\mathrm{d}n}{\left(-\dfrac{2\pi c}{\lambda^2}\mathrm{d}\lambda\right)} = \frac{1}{v} - \frac{1}{c}\lambda\frac{\mathrm{d}n}{\mathrm{d}\lambda}$$

式中,$\mathrm{d}n/\mathrm{d}\lambda$ 是介质的色散率。在实际测量中,如果测定了介质的色散率,便可由上式确定群速度与相速度的关系。

第3章 光的干涉和干涉仪

3.1 学习目的和要求

1. 理解获得相干光的方法。了解干涉条纹的定域性。
2. 理解条纹对比度的定义,空间相干性、时间相干性和光源振幅比对条纹对比度的影响。
3. 掌握以杨氏干涉装置为典型的分波前法双光束干涉原理,熟悉光强分布的计算及分析干涉条纹的特征,如条纹形状、位置及间距等。
4. 掌握分振幅法的等倾干涉和等厚干涉的光强分布计算、条纹特征及其应用。
5. 熟悉牛顿环的基本光路、工作原理及条纹特征。
6. 了解平行平板多光束干涉的光强分布计算。
7. 掌握迈克耳孙干涉仪和 F-P 干涉仪的基本光路、工作原理及其应用,了解泰曼干涉仪、傅里叶变换干涉仪和马赫-泽德干涉仪。

3.2 基本概念和基本公式

1. 实际光波的干涉及实现方法

分波前法:让光波通过并排的两个小孔或利用反射和折射的方法把光波的波前分割为两个部分,如杨氏双缝干涉、菲涅耳双面镜、菲涅耳双棱镜及洛埃镜等。

分振幅法:将一束光波的振幅(能量)分成若干部分而形成相干光波,等倾干涉和等厚干涉均属于这类干涉。

双光束干涉光强公式:

$$I = I_1 + I_2 + 2\sqrt{I_1 I_2}\cos\delta \tag{3.1}$$

若 $I = I_1 = I_2$,则 $I = 4I_0\cos^2\dfrac{\delta}{2}$。

其中

$$\delta = \frac{2\pi}{\lambda}n(r_2 - r_1) = k\mathscr{D} \tag{3.2}$$

I 取极大值和极小值对应的位相差为

$$\delta = \begin{cases} 2m\pi, & m = 0, \pm1, \pm2, \cdots & \text{极大值} \\ (2m+1)\pi, & m = 0, \pm1, \pm2, \cdots & \text{极小值} \end{cases} \tag{3.3}$$

光程差为

$$\mathscr{D} = n(r_2 - r_1) = \begin{cases} m\lambda, & m = 0, \pm1, \pm2\cdots & \text{极大值} \\ \left(m + \dfrac{1}{2}\right)\lambda, & m = 0, \pm1, \pm2\cdots & \text{极小值} \end{cases} \tag{3.4}$$

(1) 位相差 $\delta = \phi_2 - \phi_1$,当 $\delta = 2m\pi(m = 0, \pm1, \pm2, \cdots)$ 时,称两列波同相;当 $\delta = (2m+1)\pi$ $(m = 0, \pm1, \pm2\cdots)$ 时,则称两列波反相。当 $0 < \delta < \pi$ 时,则称 ϕ_2 超前于 ϕ_1;当 $-\pi < \delta < 0$ 时,则称 ϕ_2 落后于 ϕ_1。注意 m 的取值,例如式(3.3)及式(3.4)中的极小值条件又可写为

$$\delta = (2m-1)\pi$$

$$\mathscr{D} = \left(m - \frac{1}{2}\right)\lambda \qquad m = \pm 1, \pm 2, \pm 3, \cdots$$

（2）由双光束干涉公式可以看出，干涉光强分布取决于位相差，而关系式 $\delta = \dfrac{2\pi}{\lambda}\mathscr{D}$ 把光程差与位相差联系起来，所以干涉光强分布最终取决于光程差。正确计算光程差是处理干涉问题的关键，也是处理波动光学问题的关键。

（3）位相差除了与两相干光源到同一观察点的光程差有关外，还与初相差 $\delta = \phi_{20} - \phi_{10}$ 有关。在实际的光源中，不同原子发出的光波，它们之间无固定的初相差，因此是不相干的。对相干光源，在多数情况下可以认为光源本身的位相是相同的，所以在计算时，初相差这个因素可以不必考虑。

2. 杨氏干涉实验

设装置在折射率为 n 的介质中，则光程差为

$$\mathscr{D} = n(r_2 - r_1) \approx nd\sin\theta = nd\,\frac{x}{D} \tag{3.5}$$

即

$$x = \frac{D}{nd}\mathscr{D}$$

亮纹位置为

$$x = m\,\frac{D\lambda}{nd} \qquad (m = 0, \pm 1, \pm 2, \cdots) \tag{3.6}$$

暗纹位置为

$$x = \left(m + \frac{1}{2}\right)\frac{D\lambda}{nd} \qquad (m = 0, \pm 1, \pm 2, \cdots) \tag{3.7}$$

条纹间距为

$$e = \frac{D}{nd}\lambda \tag{3.8}$$

（1）λ 是真空中的波长，也可以将 λ/n 因子看做在介质中的波长；如果实验装置放在空气中，则式（3.5）至式（3.8）中的折射率 $n = 1$。

（2）杨氏干涉实验装置是最典型的分波前干涉装置，分波前干涉的其他实验装置的基本原理与杨氏实验装置的相同，因此，只要确定两相干光源的位置，就可利用式（3.5）至式（3.8）进行有关的计算。

当 $d \ll D$、$x \ll D$ 时，相干光束的会聚角 $\omega \approx d/D$。

条纹间距可表示为

$$e = \lambda/\omega \tag{3.9}$$

这个公式有普遍意义。任何干涉实验，想要得到足够宽的间距，都应使相干光束的会聚角尽可能小。

3. 分波前干涉的其他实验装置

（1）菲涅耳双面镜

$$d = 2l\sin\alpha \tag{3.10}$$

其中，α 是两双面镜的夹角。

（2）菲涅耳双棱镜

$$d = 2l(n-1)\alpha \tag{3.11}$$

其中，α 是棱镜的折射角，n 是棱镜的折射率。

（3）洛埃镜

$$d = 2l \tag{3.12}$$

其中，l 为光源到平面镜的垂直距离。计算光程差或位相差时，要考虑半波损失。

4. 干涉条纹的对比度（可见度）

对比度的定义：

$$K = \frac{I_{max} - I_{min}}{I_{max} + I_{min}} \tag{3.13}$$

与干涉条纹对比度有关的三个因素是光源大小、光源非单色性、两相干光波的振幅比。

条纹对比度降为零时光源的宽度为光源的临界宽度：

$$b_c = \lambda l / d \tag{3.14}$$

或

$$b_c = \lambda / \beta \tag{3.15}$$

其中干涉孔径角为

$$\beta = d / l \tag{3.16}$$

光源的实际许可宽度为

$$b_p = \frac{b_c}{4} = \frac{\lambda}{4\beta} \tag{3.17}$$

这时的对比度 $K \geqslant 0.9$。

5. 空间相干性

在给定宽度单色线光源的照明空间中，随着两个横向分布次波源间距的变化，其相干程度也随之变化，这种相干性称为空间相干性。

空间相干反比公式：

$$\lambda = b_c \beta \tag{3.18}$$

若通过 S_1 和 S_2 的光刚好不发生干涉，则此时 S_1 和 S_2 之间的距离就是横向相干宽度：

$$d_1 = \lambda l / b_c = \lambda / \theta \tag{3.19}$$

其中，θ 是扩展光源对 S_1 和 S_2 连线中点的张角。

$$\theta = b_c / l \tag{3.20}$$

如果光源是圆形，则横向相干宽度为

$$d_t = 1.22 \lambda / \theta \tag{3.21}$$

相应的相干面积为

$$A = \pi \left(\frac{0.61\lambda}{\theta} \right)^2 \tag{3.22}$$

波长宽度为 $\Delta\lambda$ 的光源能够产生干涉条纹的最大光程差称为相干长度：

$$\Delta L = \lambda^2 / \Delta\lambda \tag{3.23}$$

说明：（1）相干长度等于波列长度；

（2）光源的波长宽度越小，即单色性越好，就能够在更大的光程差下观察到干涉条纹。

6. 时间相干性

光波在相干时间 Δt 内发出的光才能发生干涉的这种相干性称为时间相干性。

相干时间：光通过相干长度所需的时间。

$$\Delta t \cdot \Delta \nu = 1 \tag{3.24}$$

波列长度与相干时间的关系为

$$\Delta L = c \cdot \Delta t = \lambda^2 / \Delta\lambda \tag{3.25}$$

光波的频率宽度越小，相干时间越大，光的时间相干性越好。

7. 两相干光波振幅比对可见度的影响

$$K = \frac{2(A_1 / A_2)}{1 + (A_1 / A_2)^2} \tag{3.26}$$

此时,双光束干涉公式可写成

$$I = I_t(1 + K\cos\delta), \quad I_t = I_1 + I_2 = A_1^2 + A_2^2$$

8. 平行平板(薄膜)的等倾干涉

等倾干涉的光程差为

$$\mathscr{D} = 2nh\cos i_2 + \left(\frac{\lambda}{2}\right) \tag{3.27}$$

其中,h 为平板厚;i_2 为折射角;n 为平板(薄膜)折射率。而仅当平板上下两边介质的折射率均大于或小于平板(薄膜)的折射率,需要考虑半波损失时才加上括号中的 $\lambda/2$。

等倾条纹的特征:厚度均匀的平行平板(薄膜)形成的级次仅随入射角变化的圆形干涉条纹,亮条纹的角半径

$$\theta_{1N} = \frac{1}{n'}\sqrt{\frac{n\lambda}{h}}\sqrt{N - 1 + q} \tag{3.28}$$

其中,θ_{1N} 为条纹半径对物镜中心的张角,n' 为平行平板(薄膜)周围介质的折射率。N 和 q 的意义说明如下:假设中心条纹级数为 m_0,由于 m_0 不一定是整数,所以,$m_0 = m + q$(m 为整数,$0 \leq q < 1$);从中心往外数,第 N 个亮纹的级数为 $m - (N - 1) = m_0 - (N - 1) - q$。

条纹的角距离为

$$\Delta\theta_1 = \frac{n\lambda}{2n'^2\theta_1 h} \tag{3.29}$$

由此可见,等倾干涉有如下特点。

(1)扩展光源的宽度不影响条纹的可见度,只增加干涉条纹的光强度。

(2)条纹特征:级次高的条纹半径小,级次低的条纹半径大;越靠近圆心条纹越疏,越远离圆心条纹越密;当薄膜变厚时,中心吐出条纹,条纹间距变小,干涉条纹变密;薄膜变薄,中心吞入条纹,条纹间距变大,干涉条纹变疏。

9. 楔形平板(薄膜)的等厚干涉

等厚干涉的光程差为

$$\mathscr{D} = 2nh\cos i_2 + \left(\frac{\lambda}{2}\right) \tag{3.30}$$

其中,i_2 为折射角,括号中 $\lambda/2$ 的取舍与平行平板等倾干涉时所规定的一致。当垂直照射时,$i_2 = 0, \cos i_2 = 1$,故

$$\mathscr{D} = 2nh + \frac{\lambda}{2} \tag{3.31}$$

等厚条纹:厚度不均匀的薄膜形成的干涉条纹的级次仅随薄膜的厚度变化。

相邻亮(暗)条纹对应的厚度差为

$$\Delta h = \frac{\lambda}{2n} \tag{3.32}$$

条纹间距为

$$e = \frac{\lambda}{2n\alpha} \tag{3.33}$$

α 为楔形平板的楔角。

10. 牛顿环

牛顿环属等厚干涉。第 N 个牛顿环暗环的半径为

$$r_N = \sqrt{NR\lambda} \tag{3.34}$$

透镜曲率半径为 $$R = \frac{r_N^2}{N\lambda} \qquad (3.35)$$

牛顿环有如下特点。

（1）级次低的条纹半径小，级次高的条纹半径大；越往外条纹越密；空气膜变厚时，中心吞入条纹；空气膜变薄时，中心吐出条纹。空气膜变化时各位置条纹间距不变。

（2）满足 $n_1 < n > n_2$ 或 $n_1 > n < n_2$ 条件时需要加上半波损失。

11. 迈克耳孙干涉仪

若条纹为等倾条纹，M_1 平移 d 时，干涉条纹移过 N 条，则有

$$d = N\frac{\lambda}{2} \qquad (3.36)$$

3.3 常见习题分类及典型例题分析

题型一 双光束干涉。求干涉光强分布；讨论干涉图样的特征，如条纹的形状、间距；有关条纹可见度的问题；当其中一束光的光程发生改变时（如薄膜厚度变化或杨氏干涉实验装置的一支光路插入小薄片等），判断条纹的移动变化。

基本解题思路 对分波前法和分振幅法产生的双光束干涉，求出各光波的复振及两光波的位相差，利用式（3.1）求干涉光强分布，根据光强分布表达式确定干涉图样的特征；如果不涉及光强分布，通常可以直接从双光束位相差（或光程差）的表达式求解有关问题。求解薄膜干涉的问题时，应特别注意光程差的概念，是否存在半波损失，以及条纹级数与间隔之间的关系。

例 3.1 图 3.1 所示为双缝实验，波长为 λ 的单色平行光入射到缝宽均为 $d(d \gg \lambda)$ 的双缝上，因而在远处的屏幕上观察到干涉图样。将一块厚度为 t、折射率为 n 的薄玻璃片放在缝和屏幕之间。

（1）讨论 P_0 点的光强度特性。

（2）如果将一个缝的宽度增加到 $2d$，而另一个缝的宽度保持不变，则 P_0 点的光强将发生怎样的变化？屏幕上的光强特性如何变化？（假设薄片不吸收光。）

（3）若入射光为准单色光，其平均波长为 500nm，波长宽度为 0.1nm，设玻璃的折射率 $n = 1.5$，试求玻璃片多厚时可使 P_0 点附近的条纹消失？

解 （1）从两个缝发出的光到达 P_0 点时的位相差为

$$\delta = \frac{2\pi}{\lambda}(n-1)t$$

由式（3.1）得 P_0 点的光强为

$$I = 4I_0\cos^2\left[(n-1)\frac{\pi t}{\lambda}\right]$$

当位相差满足 $\quad \dfrac{\pi}{\lambda}(n-1)t = m\pi, \quad m = 1,2,\cdots$

即薄片厚度满足 $t = \dfrac{m\lambda}{n-1}$ 时，P_0 点的光强最大，$I_{max} = 4I_0$。

当位相差满足 $\qquad \dfrac{\pi}{\lambda}(n-1)t = (2m+1)\dfrac{\pi}{2}, m = 0,1,2,\cdots$

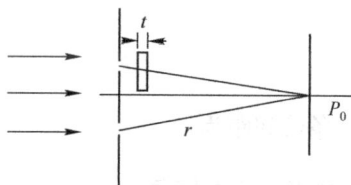

图 3.1 例 3.1 用图

即薄片厚度满足 $t=\dfrac{(2m+1)\lambda}{2(n-1)}$ 时，P_0 点的光强最小，$I_{\min}=0$。

（2）若把上述的缝宽增加到 $2d$，则 P_0 点的光强复振幅为

$$E=\left[2E_0+E_0\exp(\mathrm{i}\phi)\right]\exp(\mathrm{i}kr)=E_0\exp(\mathrm{i}kr)\left[2+\exp(\mathrm{i}\phi)\right]$$

对应的光强度为

$$
\begin{aligned}
I=EE^*&=\left\{E_0\exp(\mathrm{i}kr)\left[2+\exp(\mathrm{i}\phi)\right]\right\}\left\{E_0\exp(-\mathrm{i}kr)\left[2+\exp(-\mathrm{i}\phi)\right]\right\}\\
&=I_0\left[5+4\cos\frac{2\pi t}{\lambda}(n-1)\right]
\end{aligned}
$$

其中，$I_0=E_0^2$。

因此，当 $t=\dfrac{m\lambda}{2(n-1)}$ 时，P_0 点的光强最大，$I_{\max}=9I_0$。

当 $t=\dfrac{(2m+1)\lambda}{4(n-1)}$ 时，P_0 点的光强最小，$I_{\min}=I_0$。

显然，其中一条缝宽增加到 $2d$ 后，屏幕上的条纹间距没有发生变化，但可见度从 $K=1$ 降为 $K=0.8$。

（3）P_0 点对应的光程差为 $\mathscr{D}=(n-1)t$，这一光程差如果大于准单色光的相干长度，P_0 点处条纹将消失。

准单色光的相干长度为 $\mathscr{D}_{\max}=\overline{\lambda}^2/\Delta\lambda$，当 $\mathscr{D}_{\max}\leqslant\mathscr{D}$ 时，有

$$(n-1)t\geqslant\frac{\overline{\lambda}^2}{\Delta\lambda},\quad\text{即 }t\geqslant\frac{\overline{\lambda}^2}{(n-1)\Delta\lambda}=\frac{(500\times10^{-6})^2}{(1.5-1)\times0.1\times10^{-6}}\text{mm}=5\text{mm}$$

故当玻璃片厚度大于等于 5mm 时，P_0 点附近的条纹消失。

题型二　干涉仪　迈克耳孙干涉仪、泰曼干涉仪、马赫-泽德干涉仪等的相关计算。

基本解题思路　理解干涉仪的工作原理，判断属于等倾、等厚干涉的类型，写出光程差，再进行有关计算及分析。

例 3.2　迈克耳孙干涉仪可用来精确测量单色光波长，调整仪器，观察到单色光照明下产生的等倾圆条纹。如果把反射镜 M_1 平移 0.03164mm，观察到圆条纹向中心收缩并消失 100 个，试计算单色光波长。

解　迈克耳孙干涉仪中，如果调节反射镜 M_2 使其在半反射面中的虚像 M_2' 与 M_1 反射镜平行，则可以通过望远镜观察到干涉仪产生的等倾圆条纹。对于圆环中心条纹，其光程差表示为

$$\mathscr{D}=2h+\mathscr{D}'=m\lambda$$

其中 h 是虚平板的厚度，$\mathscr{D}'$ 是光束（1）和（2）在半反射面上反射相变不同引入的附加程差（未镀膜时为 $\lambda/2$），m 是条纹的干涉级数。由上式易见，干涉级减少 1 时（条纹消失 1 个），h 变化 $\lambda/2$，所以，当干涉级减少 100 时，h 的变化为

$$0.03164\text{mm}=100\times\frac{\lambda}{2}$$

得到 $\qquad\lambda=2\times0.03164/100=632.8\times10^{-6}(\text{mm})=632.8\text{nm}$

3.4　教材习题解答

3.1　在杨氏干涉实验中，若两小孔距离为 0.4mm，观察屏至小孔所在平面的距离为

100cm,在观察屏上测得干涉条纹的间距为 1.5mm,求所用光波的波长。

解 $d=0.4$mm,$D=10^3$mm,$e=1.5$mm。由 $e=\dfrac{D}{d}\lambda$ 得

$$\lambda=\frac{d}{D}e=\frac{0.4}{10^3}\times1.5=600\,(\text{nm})$$

3.2 波长为 589.3nm 的钠光照射在一双缝上,在距双缝 100cm 的观察屏上测量 20 个条纹共宽 2.4cm,试计算双缝之间的距离。

解 已知 $\lambda=589.3$nm,$D=100$cm,$e=2.4$cm/20,由 $e=\dfrac{D}{d}\lambda$ 得

$$d=\frac{D}{e}\lambda=\frac{100}{2.4/20}\times589.3=0.491\,(\text{mm})$$

3.3 设双缝间距为 1mm,双缝离观察屏为 1m,用钠光灯作为光源钠光灯发出波长 $\lambda_1=$ 589.0nm 和 $\lambda_2=589.6$nm 的两种单色光。问两种单色光各自的第 10 级亮条纹之间的距离是多少?

解 $d=1$mm,$D=10^3$mm,$\lambda_1=589.0\times10^{-6}$mm,$\lambda_2=589.6\times10^{-6}$mm。由 $x=m\dfrac{D}{d}\lambda$($m=0,$ $\pm1,\pm2\cdots$)得

$$x'_{10}=10\times\frac{10^3}{1}\times589.0\times10^{-6}=5.89\,(\text{mm})$$

$$x_{10}=10\times\frac{10^3}{1}\times589.6\times10^{-6}=5.896\,(\text{mm})$$

因此

$$e=x_{10}-x'_{10}=6\times10^{-3}\text{mm}$$

3.4 在杨氏实验中,两小孔距离为 1mm,观察屏离小孔的距离为 50cm。当用一片折射率为 1.58 的透明薄片贴住其中一个小孔时,发现屏上的条纹移动了 0.5cm,试确定该薄片的厚度。

解 贴住其中一个小孔时,光程差改变了 $h(n-1)$,零级条纹从 $x=0$ 移到 $x=0.5$cm 处,根据式(3.5)得

$$h(n-1)=\frac{d}{D}x$$

$$h\times0.58=\frac{1\text{mm}}{50\text{cm}}\times0.5\text{cm},\ \text{即}\ h=1.72\times10^{-2}\text{mm}$$

3.5 一个长 30mm 的充以空气的气室代替薄片置于小孔 S_1(杨氏装置)前,在观察屏上观察到一组干涉条纹。继后抽去气室中的空气,注入某种气体,发现屏上条纹比抽气前移动了 25 个。已知照明光波波长 $\lambda=656.28$nm,空气折射率 $n_a=1.000276$,试求注入气室内的气体的折射率。

解 移动了 25 个条纹,表示光程差的变化为 25λ:

$$h(n_g-n_a)=25\lambda$$

所以气体的折射率为

$$n_g=\frac{25\lambda}{h}+n_a=\frac{25\times656.28\times10^{-6}}{30}+1.000276=1.000823$$

3.6 在菲涅耳双面镜实验中,单色光波长 $\lambda=500$nm,光源和观察屏到双面镜交线的距离

分别为 0.5m 和 1.5m,双面镜的夹角为 10^{-3}rad。试求:

(1) 观察屏上条纹的间距;

(2) 屏上最多可看到多少亮条纹?

解 (1) 由式(3.8)及式(3.10)可知屏上条纹的间距为

$$e = \frac{D}{d}\lambda = \frac{l+a}{2l\sin\alpha}\lambda = \frac{(0.5+1.5)}{2\times0.5\times10^{-3}}\times500\times10^{-6} = 1(\text{mm})$$

(2) 屏上最多可看到的亮条纹数目为

$$N = \frac{2a\sin\alpha}{e} = \frac{2\times1500\times10^{-3}}{1} = 3$$

3.7 在菲涅耳双棱镜实验中,光源和观察屏到双棱镜的距离分别为 10cm 和 90cm,观察屏上条纹间距为 2mm,单色光波长为 589.3nm,试计算双棱镜的折射角(已知双棱镜的折射率为 1.52)。

解 已知 $l = 100$mm,$D = 100+900 = 1000(\text{mm})$。

对菲涅耳双棱镜,条纹间距为

$$e = \frac{D}{d}\lambda$$

结合式(3.11)得 $\quad \alpha = \frac{D\lambda}{2el(n-1)} = \frac{1000\times589.3\times10^{-6}}{2\times2\times100\times(1.52-1)} = 2.83\times10^{-3}(\text{rad})$

3.8 在比累对切透镜实验中,透镜焦距为 20cm,两半透镜横向间距 0.5mm,光源和观察屏到透镜的距离分别为 40cm 和 1m,光源发出的单色光波长为 500nm,求条纹间距。

解 如图 3.2 所示,已知 $l = 40$cm,$l'+D = 1$m = 100cm,$f = 20$cm,$a = 0.5$mm。

图中,S_1 和 S_2 到比累对切透镜的距离 l' 由下式给出:

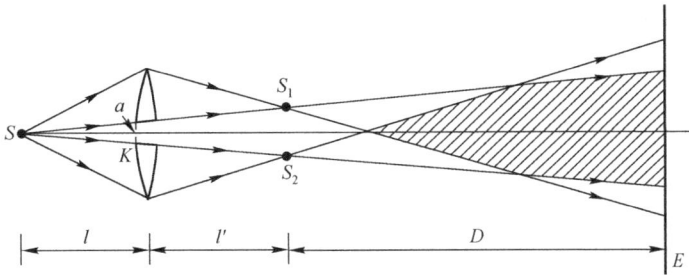

图 3.2 题 3.8 用图

$$\frac{1}{l} + \frac{1}{l'} = \frac{1}{f}$$

得 $\quad l' = \frac{lf}{l-f} = \frac{40\times20}{40-20} = 40(\text{cm})$

$$D = 100-l' = 60(\text{cm})$$

而 S_1 和 S_2 之间的距离为

$$d = a\frac{l+l'}{l} = a\left(1+\frac{f}{l-f}\right) = 0.5\left(1+\frac{20}{40-20}\right) = 1(\text{mm})$$

因此,条纹间距为 $\quad e = \frac{D}{d}\lambda = \frac{60}{0.1}\times500\times10^{-6} = 0.3(\text{mm})$

3.9 在图 3.3 所示的洛埃镜干涉实验中，光源 S_1 到观察屏的垂直距离为 1.5m，到洛埃镜面的垂直距离为 2mm。洛埃镜长 40cm，置于光源和屏之间的中央。

(1) 确定屏上可以看到条纹的区域大小；

(2) 若光波波长 $\lambda = 500$nm，条纹间距是多少？在屏上可看见几个条纹？

(3) 写出屏上光强分布的表达式。

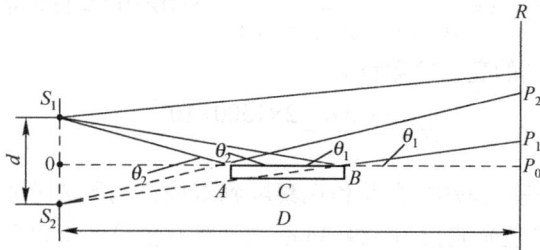

图 3.3 题 3.9 用图

解 在洛埃镜实验中，产生干涉的两个光波是：光源 S_1 发出的直接射到屏上的光波和光源 S_1 发出的经洛埃镜面反射后再射到屏上的光波。后者可等价于从 S_2（S_1 对洛埃镜所成的像）发出，即相干光源是 S_1 和 S_2。因此，洛埃镜实验可类比于杨氏双缝实验。

(1) 从图 3.3 可以看出，条纹的区域大小应为 $\overline{P_1 P_2}$，从图中的几何关系得

$$\overline{P_1 P_0} = \overline{BP_0} \tan\theta_1 = \overline{BP_0} \frac{\overline{S_1 O}}{\overline{OB}} = 550 \frac{2}{950} = 1.16(\text{mm})$$

$$\overline{P_2 P_0} = \overline{AP_0} \tan\theta_2 = \overline{AP_0} \frac{\overline{S_1 O}}{\overline{OA}} = 950 \frac{2}{550} = 3.45(\text{mm})$$

因此 $$\overline{P_1 P_2} = \overline{P_2 P_0} - \overline{P_1 P_0} = 2.29\text{mm}$$

(2) 条纹间距可用式(3.8)计算：

$$e = \frac{D\lambda}{d} = \frac{1500 \times 500 \times 10^{-6}}{4} = 0.19(\text{mm})$$

由于经平面镜反射的光波存在半波损失，所以 S_1 和 S_2 可以看作是位相相反的相干光源，而 S_1 和 S_2 分别到 P_0 的距离相等，所以若 P_0 点在干涉区内，则 P_0 点应处在暗纹的位置，因此 $\overline{P_1 P_0}$ 包含的暗条纹数目为

$$N_1 = \overline{P_1 P_0}/e = 1.16/0.19 = 6.1$$

$\overline{P_2 P_0}$ 包含的暗条纹数目为 $N_2 = \overline{P_2 P_0}/e = 3.45/0.19 = 18.2$

故 $\overline{P_2 P_1}$ 包含的暗条纹数目为 12 条（11 条亮纹）。

思考：能否直接通过 $\overline{P_2 P_1}/e$ 求出干涉区内的条纹数目？

(3) 因为 S_1 发出的光波掠入射于平面镜，反射系数等于 -1，因此 S_1 和 S_2 发出的光波的光强相等，并设为 I_0，则屏上某一点的光强 I 为 S_1 和 S_2 发出的光波相干叠加的结果。计及反射波反射时有半波损失：

$$I = 4I_0 \cos^2 \frac{\delta}{2} = 4I_0 \cos^2 \left[\frac{\pi}{\lambda}(r_1 - r_2) + \frac{\pi}{2} \right] = 4I_0 \cos^2 \left[\frac{\pi x d}{\lambda D} \frac{\pi}{2} \right]$$

式中，$r_1 = \overline{S_1 P}$，$r_2 = \overline{S_2 P}$，$x = \overline{PP_0}$。

3.10 对于洛埃镜装置，试证明光源的临界宽度 b_c 和干涉孔径 β 之间有关系：$b_c = \lambda/\beta$。

证明 如图 3.4 所示，干涉孔径角为 β，交于 P' 的两相干光是从实际光源 S_2 发出并与干

涉孔径张角 β 对应的光线。因此以 S_2 为物,经系统后得 P'、P'',则

$$\beta = \frac{P'P''}{R+D} = \frac{2y}{R+D}$$

而临界宽度 b_{c} 是指点光源 S_1 移动 $b_{\mathrm{c}}/2$ 到 S_2,使得两套条纹在 P' 的光程差为 $\lambda/2$。对 S_1'、S_1 的双缝干涉条纹,双缝间的光程差为

$$\mathscr{D}_1 = \frac{dy}{R+D}$$

d 是 S_1' 与 S_1 之间的距离。

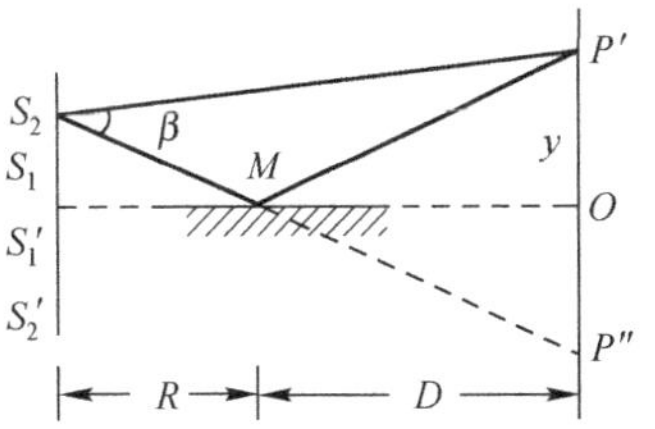

同样,对 S_2'、S_2 的双缝干涉条纹,有

$$\mathscr{D}_2 = \frac{(d+b_{\mathrm{c}})y}{R+D}$$

图 3.4　题 3.10 用图

因为　　　　$\mathscr{D}_2 - \mathscr{D}_1 = \frac{(d+b_{\mathrm{c}})y}{R+D} - \frac{dy}{R+D} = \frac{b_{\mathrm{c}}y}{R+D} = \frac{\lambda}{2}$

于是　　　　　　　　　　$b_{\mathrm{c}}\beta = \frac{R+D}{y} \cdot \frac{\lambda}{2} \cdot \frac{2y}{R+D} = \lambda$

所以　　　　　　　　　　　　　　$b_{\mathrm{c}} = \lambda/\beta$

3.11　对于菲涅耳双棱镜干涉装置,试证明光源的临界宽度 b_{c} 和干涉孔径角 β 之间也有关系:$b_{\mathrm{c}} = \lambda/\beta$。

证明　菲涅耳双棱镜干涉装置如图 3.5 所示,S 为光源中心所在位置,由 S 发出的两束相干光干涉,在 O 点形成零级明纹。相当于光由 S' 和 S'' 发出在 O 点干涉,$S'S'' = d$,相邻明条纹间隔 $\Delta y = \lambda D/d$。设 $AB = t$,则干涉孔径角为

$$\beta = t/l$$

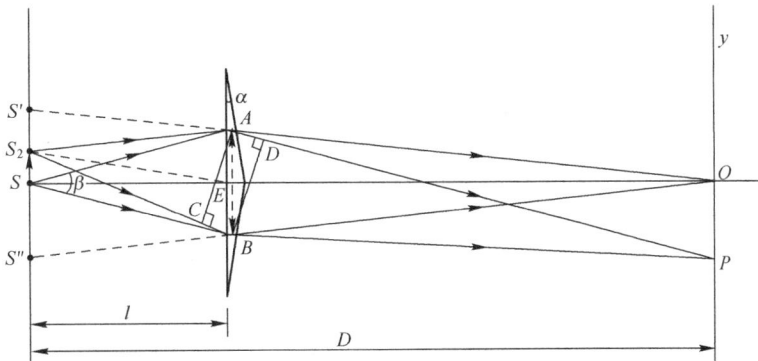

图 3.5　题 3.11 用图

设光源 S 移动 $b_{\mathrm{c}}/2$,使得零级条纹移动半个明纹间隔到达 P 点,则有

$$S_2A + AP = S_2B + BP$$

可得　　　　　　　　　　　$S_2B - S_2A = AP - BP$

其中　　　$\angle BAC \approx \angle S_2ES, \ S_2B - S_2A \approx t\sin\angle BAC \approx t\frac{b_{\mathrm{c}}/2}{l} = b_{\mathrm{c}}\beta/2$

又因为 $OP = \Delta y/2 = \lambda D/2d$,可得

$$AP - BP \approx t\sin\angle ABD \approx t\frac{\Delta y/2}{D-l} = \frac{\lambda Dt}{2(D-l)d}$$

在三角形 $OS'S''$ 中，$\dfrac{AB}{S'S''}=\dfrac{t}{d}=\dfrac{D-l}{D}$，即

$$S_2B-S_2A=b_c\beta/2=AP-BP=\lambda/2$$

因此

$$b_c=\lambda/\beta$$

3.12 在点光源的干涉实验中，若光源的光谱强度分布（如图 3.6 所示）为

$$I=I_0\exp(-\alpha^2x^2)$$

式中，$\alpha=2\sqrt{\ln2}/\Delta k$，$x=k-k_0$。试证明干涉条纹对比度的表达式可近似地写为

$$K=\exp\left[-\left(\dfrac{\mathscr{D}}{2\alpha}\right)^2\right]$$

并绘出对比度 K 随光程差 $\mathscr{D}$ 的变化曲线。

解 包含许多波长的光波，在干涉场中产生的强度，是各个波长的光波在干涉场中产生的强度之和。如果把光谱的区域分成许多无限小的波数元 $\mathrm{d}k$，则点光源在干涉场中产生的强度就是这些波数元 $\mathrm{d}k$ 内的光波产生的强度的积分。

据式（3.1），位于波数 k 处包含元波数宽度 $\mathrm{d}k$ 在干涉场中产生的强度近似为

$$\mathrm{d}I'=2I\mathrm{d}k(1+\cos k\mathscr{D})$$

所以总光强为 $\bar{I}=\displaystyle\int_{-\infty}^{\infty}2I(1+\cos k\mathscr{D})\mathrm{d}k$

$$=\int_{-\infty}^{\infty}2I_0\exp(-\alpha^2x^2)(1+\cos k\mathscr{D})\mathrm{d}k$$

依题意做平移变换 $\quad x=k-k_0,\quad \mathrm{d}x=\mathrm{d}k$

而 $\quad\displaystyle\int_{-\infty}^{\infty}\exp(-\alpha^2x^2)\mathrm{d}x=\sqrt{\pi}/\alpha$

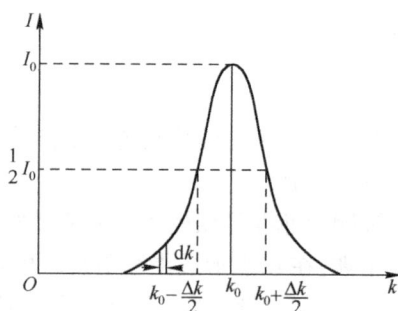

图 3.6　题 3.12 用图

则 $\quad\displaystyle\int_{-\infty}^{\infty}2I_0\exp(-\alpha^2x^2)\cos(k\mathscr{D})\mathrm{d}k$

$$=2I_0\int_{-\infty}^{\infty}\exp[-\alpha^2(k-k_0)^2]\dfrac{\exp(ik\mathscr{D})+\exp(-ik\mathscr{D})}{2}\mathrm{d}k$$

$$=\dfrac{2\sqrt{\pi}}{\alpha}I_0\exp\left[-\left(\dfrac{\mathscr{D}}{2\alpha}\right)^2\right]\cos(k_0\mathscr{D})$$

所以总光强 $\qquad\bar{I}=\dfrac{2\sqrt{\pi}}{\alpha}I_0\left\{1+\exp\left[-\left(\dfrac{\mathscr{D}}{2\alpha}\right)^2\right]\cos(k_0\mathscr{D})\right\}$

光强最大值和最小值分别为

$$\bar{I}_{\mathrm{M}}=\dfrac{2\sqrt{\pi}}{\alpha}I_0\left\{1+\exp\left[-\left(\dfrac{\mathscr{D}}{2\alpha}\right)^2\right]\right\}$$

$$\bar{I}_{\mathrm{m}}=\dfrac{2\sqrt{\pi}}{\alpha}I_0\left\{1-\exp\left[-\left(\dfrac{\mathscr{D}}{2\alpha}\right)^2\right]\right\}$$

因此干涉条纹对比度为

$$K=\dfrac{I_{\mathrm{M}}-I_{\mathrm{m}}}{I_{\mathrm{M}}+I_{\mathrm{m}}}=\exp\left[-\left(\dfrac{\mathscr{D}}{2\alpha}\right)^2\right]$$

其曲线图如图 3.7 所示。

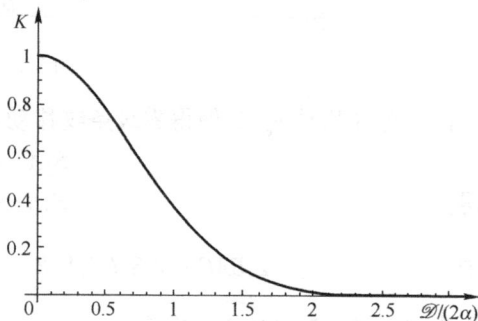

图 3.7　题 3.12 用图

3.13 在杨氏干涉实验中,照明两小孔的光源是一个直径为 2mm 的圆形光源。光源发光的波长为 500nm,它到小孔的距离为 1.5m。问两小孔能够发生干涉的最大距离是多少?

解 由式(3.20)和式(3.21)得两小孔能够发生干涉的最大距离为

$$d_t = \frac{1.22\lambda l}{b_c} = \frac{1.22 \times 500 \times 10^{-6} \times 1.5 \times 10^3}{2} = 0.46(\text{mm})$$

3.14 在菲涅耳双棱镜实验中,光源到双棱镜和观察屏的距离分别为 25cm 和 1m,光的波长为 546nm。问要观察到清晰的干涉条纹,光源的最大横向宽度是多少?(双棱镜的折射率 $n = 1.52$,折射角 $\alpha = 30'$。)

解 由式(3.15)临界宽度为 $b_c = \lambda/\beta$

根据题(3.11)$\beta = \dfrac{2y}{D}$及图 3.2 得

$$\frac{y}{d/2} = \frac{D-l}{l}$$

考虑到 $d = 2l(n-1)\alpha$,代入上式,得 $y = \dfrac{D-l}{l} \cdot \dfrac{d}{2} = (D-l)(n-1)\alpha$

即

$$b_c = \frac{\lambda D}{2(D-l)(n-1)\alpha} = \frac{546 \times 10^{-6} \times 10^3}{2 \times (10^3 - 250) \times (1.52-1) \times 0.5\pi/180} = 0.08(\text{mm})$$

因此光源的最大横向宽度(或许可宽度)为 $b_p = b_c/4 = 0.02(\text{mm})$。

3.15 月球到地球表面的距离约为 3.8×10^5km,月球直径为 3477km,若把月球视为光源(光波长取 550nm),试计算地球表面上的相干面积。

解 由题设知,月球对地球表面的张角为

$$\theta = \frac{3477}{3.8 \times 10^5} = 9.15 \times 10^{-3}(\text{rad})$$

根据式(3.22),相干面积为

$$A = \pi\left(\frac{0.61\lambda}{\theta}\right)^2 = \pi\left(\frac{0.61 \times 550 \times 10^{-6}}{9.15 \times 10^{-3}}\right)^2 = 4.22 \times 10^{-3}(\text{mm}^2)$$

3.16 若光波的波长宽度为 $\Delta\lambda$,频率宽度为 $\Delta\nu$,试证明 $\left|\dfrac{\Delta\nu}{\nu}\right| = \left|\dfrac{\Delta\lambda}{\lambda}\right|$。式中,$\nu$ 和 λ 分别为光波的频率和波长。对于波长为 632.8nm 的氦-氖激光,波长宽度为 $\Delta\lambda = 2 \times 10^{-8}$nm,试计算它的频率宽度和相干长度。

证明 因为,$\nu = c/\lambda$,其中 c 是真空中光传播的速率,所以

$$\Delta\nu = -\frac{c}{\lambda^2}\Delta\lambda = -\nu\frac{\Delta\lambda}{\lambda}$$

其中,负号表示频率增大时波长减小。整理上式,并取绝对值得

$$\left|\frac{\Delta\nu}{\nu}\right| = \left|\frac{\Delta\lambda}{\lambda}\right|$$

利用此关系式及题设条件,可得氦-氖激光光波的频率宽度为

$$|\Delta\nu| = \nu\left|\frac{\Delta\lambda}{\lambda}\right| = \frac{c}{\lambda^2}|\Delta\lambda| = \frac{3 \times 10^{17} \times 2 \times 10^{-8}}{632.8^2} = 1.5 \times 10^4(\text{Hz})$$

根据式(3.23)得相干长度为

$$\Delta L_{max} = \frac{\lambda^2}{\Delta\lambda} = \frac{632.8^2}{2\times10^{-8}} = 2\times10^{13}(\text{nm}) = 20\text{km}$$

3.17 如图 3.8 所示,光源 S 发出的两支光线 SR 和 SQ 经平行平板上表面和下表面反射后相交于 P 点。光线 SR 的入射角为 i,光线 SQ 在上表面的入射角为 θ_1,折射后在下表面的入射角为 θ_2,SR 和 SQ 的夹角为 β,平板的折射率和厚度分别为 n 和 h。试导出到达 P 点的两支光线光程差的表示式。

解 由图 3.8 可见,两支光线到达 P 点的光程分别为

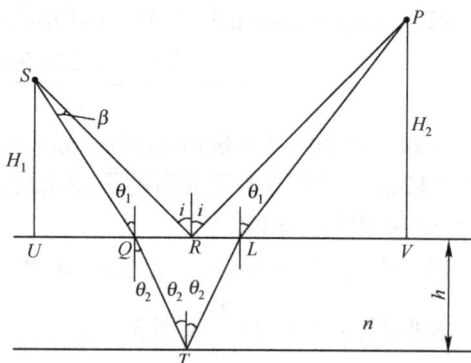

图 3.8 题 3.17 用图

$$(SP)_1 = SR + RP = \frac{H_1+H_2}{\cos i}$$

$$(SP)_2 = SQ + LP + n(QT+TL) = \frac{H_1+H_2}{\cos\theta_1} + \frac{2nh}{\cos\theta_2}$$

因此两支光线的光程差为

$$\mathscr{D} = (SP)_2 - (SP)_1 = \frac{(H_1+H_2)(\cos i - \cos\theta_1)}{\cos i\cos\theta_1} + \frac{2nh}{\cos\theta_2}$$

由于图中

$$(\overline{UR}+\overline{RV}) - (\overline{UQ}+\overline{LV}) = \overline{QL}$$

即

$$(H_1+H_2)\tan i - (H_1+H_2)\tan\theta_1 = 2h\tan\theta_2$$

或

$$H_1+H_2 = \frac{2h\tan\theta_2}{\tan i - \tan\theta_1}$$

故

$$\mathscr{D} = \frac{2h\tan\theta_2(\cos i - \cos\theta_1)}{\sin i\cos\theta_1 - \cos i\sin\theta_1} + \frac{2nh}{\cos\theta_2}$$

$$= 2nh\cos\theta_2\left[1 + \tan^2\theta_2 - \frac{\sin\theta_2(\cos\theta_1 - \cos i)}{n\cos^2\theta_2\sin(i-\theta_1)}\right]$$

利用折射定律 $\sin\theta_1 = n\sin\theta_2$,上式可进一步简化为

$$\mathscr{D} = 2nh\cos\theta_2\left\{1 - \frac{\sin\theta_1\cos\theta_1[1-\cos(i-\theta_1)]}{(n^2-\sin^2\theta_2)\sin(i-\theta_1)}\right\}$$

因为 $i - \theta_1 = \beta$,一般很小,故

$$\frac{1-\cos(i-\theta_1)}{\sin(i-\theta_1)} = \frac{1-\cos\beta}{\sin\beta} \approx \frac{\beta}{2}$$

于是

$$\mathscr{D} = 2nh\cos\theta_2\left[1 - \frac{\sin\theta_1\cos\theta_1}{(n^2-\sin^2\theta_2)}\frac{\beta}{2}\right]$$

考虑到在两表面之一反射有位相 π 突变,故上式改写为

$$\mathscr{D} = 2nh\cos\theta_2\left[1 - \frac{\beta\sin\theta_1\cos\theta_1}{2(n^2-\sin^2\theta_2)}\right] + \frac{\lambda}{2}$$

当平板极薄时,或 P 点在无穷远处(对应于 $\beta = 0$ 时),上式写为

$$\mathscr{D} = 2nh\cos\theta_2 + \frac{\lambda}{2}$$

3.18 在图 3.9 所示的干涉装置中,若照明光波的波长 $\lambda = 600\text{nm}$,平板的厚度 $h = 2\text{mm}$,折射率 $n = 1.5$,其下表面涂上某种高折射率介质($n_H > 1.5$),问:

(1) 在反射光方向观察到的干涉圆环条纹的中心是亮斑还是暗斑?

(2) 由中心向外计算,第 10 个亮环的半径是多少?(设望远镜物镜的焦距为 20cm。)

(3) 第 10 个亮环处的条纹间距是多少?

解 (1) 圆环条纹中心是亮斑还是暗斑,决定于该点的干涉级数是整数还是半整数。

由于 $n_1 < n < n_H$,光在上下表面反射时均产生位相跃变,因此两束反射光之间没有额外的位相跃变。垂直入射光程差为

$$\mathscr{D} = 2nh$$

$$m = \frac{2nh}{\lambda} = \frac{(2 \times 1.5 \times 2)\text{mm}}{60\text{nm}} = 10^5$$

因为 m 是整数,所以干涉圆环条纹中心是亮斑。

(2) 根据式(3.28),当中心是亮斑时,由中心向外计算,第 N 个亮环的角半径是

$$\theta_N = \sqrt{\frac{nN\lambda}{h}}$$

所以第 10 个亮环的角半径为

$$\theta_{10} = \sqrt{\frac{(10 \times 1.5 \times 600 \times 10^{-6})\text{mm}}{2\text{mm}}} = 0.067\text{rad}$$

半径为 $r_{10} = f\theta_{10} = (0.067 \times 200)\text{mm} = 13.4\text{mm}$

(3) 根据式(3.29),第 10 个亮环处条纹的角间距是

$$\Delta\theta = \frac{n\lambda}{2\theta_{10}h} = \frac{(1.5 \times 600 \times 10^{-6})\text{mm}}{(2 \times 0.067 \times 2)\text{mm}} = 3.358 \times 10^{-3}\text{rad}$$

所以条纹间距为

$$e = f\Delta\theta = 200\text{mm} \times 3.358 \times 10^{-3} = 0.67\text{mm}$$

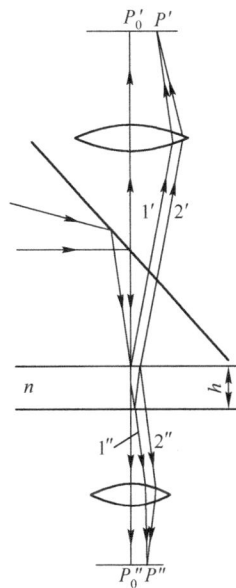

图 3.9 题 3.18 用图

3.19 证明玻璃平板产生的等倾圆条纹的直径,是同一厚度的空气板的等倾圆条纹直径的 $\tan\theta_1/\tan\theta_2$ 倍(θ_1 和 θ_2 分别是光束在玻璃平板表面的入射角和折射角)。

解 如图 3.10 所示,设从玻璃上表面入射的入射角和折射角分别为 θ_1 和 θ_2。根据反射和折射定律及图中的几何关系得,点光源 S 在玻璃板两表面的虚像距离

$$d_{玻璃} = \overline{S_1'S_2'} = \frac{\overline{AC}}{\tan\theta_1} = 2h\frac{\tan\theta_2}{\tan\theta_1}$$

对于同样厚度的空气板,两虚像距离

$$d_{空气} = 2h$$

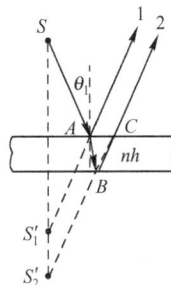

图 3.10 题 3.19 用图

根据式(3.9),平行板干涉产生的条纹的间距 e 与干涉会聚角 ω 成反比,而会聚角 $\omega \propto d$,故

$$\frac{e_{玻璃}}{e_{空气}} = \frac{d_{空气}}{d_{玻璃}} = \frac{2h}{2h\tan\theta_2/\tan\theta_1}$$

因此,对于玻璃板和空气板产生的等倾圆条纹,由圆心开始计算的第 N 个条纹的直径比约为

$$\frac{D_{玻璃}}{D_{空气}} = \frac{Ne_{玻璃}}{Ne_{空气}} = \frac{2h}{2h\tan\theta_2/\tan\theta_1} = \frac{\tan\theta_1}{\tan\theta_2}$$

3.20 用氦-氖激光照明迈克耳孙干涉仪,通过望远镜看到视场内有 20 个暗环,且中心是暗斑,然后移动反射镜 M_1,看到环条纹收缩,并一一在中心消失了 20 环,此时视场内只有 10 个暗环,试求:

(1) M_1 移动前中心暗斑的干涉级数(设干涉仪分光板 G_1 没有镀膜);

(2) M_1 移动后第 5 个暗环的角半径。

解 空气膜改变量为
$$\Delta h = N\frac{\lambda}{2} = 20\frac{\lambda}{2} = 10\lambda。$$

(1) 设初始时膜厚 h_0,中心暗纹级别为 m_0,视场边缘暗环级别为 m_0-20,i_b 为边缘暗环所对应的倾角。条纹变疏,亦即视场中的暗环收缩消失,意味着膜层变薄了。由于 G_2 没有镀膜,所以要考虑半波损失。因此移动前

$$2h_0 + \frac{\lambda}{2} = \left(m_0 + \frac{1}{2}\right)\lambda \tag{a}$$

$$2h_0\cos i_b + \frac{\lambda}{2} = \left(m_0 - 20 + \frac{1}{2}\right)\lambda \tag{b}$$

移动后,消失 20 环后还剩下 10 个暗环:

$$2(h_0 - \Delta h) = (m_0 - 20)\lambda \tag{c}$$

$$2(h_0 - \Delta h)\cos i_b = \left[(m_0 - 20) - 10\right]\lambda \tag{d}$$

由 $\dfrac{式(d)}{式(b)}$ 得
$$\frac{h_0 - \Delta h}{h_0} = \frac{m_0 - 30}{m_0 - 20}$$

又因为
$$\Delta h = 10\lambda, \quad h_0 = m_0\frac{\lambda}{2}$$

代入可解得
$$m_0 = 40$$

(2) 此时空气厚
$$h = h_0 - \Delta h = \frac{40}{2}\lambda - 10\lambda = 10\lambda$$

对于中心暗环
$$2h + \frac{\lambda}{2} = \left(m_0 + \frac{1}{2}\right)\lambda \tag{e}$$

若第五个暗环的角半径为 θ_5,则
$$2h\cos\theta_5 + \frac{\lambda}{2} = \left[m_0 - (N-1) + \frac{1}{2}\right]\lambda \tag{f}$$

由式(e)和式(f),并考虑到视场内只有 10 个暗环,中心级数高,边缘级数低,从边缘往中心第 5 个暗环 $N=6$,因此得

$$\theta_5 = \arccos\left[1 - \frac{N-1}{2h}\lambda\right] = 0.723(\text{rad})$$

3.21 在图 3.11 所示的平行平板干涉装置中,若平板的厚度和折射率分别为 $h=3\text{mm}$ 和 $n=1.5$,望远镜的视场角为 $6°$,光的波长 $\lambda = 450\text{nm}$,问通过望远镜能够看见几个亮纹?

解 对于中心点,上下表面两支反射光线的光程差为

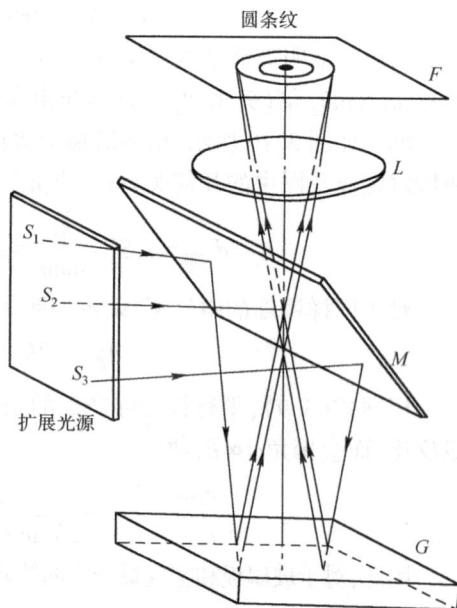

图 3.11 题 3.21 用图

$$\mathscr{D} = 2nh + \frac{\lambda}{2} = (2 \times 1.5 \times 3 \times 10^6)\,\mathrm{nm} + \frac{450\,\mathrm{nm}}{2}$$

$$= \left(2 \times 10^4 + \frac{1}{2}\right) \times 450\,\mathrm{nm}$$

因此,视场中心是暗点。

接下来用两种方法计算。

方法一:由式(3.28)得从中心往外数,第 N 条亮纹数目为

$$N = \frac{n'^2\theta_{1N}^2}{n\lambda} + 1 - q$$

其中 $n' = 1, \theta_{1N} = 3°, n = 1.5, q = 1/2$,代入上式得 $N = 12.6$。

因此,有 13 条暗环,12 条亮环。

方法二:计算两支光在边缘的光程差

$$\cos\theta_2 = \sqrt{-\sin^2\theta_2} = 0.99939$$

$$\mathscr{D}' = 2nh\cos\theta_2 + \frac{\lambda}{2} = \left(2 \times 10^4 \times 0.99939 + \frac{1}{2}\right) \times 450\,\mathrm{nm}$$

是暗纹。所以, $\mathscr{D} - \mathscr{D}' = 12.2\lambda$。即望远镜能够看到 13 条暗纹,12 条亮纹。

3.22 用等厚条纹测一玻璃光楔的楔角时,在长达 5cm 的范围内共有 15 个亮条纹。玻璃折射率 $n = 1.52$,所用单色光波长 $\lambda = 600\,\mathrm{nm}$。问此光楔的楔角是多少?

解 光楔的楔角为

$$\theta = \frac{\lambda_0}{2ne} = \frac{600 \times 10^{-7}}{2 \times 1.52 \times 5/15} = 5.92 \times 10^{-5}\,\mathrm{rad}$$

3.23 利用牛顿环测透镜的曲率半径时,测量出第 10 个暗环的直径为 2cm,若所用单色光波长为 500nm,则透镜的曲率半径是多少?

解 直接用式(3.35)得 $R = \dfrac{r^2}{N\lambda} = \dfrac{(2/2)^2}{10 \times 500 \times 10^{-7}} = 20(\mathrm{m})$

3.24 牛顿环也可以在两个曲率半径很大的平凸透镜之间的空气层中产生。如图 3.12 所示,平凸透镜 A 和 B 的凸面的曲率半径分别为 R_A 和 R_B,在波长 $\lambda = 600\,\mathrm{nm}$ 的单色光垂直照射下,观测到它们之间空气层产生的牛顿环第 10 个暗环的半径 $r_{AB} = 4\,\mathrm{mm}$。若有曲率半径为 R_C 的平凸透镜 C,并且 B、C 组合和 A、C 组合产生的第 10 个暗环的半径分别为 $r_{AB} = 4\,\mathrm{mm}$ 和 $r_{AC} = 5\,\mathrm{mm}$,试计算 R_A、R_B 和 R_C。

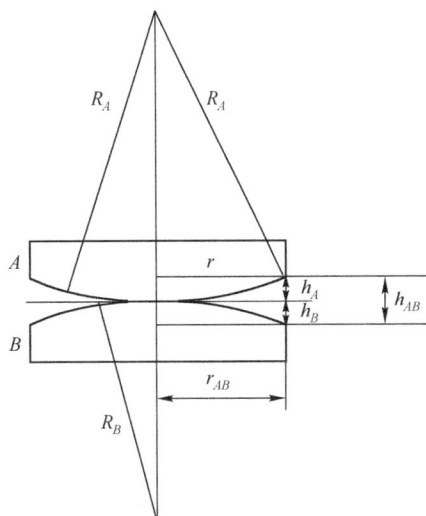

图 3.12 题 3.24 用图

解 由图 3.12 可见, 对 A、B 组合:

$$h_{AB} = h_A + h_B$$

又因为

$$r_{AB}^2 = R_A^2 - (R_A - h_A)^2 \approx 2R_A h_A$$

同样

$$r_{AB}^2 \approx 2R_B h_B$$

所以

$$h_{AB} = \frac{r_{AB}^2}{2R_A} + \frac{r_{AB}^2}{2R_B}$$

同理,对 B、C 组合和 A、C 组合:

$$h_{BC} = \frac{r_{BC}^2}{2R_B} + \frac{r_{BC}^2}{2R_C}$$

及

$$h_{AC} = \frac{r_{AC}^2}{2R_A} + \frac{r_{AC}^2}{2R_C}$$

对 A、B 组合，第 10 个暗环满足

$$\mathscr{D} = 2h_{AB} + \frac{\lambda}{2} = \left(10 + \frac{1}{2}\right)\lambda$$

所以

$$10\lambda = r_{AB}^2\left(\frac{1}{R_A} + \frac{1}{R_B}\right)$$

同样有

$$10\lambda = r_{BC}^2\left(\frac{1}{R_B} + \frac{1}{R_C}\right)$$

$$10\lambda = r_{AC}^2\left(\frac{1}{R_A} + \frac{1}{R_C}\right)$$

把 r_{AB}、r_{BC} 和 r_{AC} 及波长的值代入上述三式，解得

$R_A = 6.275\text{m}$，　$R_B = 4.637\text{m}$，　$R_C = 12.399\text{m}$

3.25 在图 3.13 中，A、B 是两块玻璃平板，D 为金属细丝，O 为 A、B 的交棱。

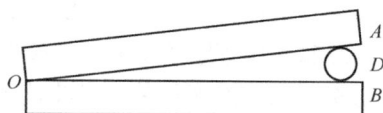

（1）设计一测量金属细丝直径的方案；

（2）若 B 表面有一半圆柱形凹槽，凹槽方向与 A、B 交棱垂直，问在单色光垂直照射下看到的条纹形状如何？

图 3.13　题 3.25 用图

（3）若单色光波长 $\lambda = 632.8\text{nm}$，条纹的最大弯曲量为条纹间距的 2/5，问凹槽的深度是多少？

解　（1）数出条纹个数 N，则金属细丝直径 $D = N\dfrac{\lambda}{2}$。

（2）由于等厚条纹同一干涉条纹的各点对应的空气层厚度相同，所以当平板表面有凹槽时，凹槽位置各点对应的空气层厚度将增加，经过凹槽位置的条纹将向交棱方向弯曲。

（3）因为相邻两条纹对应的空气层厚度改变为 $\lambda/2$，所以凹槽深度应为

$$h' = \frac{2}{5} \cdot \frac{\lambda}{2} = \frac{632.8}{5} = 126.56(\text{nm})$$

3.26 在图 3.14 所示的端规测量装置中，单色光波长为 550nm，空气层形成的条纹间距为 1.5mm，两端规之间距离为 50mm，问两端规的长度差为多少？

解　由式（3.33），空气层的楔角为

$$\alpha = \frac{\lambda}{2e}$$

两端规之间距离为 R，两个端规的长度之差为

$$\Delta h = \alpha R = \frac{R}{e} \cdot \frac{\lambda}{2} = \frac{50 \times 550 \times 10^{-6}}{1.5 \times 2}$$

$$= 9.17 \times 10^{-3}(\text{mm})$$

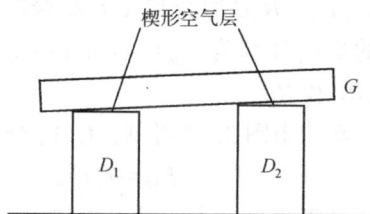

图 3.14　题 3.26 用图

3.27 如图 3.15 所示，长度为 10cm 的柱面透镜一端与平面玻璃相接触，另一端与平面玻璃相隔 0.1mm，透镜的曲率半径为 1m。问：

（1）在单色光垂直照射下，看到的条纹形状怎样？

（2）在两个互相垂直的方向上（透镜长度方向及与之垂直的方向），由接触点向外计算，第 N 个暗条纹到接触点的距离是多少？（设照明光波波长 $\lambda = 500\mathrm{nm}$。）

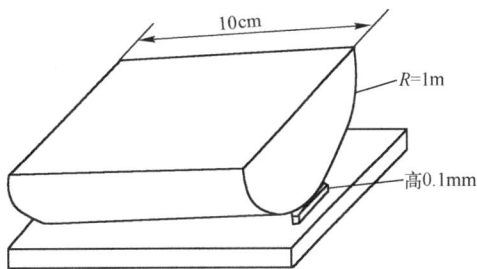

图 3.15　题 3.27 用图

解　（1）建立坐标，以触点为坐标原点，透镜长度方向自左往右为 x 轴正方向，z 轴垂直于平面玻璃向上，则透镜外表面某一点距平面玻璃（即空气隙的厚度）为

$$z = \frac{0.1}{100}x + R - \sqrt{R^2 - y^2}$$

对同一条纹，z 应为常数，因此条纹形状为椭圆族。

（2）由接触点往外，沿透镜长度方向（x 轴方向），透镜外表面某一点距平面玻璃为

$$z = \frac{0.1}{100}x$$

考虑到半波损失，空气隙上下表面反射光线的光程差为

$$\mathscr{D} = 2\frac{0.1}{100}x + \frac{\lambda}{2}$$

因此，第 N 个暗条纹到接触点的距离满足

$$2\frac{0.1}{100}x + \frac{\lambda}{2} = \left(N + \frac{1}{2}\right)\lambda$$

即

$$x = 0.25N$$

若由接触点往外沿垂直透镜长度的方向，则上下表面的光程差为

$$\mathscr{D} = 2\left(R - \sqrt{R^2 - y^2}\right) + \frac{\lambda}{2} = \left(N + \frac{1}{2}\right)\lambda$$

因此

$$y = \sqrt{RN\lambda - \frac{N^2}{4}\lambda^2} \approx \sqrt{RN\lambda} = 0.707\sqrt{N}\ (\mathrm{mm})$$

3.28　曲率半径为 R_1 的凸透镜和曲率半径为 R_2 的凹透镜相接触，如图 3.16 所示。在 $\lambda = 589.3\mathrm{nm}$ 的钠光垂直照射下，观察到两透镜之间的空气层形成 10 个暗环。已知凸透镜的直径 $D = 30\mathrm{mm}$，曲率半径 $R_1 = 500\mathrm{mm}$，试求凹透镜的曲率半径。

解　由图 3.16 中的几何关系可知

$$h = \frac{D^2}{8}\left(\frac{1}{R_1} - \frac{1}{R_2}\right)$$

而空气层最大厚度

$$h = N\frac{\lambda}{2}$$

代入数值可得　$R_2 = 506.63\mathrm{mm}$

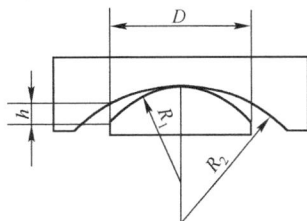

图 3.16　题 3.28 用图

3.29　假设照明迈克耳孙干涉仪的光源发出两种波长为 λ_1 和 λ_2 的单色光，这样当平面镜 M_1 平移时，条纹将周期性地消失和再现。

（1）若以 Δh 表示条纹相继两次清晰时 M_1 平移的距离，试利用两单色光的波长差

$\Delta\lambda(=|\lambda_1-\lambda_2|)$、波长 λ_1 和 λ_2 写出 Δh 的表达式;

(2) 如果把钠光包含的 $\lambda_1=589.6\text{nm}$ 和 $\lambda_2=589.0\text{nm}$ 两个光波视为单色的,问以钠光作为光源时 Δh 是多少?

解 (1) 当 λ_1 亮条纹覆盖在 λ_2 的亮条纹上时,条纹可见度是高的;当 λ_1 亮纹与 λ_2 暗纹重合时,条纹可见度最低,此时的光程差既等于 λ_1 波长的整数倍,又等于 λ_2 半波长的奇数倍。

当 $\mathscr{D}=2h=m_1\lambda_1=m_2\lambda_2$ 时,可见度最大,此时

$$m_1=\frac{2h}{\lambda_1}, \quad m_2=\frac{2h}{\lambda_2}, \quad \Delta m=m_1-m_2=\frac{2h\Delta\lambda}{\lambda_1\lambda_2}$$

当 h 增加到 $\Delta h+h$ 时,Δm 增加 1,即出现下一个最清晰条纹:

$$\Delta m+1=\frac{2(h+\Delta h)}{\lambda_1\lambda_2}\Delta\lambda$$

即

$$\frac{2(h+\Delta h)\Delta\lambda}{\lambda_1\lambda_2}=\frac{2h\Delta\lambda}{\lambda_1\lambda_2}+1$$

$$\Delta h=\frac{\lambda_1\lambda_2}{2\Delta\lambda}$$

(2)

$$\Delta h=\frac{589.0\times589.6}{2\times0.6}=0.2894\text{nm}$$

3.30 图 3.17 是利用泰曼干涉仪测量气体折射率的实验装置示意图。图中 D_1 和 D_2 是两个长度为 10cm 的真空气室,端面分别与光束 Ⅰ 和 Ⅱ 垂直。在观察到单色光照明(波长 $\lambda=589.3\text{nm}$)产生的条纹后,缓缓向气室 D_2 注入氧气,最后发现条纹移动了 92 个。

(1) 计算氧气的折射率;

(2) 如果测量条纹变化的误差是 1/10 条纹,则折射率测量的精度是多少?

解 (1) 条纹移动 92 个,表示光束 Ⅰ 和 Ⅱ 的光程差变化了 92λ。而光程差的变化等于 $2(n-1)l$,式中,n 是氧气的折射率,l 是气室的长度,系数 2 是考虑到光线两次通过气室的结果。因此

$$2(n-1)l=92\lambda$$

得到

$$n=1+\frac{92\lambda}{2l}=1+\frac{92\times5.893\times10^{-3}}{2\times10}$$

$$=1.000271$$

(2) 如果条纹变化的测量误差为 ΔN,显然有

$$2l\Delta n=\Delta N\lambda$$

所以折射率的测量精度

$$\Delta n=\frac{\Delta N\lambda}{2l}=\frac{\frac{1}{10}\times5.893\times10^{-3}}{2\times10}=2.9\times10^{-7}$$

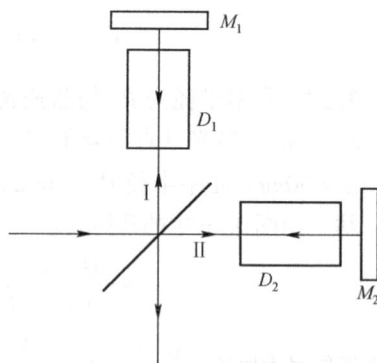

图 3.17 题 3.30 用图

3.31 红宝石激光棒两端面平行差为 $10''$(一般要求 $4''\sim10''$),把激光棒置于泰曼干涉仪的一支光路中,光的波长为 632.8nm,问应该看到间距多大的条纹?(激光棒放入光路前干涉仪无条纹,红宝石棒的折射率 $n=1.76$)?

解 见图 3.17,激光棒放入之前无条纹,说明从 M_1 和 M_2 反射回来的波面均是平面,且互相

平行。在一支光路(如光路 2)中放入两端面有平行差 $\alpha=10''$ 的激光棒后,射向 M_2 的光束偏转 $(n-1)\alpha$,经 M_2 反射后再通过激光棒出射的光束偏转 $2(n-1)\alpha$,因此 M_1 和 M_2 反射回来的平面波波面之间有一角度 $w=2(n-1)\alpha$。两波干涉产生的条纹间距为

$$e=\frac{\lambda}{2(n-1)\alpha}=\frac{632.8}{2\times(1.76-1)\times\dfrac{10}{3600}\times\dfrac{\pi}{180}}=8.6\text{mm}$$

3.5 自 测 题

3.1 当两列相干波的振幅之比是 4、1.5 和 0.2 时,干涉条纹对比度分别是_____、_____和_____。

3.2 平行平板的等倾干涉图样定域在_____。

    A. 无穷远   B. 平板上界面   C. 平板下界面   D. 自由空间

3.3 氪同位素 K_r^{86} 的橙黄色谱线 $\lambda=605.7802\text{nm}$,谱线宽度 $\Delta\nu=384\text{MHz}$,其相干长度为_____,相干时间为_____。

3.4 用铯(Cs)原子制成的铯原子钟能产生中心频率等于 9300MHz、频宽为 50Hz 的狭窄谱线,此谱线的波长范围为_____,相干长度是_____。

3.5 光源的相干长度与相干时间的关系为_____。相干长度越长,说明光源的时间相干性_____。

3.6 由 A、B 两只结构相同的激光器发出的激光具有非常相近的强度、波长及偏振方向,这两束激光_____。

    A. 相干   B. 可能相干   C. 不相干   D. 无法确定是否相干

3.7 采用分波面法和分振幅法获得相干光是为了保证_____。

    A. 叠加光的位相固定   B. 叠加光的初位相固定

    C. 叠加光的光程固定   D. 叠加光的初位相差固定

3.8 下列哪一个干涉现象不属于分振幅干涉?   (   )

    A. 薄膜干涉   B. 迈克耳孙干涉   C. 杨氏双缝干涉   D. 马赫-泽德干涉

3.9 在单色光照明下,轴线对称的杨氏干涉双孔装置中,单孔屏与双孔屏的间距为 1m,双孔屏与观察屏的间距为 2m,装置满足远场、傍轴条件,屏上出现对比度 $K=1.0$ 的等间隔干涉条纹,现将双孔屏沿横向向上平移 1mm,则_____。

    A. 干涉条纹向上平移 2mm   B. 干涉条纹向上平移 3mm

    C. 干涉条纹向下平移 2mm   D. 条纹间隔变宽   E. 对比度下降

3.10 在双缝干涉实验中,以白光为光源,在屏幕上观察到了彩色干涉条纹。若在双缝中的一缝前放一红色滤光片,另一缝前放一绿色滤光片,则此时_____。

    A. 只有红色和绿色的双缝干涉条纹,其他颜色的双缝干涉条纹消失

    B. 红色和绿色的双缝干涉条纹消失,其他颜色的双缝干涉条纹依然存在

    C. 任何颜色的双缝干涉条纹都不存在,但屏上仍有光亮

    D. 屏上无任何光亮

3.11 在杨氏双缝实验中,在两缝后各置一个完全相同的偏振片,并使它们的偏振化方向分别与缝成 90°角和 0°角,则屏上_____。

A. 干涉条纹消失,平均亮度为零　　　　　　　　B. 干涉条纹不变,平均亮度减半

C. 干涉条纹位置改变,平均亮度不变　　　　　D. 干涉条纹消失,平均亮度减半

3.12　在双缝干涉试验中,两条缝的宽度原来是相等的,若其中一缝的宽度略变窄,则_____。

A. 干涉条纹的间距变宽　　　　　　　　　　　B. 干涉条纹的间距变窄

C. 干涉条纹的间距不变,但原极小处的强度不再为零　　D. 不再发生干涉现象

3.13　一薄平板置于某均匀介质中,分析当中的分振幅双光束干涉,两透射光束间的附加相位差是_____。

A. 等于 π　　　　B. 等于 0　　　　C. 在 0 和 π 之间　　D. 可能是 π 也可能是 0

3.14　在杨氏双缝干涉中,相邻条纹的间隔与下列的哪一种因素无关。　　　　（　　）

A. 干涉级次　　　B. 光波的波长　　　C. 幕到双缝的距离　　　D. 双缝的间隔

3.15　如图 3.18(a)所示,一光学平板玻璃 *A* 与待测工件 *B* 之间形成空气劈尖,用波长 $\lambda = 500\mathrm{nm}$ 的单色光垂直照射,看到的反射光的干涉条纹如图 3.18(b) 所示,有些条纹弯曲部分的顶点恰好与其右边条纹的直线部分的切线相切,则工件的上表面缺陷是_____。

A. 不平处为凸起纹,最大高度为 500nm

B. 不平处为凸起纹,最大高度为 250nm

C. 不平处为凹槽,最大深度为 500nm

D. 不平处为凹槽,最大深度为 250nm

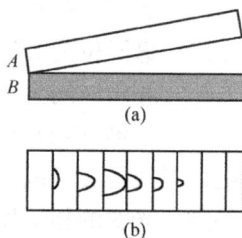

图 3.18　自测题 3.15 用图

3.16　在两块平板玻璃 *A* 和 *B* 之间夹一薄纸片 *G*,形成空气劈尖。用单色光垂直照射劈尖,如图 3.19 所示。当稍稍用力下压玻璃板 *A* 时,干涉条纹间距_____,条纹向_____移动。若使平行单色光倾斜照射玻璃板(入射角 $\theta > 0$),则形成的干涉条纹与垂直照射时相比,条纹间距_____。

3.17　在牛顿环试验装置中,曲率半径为 *R* 的平凸透镜的平玻璃板在中心恰好接触,它们之间充满了折射率为 *n* 的透明介质,垂直入射到牛顿环装置上的平行单色光在真空中的波长为 λ,则反射光形成的干涉条纹中暗环半径 r_N 的表达式为_____。

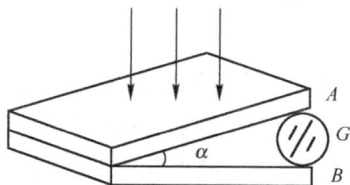

图 3.19　自测题 3.16 用图

A. $r_N = \sqrt{N\lambda R}$　　B. $r_N = \sqrt{nN\lambda R}$　　C. $r_N = \sqrt{\dfrac{N\lambda R}{n}}$　　D. $r_N = \sqrt{\dfrac{N\lambda}{nR}}$

3.18　在白炽光入射的牛顿环中,同级圆环中相应于颜色蓝到红的空间位置是_____。

A. 由外到里　　　B. 由里到外　　　C. 不变　　　D. 随机变化

3.19　牛顿环中央是相干相消的暗斑。已经测得由中心往外数第 9 个暗环的直径为 3mm,则由中心向外数第 18 个暗环的直径为_____mm。

3.20　在单色光照射的牛顿环装置中,若在垂直于平板方向移动平凸透镜,则发现条纹向中心收缩,请问此时透镜是离开还是靠近玻璃板?_____。

3.21　牛顿环实验中所观察到的条纹属_____干涉条纹。

A. 等倾　　　B. 等厚　　　C. 等倾或等厚

3.22　迈克耳孙干涉仪的可动反光镜移动了 0.310mm,干涉条纹移动了 1250 条,则所用

的单色光的波长为_____。

3.23 一束波长为 λ 的单色光从空气垂直入射到折射率为 n 的透明薄膜上,要使反射光得到加强,薄膜厚度应为_____。

    A. $\lambda/4$ B. $\lambda/4n$ C. $\lambda/2$ D. $\lambda/2n$

3.24 若双狭缝间距为 0.3mm,则以单色光平行照射狭缝时,在距双缝 1.2m 远的屏上,第 5 级暗条纹中心离中央极大中间的间隔为 11.39mm,问所用的光源波长为多少?是何种器件的光源?

3.25 在杨氏双缝干涉的双缝后面分别放置 $n_1 = 1.4$ 和 $n_2 = 1.7$,但厚度同为 t 的玻璃片后,原来的中央极大所在点被第 5 级亮条纹占据。设 $\lambda = 480$nm,求玻璃片的厚度 t 及条纹迁移的方向。

3.26 在双缝干涉实验中,用波长 $\lambda = 500$nm 的单色光垂直入射到双缝上,屏与双缝的距离 $D = 200$cm,测得中央明纹两侧的两条第 10 级明纹中心之间的距离 $e = 2.20$cm,求两缝之间的距离 d。

3.27 在杨氏双缝干涉试验中,设双缝之间的距离为 0.2mm,在距双缝 1m 远的屏上观察干涉条纹,若入射光是波长为 390~780nm 的白光,则屏上离零级明纹 20mm 处,哪些波长的光最大限度地加强?

3.28 在杨氏干涉装置中,若波长 $\lambda = 600$nm 在观察屏上形成暗条纹的角宽度为 0.02°。

（1）试求杨氏干涉装置中两缝间的距离。

（2）若其中一个狭缝通过的能量是另一个的 4 倍,试求干涉条纹的对比度。

3.29 用云母片($n = 1.58$)覆盖在杨氏双缝的一条缝上,这时屏上的零级明纹移到原来的第 7 级明纹处。若光波波长为 550nm,求云母片的厚度。

3.30 如图 3.20 所示,屏幕 A 与波长为 λ 的单色光源 S 相距为 D,有两束光射入屏上 A 点:SA 光束直接来自光源 S,而 SMA 光束来自于镜面 M 处的反射。镜面 M 与 SA 平行,间距为 d,令 $\lambda = 500$nm,$D = 1$m,$d = 2.0 \times 10^{-3}$m。问在屏幕 A 上会观察到什么干涉图案?

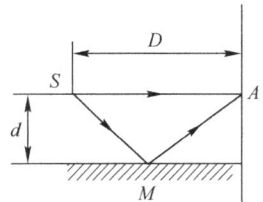

图 3.20　自测题 3.30 用图

3.31 用等厚条纹测量玻璃板的楔角时,在长达 50mm 的范围内共有 15 个条纹,玻璃的折射率 $n = 1.5$,所用的波长 $\lambda = 600$nm,则该玻璃的楔角为多大?

3.32 迈克耳孙干涉仪是常见的光学仪器。

（1）画出它的平面结构图,说明各个元件的作用;

（2）结合图解释为什么可以采用面光源;

（3）讨论干涉条纹的特征。

3.33 在牛顿环实验中,用钠光灯黄线($\lambda = 589.3$nm)照明,测得相距为 10 个条纹的两环直径分别为 $D_1 = 5.579$mm,$D_2 = 3.221$mm,问透镜的曲率半径是多少?

3.34 在照相物镜上通常镀上一层光学厚度为 $\dfrac{5\lambda_0}{4}$($\lambda_0 = 550$nm）的介质膜,问:

（1）介质膜的作用是什么?

（2）求此时可见光区（390~780nm）反射的最大的波长。

3.35 如图 3.21 所示,平行光正入射到空气中的透明膜上,膜的折射率为 1.55,膜厚 $h = 4 \times 10^{-5}$cm,求在可见光范围内,透射最强的谱线有几条（并求出波长）?

3.36 在折射率为 1.50 的玻璃上,镀上折射率为 1.35 的透明介质薄膜,入射光波垂直于介质膜表面照射,观察反射光的干涉,发现对 $\lambda_1 = 600nm$ 的光波干涉相消,对 $\lambda_2 = 700nm$ 的光波干涉相长,且在 $600 \sim 700nm$ 没有别的波长出现最大限度相消或相长的情形。求所镀介质的厚度。

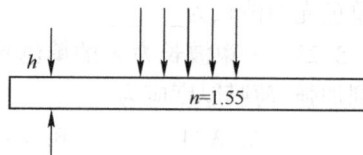

图 3.21　自测题 3.35 用图

3.37 如图 3.22 所示,将平板玻璃放置在平凹透镜上,透镜的球面曲率半径为 R,波长为 λ 的平行光正入射到该装置上,两玻璃元件所夹薄空气层的中心厚度为 h_0,求:

(1) 这是什么类型的干涉装置? 形成的是什么类型的、什么形状的干涉条纹?

(2) 第 m 级暗条纹的半径和间距为多少?

(3) 若将平板玻璃向上移离平凹透镜,则观察场中的干涉条纹如何变化?

3.38 为了测量硅片上氧化膜的厚度,常用化学方法将薄膜的一部分腐蚀掉,使之成为劈形(又称为台阶),如图 3.23 所示。用单色光垂直照射到台阶上,就出现明暗相间的干涉条纹,数出干涉条纹的数目,就可确定氧化硅薄膜的厚度。若用钠光照射,其波长 $\lambda = 589.3nm$,则在台阶处共看到 5 条明条纹,求膜的厚度(氧化硅的折射率 $n_2 = 1.5$,硅的折射率 $n_3 = 3.42$)。

3.39 牛顿环与等倾干涉条纹有何异同? 实验中如何区分这两种干涉图样?

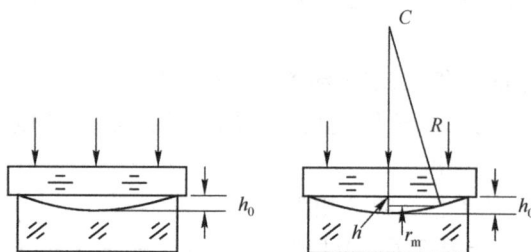

图 3.22　自测题 3.37 用图

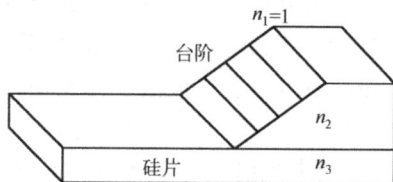

图 3.23　自测题 3.38 用图

3.40 用氦氖激光照明迈克耳孙干涉仪,通过望远镜看到视场内有 20 个暗环,且中心是暗斑,然后移动反射镜 M_1,看到环条纹收缩,并且一一在中心消失了 20 个环,此时视场内只有 10 个暗环,试求:

(1) M_1 移动前中心暗斑的干涉级次(设干涉仪分光板 G_1 不镀膜)。

(2) M_1 移动后第 5 个暗环的角半径。

3.6　自测题解答

3.1　0.47; 0.923; 0.385

3.2　A

3.3　$0.781m$,$2.6 \times 10^{-9}s$

3.4　$(3.22587064516 \times 10^7 \pm 1.73 \times 10^{-10})nm$,$6 \times 10^6 m$

3.5　$\Delta L = c \cdot \Delta t$,越好

3.6　C

3.7　D

3.8　C

3.9　A

3.10　C

3.11　D

3.12　C

3.13　B

3.14　A

3.15　B

3.16　增大,右,增大

3.17　C

3.18　B

3.19　4.24

3.20　离开

3.21　B

3.22　496nm

3.23　B

3.24　条纹间距 $e=\dfrac{D}{d}\lambda$，又因题给 $e=\dfrac{11.39\times10^6}{4.5}$，所以

$$\lambda=\frac{11.39\times10^6\times0.3\times10^6}{4.5\times1.2\times10^9}=632.8(\text{nm})$$

光源是氦-氖激光器。

3.25　
$$(n_2-n_1)t=5\lambda$$

$$t=\frac{5\lambda}{(n_2-n_1)}=\frac{5\times0.48}{1.7-1.4}=8(\mu\text{m})$$

如果 n_1 与 n_2 分别放置于上缝和下缝,则条纹往下移。

3.26　在双缝干涉实验中,相邻明纹之间的距离为

$$e=D\lambda/d$$

两侧第十级明纹的距离 $\Delta x=20e$,所以 $d=\dfrac{D\lambda}{e}=\dfrac{D\lambda}{\Delta x/20}=0.91(\text{mm})$。

3.27　$d=0.2\text{mm}, D=10^3\text{mm}, \lambda=390\sim780\text{nm}, x=20\text{mm}$。

屏上光强分布为
$$I=4I_0\cos^2\left(\frac{\pi xd}{\lambda D}\right)$$

若要光强取最大值,则
$$\frac{\pi xd}{\lambda D}=m\pi$$

其中 m 为整数。于是　$\lambda=\dfrac{xd}{2mD}=\dfrac{20\times0.2\times10^6}{10^3\times m}=\dfrac{4\times10^3}{m}(\text{nm})$

可见,与 $m=6,8,10$ 对应

$$\lambda_6=\frac{4\times10^3}{6}=666.7\text{nm},\quad \lambda_8=\frac{4\times10^3}{8}=500\text{nm},\quad \lambda_{10}=\frac{4\times10^3}{8}=400\text{nm}$$

因此,在屏上离零级明纹 20mm 处,波长为 400nm、500nm 及 700nm 的光最大限度地加强。

3.28 (1) 暗条纹的角宽度 $\Delta\theta = e/D$，又暗条纹的宽度 $e = \dfrac{D\lambda}{d}$，所以，两缝间的距离为

$$d = \frac{\lambda}{\Delta\theta} = \frac{600\times10^6}{0.02\times2\pi/360} = 1.72(\text{mm})$$

(2) 干涉条纹的对比度为

$$K = \frac{2(A_1/A_2)}{1+(A_1/A_2)^2}$$

依题意 $A_1/A_2 = 2$，故 $K = 0.8$。

3.29 $\mathscr{D} = (n-1)d = 7\lambda$，所以

$$d = \frac{7\times550\times10^{-9}}{1.58-1} \approx 6.64\times10^{-6}(\text{m})$$

3.30 类似于杨氏干涉条纹，屏幕 A 上是一组双曲线，若考察近轴的情况，可近似为等距直线。在屏幕上离镜面 x 处两光束的光程差为

$$\frac{2d}{D}x + \frac{\lambda}{2}$$

屏 A 与镜 M 接触点处为暗纹，条纹间距为

$$e = \frac{D\lambda}{2d} = \frac{1\times0.5}{2\times2.0\times10^{-3}} = 125(\mu\text{m})$$

3.31 依题意知条纹间隔 $e = \dfrac{50}{15}\text{mm}$。

另一方面，由式(3.33)，等厚条纹间隔与楔角的关系为 $e = \dfrac{\lambda}{2n\alpha}$。

所以，该玻璃的楔角：

$$\alpha = \frac{\lambda}{2ne} = \frac{600}{2\times1.5\times50\times10^6/15} = 6\times10^{-5}$$

3.32 (1) 如图 3.24 所示，M_1 和 M_2 是平面反射镜；G_1 为分光板，背面镀半反膜 A；G_2 为补偿板，G_1、G_2 的折射率及厚度均相同，且与 M_1、M_2 成 $45°$ 角。

扩展光源 S 发出光束在 A 面上反射和透射后分为强度相等的两束相干光 Ⅰ 和 Ⅱ。Ⅰ 经 M_1 反射后通过 A 面，Ⅱ 经 M_2 反射后通过 A 面，两者形成干涉。Ⅰ 和 Ⅱ 干涉可看作 M_2 在 A 面内的虚像 M_2' 和 M_1 构成的虚平板产生的干涉。

G_2 的作用是补偿光路，相干光 Ⅰ 一共经过平板 G_1 三次；相干光 Ⅱ 一共经过平板 G_1 一次。由于在空气中光程无法补偿，所以加 G_2 后使 Ⅱ 走过的光程同 Ⅰ。G_1 与 G_2 的材料、厚度完全相同且平行。

(2) 干涉条纹定域于无穷远，扩展光源不影响条纹可见度。

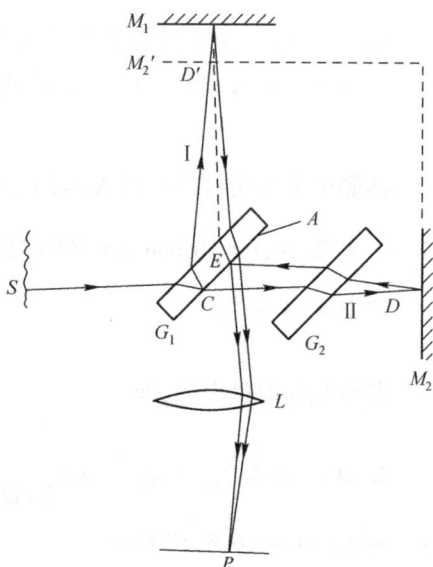

图 3.24 自测题 3.32 用图

(3) 等倾干涉条纹，条纹的特征为同心圆环、内疏外密。

3.33 透镜的曲率半径为
$$R = \frac{r^2}{N\lambda} = \frac{(D/2)^2}{N\lambda}$$

$$R = \frac{D_1^2 - D_2^2}{4 \times (N_1 - N_2)\lambda} = \frac{5.579^2 - 3.221^2}{4 \times 10 \times 589.3 \times 10^{-6}} = 880.3(\text{mm})$$

3.34 (1) 因为上下表面光程差 $2nh = 2 \times \frac{5\lambda_0}{4} = \left(2 + \frac{1}{2}\right)\lambda_0$，所以该介质膜对 λ_0 的反射达到最小，即对 λ_0 是增透膜。

(2) 反射最大的波长满足 $2nh = 2 \times \frac{5\lambda_0}{4} = m\lambda$，即 $\lambda = \frac{5\lambda_0}{2m}$

当 $m = 2, 3$ 时，$\lambda = 687.5\text{nm}, 458.3\text{nm}$。

3.35 透射最强即反射最小，由于要考虑半波损失，则
$$2nh + \frac{\lambda}{2} = \left(m + \frac{1}{2}\right)\lambda$$

所以，当 $m = 2, 3$ 时，$\lambda = 620\text{nm}, 413.3\text{nm}$ 的光波透射最强。

3.36 已知 $n_0 = 1, n = 1.35, n_G = 1.50$，因此不需要考虑半波损失带来的附加光程差。

对于反射干涉相长，有 $2nh = m_2\lambda_2$

而对于反射干涉相消，有 $2nh = \left(m_2 + \frac{1}{2}\right)\lambda_1$

$$h = \frac{\lambda_1\lambda_2}{4n(\lambda_2 - \lambda_1)} = \frac{600 \times 700}{4 \times 1.35 \times (700 - 600)} = 777.8(\text{nm})$$

3.37 (1) 分振幅干涉装置，形成的是等厚干涉条纹，干涉条纹为以中心点为圆心的圆形条纹。

(2) 暗纹对应的光程差为 $\mathcal{D} = 2h + \frac{\lambda}{2} = \left(m + \frac{1}{2}\right)\lambda$
$$2h = m\lambda$$

又由于 $r_m^2 = \{R^2 - [R - (h_0 - h)]^2\} \approx 2R(h_0 - h)$

即第 m 级暗条纹的半径 $r_m = \sqrt{2Rh_0 - mR\lambda}$，$m = 1, 2, 3, \cdots$

故间距为 $\Delta r_m \approx \frac{R\lambda}{2r_m}$

(3) 若将平板玻璃向上移动，则干涉场中的圆形条纹不断向外扩展，中心不断吐出条纹，但干涉场中条纹的数目和间距不变化。

3.38 设氧化膜的厚度为 h，相干反射光之间的光程差为 $2n_2h$，因为劈棱处为明条纹，所以
$$2n_2h = (5 - 1)\lambda = 4\lambda$$

因此 $h = \frac{4\lambda}{2n_2} = 785.7\text{nm}$

3.39 (1) 相同处：干涉条纹都是同心圆环，越向边缘条纹越密。

(2) 不同处：等倾干涉：h 固定、$\theta = 0$ 的是中央条纹，光程差和干涉级次最大；当环半径增大时，对应 θ 增大，$\mathcal{D}$ 减小，干涉级次减小。
牛顿环是等厚干涉：环的半径增大时，干涉级次和光程差都在增大。

(3) 实验区别的方法，可以采用改变 h 值的方法（用手压 h 减小，反之 h 增大）。

等倾干涉：当 h 变小时，环向中心收缩。

等厚干涉：当 h 变小时，环向外扩张。

3.40　分析：

① 当分光镜不镀膜时，两光路之间有半波损失；当分光镜镀膜时，两路光的光程差非 0，也非 $\lambda/2$，应根据膜层厚度和膜层折射率的影响而定，但接近于 0；

② 视场范围有限，视场中看到的不是全部条纹；

③ 两个变化过程中，不变量时视场大小，即视场最边缘条纹的角半径不变；

④ 公式中亮条纹均为整数级次，暗条纹均与亮条纹级次相差 0.5。

（1）在 M_1 移动前 $\theta_{1N} = \dfrac{1}{n'}\sqrt{\dfrac{n\lambda}{h_1}}\sqrt{N_1-1+q}$ ，$N_1 = 20.5$，$q = 0.5$，空气中折射率 $n' = 1$

在 M_1 移动后 $\theta'_{1N} = \dfrac{1}{n'}\sqrt{\dfrac{n\lambda}{h_2}}\sqrt{N_2-1+q}$ ，$N_2 = 10.5$，$q = 0.5$。

因为 $\theta_{1N} = \theta'_{1N}$，得 $\dfrac{h_1}{h_2} = \dfrac{20}{10}$，推导出 $\dfrac{\Delta h}{h_2} = \dfrac{h_1-h_2}{h_2} = 1$

又 $\Delta h = N\dfrac{\lambda}{2} = 20 \times \dfrac{\lambda}{2} = 10\lambda$，解得 $h_1 = 20\lambda$，$h_2 = 10\lambda$

因为 $\mathscr{D} = 2nh_1 + \dfrac{\lambda}{2} = 2\times 20\lambda + \dfrac{\lambda}{2} = 40.5\lambda$，所以 $m_0 = 40.5$。

（2）$\theta_{1N} = \dfrac{1}{n'}\sqrt{\dfrac{n\lambda}{h_2}}\sqrt{N-1+q} = \sqrt{\dfrac{\lambda}{10\lambda}}\sqrt{5.5-1+0.5}\,\text{rad} = 0.707\text{rad}$

第4章 多光束干涉与薄膜光学

4.1 学习目的和要求

本章与第 3 章均讨论干涉,两章内容有较密切的联系。第三章在讨论平行平板干涉时,只局限于双光束干涉,这仅仅是一种近似处理,当薄膜反射率较高时,应考虑多光束干涉。与双光束干涉相比,多光束干涉条纹更窄更锐,更利于精密测量和检验。

1. 掌握平行平板多光束干涉强度分布公式,干涉规律。了解多光束干涉原理在薄膜理论中的应用,了解薄膜系统光学特性的矩阵计算方法。

2. 掌握 F-P 干涉仪的基本光路、工作原理及其应用。

4.2 基本概念和基本公式

1. 多光束干涉

当平板表面的反射系数很高时必须考虑多光束干涉。反射率 R 越大(透射率 T 越小),参与相干叠加的不可忽略的光束数目越多,干涉条纹越细锐。

条纹特征:一组细锐的等倾条纹。

多光束干涉的透射光干涉场的强度公式为

$$I_t = \frac{T^2}{(1-R)^2 + 4R\sin^2\frac{\delta}{2}}I_i = \frac{1}{1+F\sin^2\frac{\delta}{2}}I_i \tag{4.1}$$

多光束干涉的反射光干涉场的强度公式为

$$I_r = \frac{4R\sin^2\frac{\delta}{2}}{(1-R)^2 + 4R\sin^2\frac{\delta}{2}}I_i = \frac{F\sin^2\frac{\delta}{2}}{1+F\sin^2\frac{\delta}{2}}I_i \tag{4.2}$$

式中,$\delta = \frac{4\pi}{\lambda}nh\cos\theta$($\theta$ 为光束进入平板的入射角);F 为精细度系数:

$$F = \frac{4R}{(1-R)^2} \tag{4.3}$$

对于金属膜,存在吸收率 A,则

$$T+R+A = 1$$

$$I_t = \left(1 - \frac{A}{1-R}\right)^2 \frac{1}{1+F\sin^2\frac{\delta}{2}}I_i \tag{4.4}$$

多光束干涉条纹的位相差半宽度为

$$\Delta\delta = 2(1-R)/\sqrt{R} \tag{4.5}$$

两相邻条纹的位相差间距和条纹半宽度之比,称为条纹精细度:

$$S \equiv \frac{2\pi}{\Delta\delta} = \frac{\pi\sqrt{F}}{2} = \frac{\pi\sqrt{R}}{1-R} \tag{4.6}$$

2. F-P 干涉仪的标准具常数(自由光谱范围)

$$(\Delta\lambda)_{S.R} = \frac{\overline{\lambda}^2}{2h} \tag{4.7}$$

标准具分辨极限 $\quad (\Delta\lambda)_m = \frac{\overline{\lambda}^2}{2\pi h} \frac{(1-R)}{\sqrt{R}} = \frac{\overline{\lambda}}{\pi m} \frac{(1-R)}{\sqrt{R}} \tag{4.8}$

色分辨本领 $\quad G = \frac{\overline{\lambda}}{(\Delta\lambda)_m} = \pi m \frac{\sqrt{R}}{1-R} = mS \tag{4.9}$

3. 光学薄膜

(1) 单层薄膜

反射率为 $\quad R = \dfrac{r_1^2 + r_2^2 + 2r_1r_2\cos\delta}{1 + r_1^2 r_2^2 + 2r_1r_2\cos\delta} \tag{4.10}$

透射率为 $\quad T = \dfrac{n_G\cos\theta_G}{n_0\cos\theta_0} \cdot \dfrac{t_1^2 t_2^2}{1 + r_1^2 r_2^2 + 2r_1r_2\cos\delta} \tag{4.11}$

且 $\quad\quad\quad\quad R + T = 1$

光束正入射时 $\quad R = \dfrac{(n_o-n_G)^2\cos^2\dfrac{\delta}{2} + \left(\dfrac{n_o n_G}{n} - n\right)^2\sin^2\dfrac{\delta}{2}}{(n_o+n_G)^2\cos^2\dfrac{\delta}{2} + \left(\dfrac{n_o n_G}{n} + n\right)^2\sin^2\dfrac{\delta}{2}} \tag{4.12}$

其中 $\quad\quad\quad\quad \delta = \dfrac{4\pi}{\lambda}nh$

其他各量的意义如图 4.1 所示。

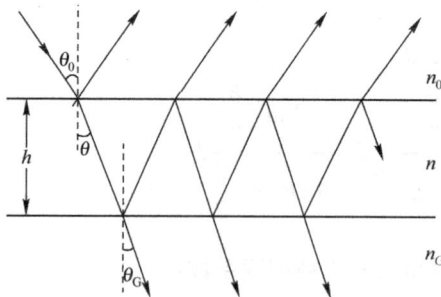

图 4.1 单层薄膜的反射和透射　　　　图 4.2 多层薄膜

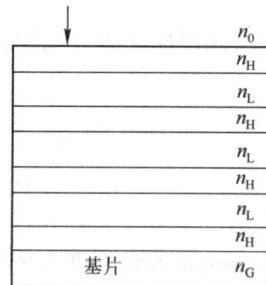

(2) 多层薄膜

多层薄膜如图 4.2 所示,高折射率层和低折射率层的光学厚度均为 $\lambda/4$。在光束正入射的情况下,膜系对波长 λ 的光束的反射率为

$$R_{2p+1} = \left[\frac{n_o - \left(\dfrac{n_H}{n_L}\right)^{2p}\dfrac{n_H^2}{n_G}}{n_o + \left(\dfrac{n_H}{n_L}\right)^{2p}\dfrac{n_H^2}{n_G}}\right]^2 \tag{4.13}$$

其中，$2p+1$ 是膜层数。从式(4.13)可见，高折射率 n_H 和低折射率 n_L 相差越大，膜层数越多，膜系的反射率越高。

对双层膜
$$R_2 = \left[\frac{n_o - \left(\frac{n_L}{n_H}\right)^2 n_G}{n_o + \left(\frac{n_L}{n_H}\right)^2 n_G} \right]^2$$

$$R_\perp = R_{/\!/} = \left(\frac{n_2 - n_1}{n_2 + n_1}\right)^2 = \left(\frac{n_{21} - 1}{n_{21} + 1}\right)^2 \tag{4.14}$$

特别当 $n_H = \sqrt{\dfrac{n_G}{n_o}}\, n_L$ 时，$R_2 = 0$。 $\tag{4.15}$

（3）干涉滤光片

中心波长为
$$\lambda_c = \frac{2nh}{m} \qquad m = 1, 2, 3, \cdots \tag{4.16}$$

透射带的波长半宽度为
$$\Delta\lambda = \frac{\lambda_c^2}{2\pi nh} \cdot \frac{1-R}{\sqrt{R}} = \frac{2\lambda_c}{m\pi\sqrt{F}} \tag{4.17}$$

峰值透射率为
$$T_{max} = \left(\frac{I^{(t)}}{I^{(i)}}\right)_{max} < 1 \tag{4.18}$$

（4）薄膜的特征矩阵

N 层薄膜的入射场和透射场的关系为
$$\begin{bmatrix} E_1 \\ H_1 \end{bmatrix} = M \begin{bmatrix} E_{N+1} \\ H_{N+1} \end{bmatrix} \tag{4.19}$$

其中膜系的特征矩阵为
$$M = M_1 M_2 \cdots M_N = \begin{bmatrix} A & B \\ C & D \end{bmatrix} \tag{4.20}$$

式中，第 j 层的特征矩阵为
$$M_j = \begin{bmatrix} \cos\delta_j & -\dfrac{i}{\eta_j}\sin\delta_j \\ -i\eta_j\sin\delta_j & \cos\delta_j \end{bmatrix} \tag{4.21}$$

对 s 波
$$\eta_j = \sqrt{\frac{\varepsilon_0}{\mu_0}}\, n_j \cos\theta_{ij} \tag{4.22}$$

对 p 波
$$\eta_j = \sqrt{\frac{\varepsilon_0}{\mu_0}} \cdot \frac{n_j}{\cos\theta_{ij}} \tag{4.23}$$

膜系的反射系数和透射系数为
$$r = \frac{A\eta_0 + B\eta_0\eta_G - C - D\eta_G}{A\eta_0 + B\eta_0\eta_G + C + D\eta_G} \tag{4.24}$$

$$t = \frac{2\eta_0}{A\eta_0 + B\eta_0\eta_G + C + D\eta_G} \tag{4.25}$$

4. 薄膜波导

模式方程为
$$\delta = 2nk_0 h\cos\theta_i + \delta_1 + \delta_2 = 2m\pi \qquad m = 0, 1, 2, \cdots \tag{4.26}$$

对称波导传播的模式数为
$$m = \frac{2h}{\lambda}\left(n^2 - n_G^2\right)^{\frac{1}{2}} \tag{4.27}$$

4.3 常见习题类型及典型例题分析

题型一 多光束干涉,包括 F-P 干涉仪、薄膜干涉等有关问题。

基本解题思路 F-P 干涉仪的色分辨本领、自由光谱范围等可直接套用式(4.3)至式(4.9)计算;对于薄膜干涉,首先要判断是双光束还是多光束干涉问题,如果是多光束干涉,则计算单层膜和多层膜的反射率和透射率时可用式(4.10)至式(4.13)计算,也可以通过特征矩阵计算。

例 4.1[①] 有一干涉滤光片间隔层的厚度为 2×10^{-4}mm,折射率 $n = 1.5$,试求:

(1) 正入射情况下滤光片在可见区内的中心波长;

(2) 透射带的波长半宽度(设高反膜的反射率 $R = 0.9$);

(3) 倾斜入射时,入射角分别为 10° 和 30° 时的透射光波长。

解 (1) 由式(4.16)得 $$\lambda_c = \frac{2nh}{m} \qquad m = 1, 2, 3, \cdots$$

当 $m = 1$ 时 $$\lambda_c = \frac{2 \times 1.5 \times 2 \times 10^2 \text{nm}}{1} = 600\text{nm}$$

当 $m = 2$ 时 $$\lambda_c = 300\text{nm}$$

……

因此,在可见区内的中心波长只有 600nm。

(2) 由式(4.17)可知透射带的波长半宽度为

$$\Delta\lambda = \frac{\lambda_c^2}{2\pi nh} \cdot \frac{1-R}{\sqrt{R}} = \frac{600^2}{2 \times \pi \times 1.5 \times 2 \times 10^2} \cdot \frac{1-0.9}{\sqrt{0.9}} = 20.1(\text{nm})$$

(3) 倾斜入射时,透射光产生极大光强的条件为

$$2nh\sqrt{1-\sin^2\theta_0} = m\lambda \qquad m = 1, 2, 3, \cdots$$

当入射角 $\theta_0 = 10°$,且 $m = 1$ 时

$$\lambda = \frac{2 \times 1.5 \times 2 \times 10^2 \times \sqrt{1-\sin^2 10°}}{1} = 590.9(\text{nm})$$

显然,m 取 $2, 3, \cdots$ 等其他值所得的波长均不在可见区,因此,透射光波只有 591nm 的波长。类似地,当入射角 $\theta_0 = 30°$,并取 $m = 1$ 时,可见区范围的透射光波长为

$$\lambda = \frac{2 \times 1.5 \times 2 \times 10^2 \times \sqrt{1-\sin^2 30°}}{1} = 519.6(\text{nm})$$

例 4.2 在折射率 $n = 3.4$ 的透明媒质表面镀一层 $n_1 = 1.38$ 的透明薄膜。

(1) 当入射光波为 580nm 时,膜厚至少为多少才能使反射率最低? 计算此时膜层的反射率(按正入射考虑)。

(2) 若不考虑色散,则将入射波换为 390nm 和 760nm 时,上述厚度的该膜层两表面反射光间的位相差各是多少? 由此说明什么问题?

解 (1) 由于 $n_0 = 1.0, n_1 = 2.3, n_2 = 3.4, n_0 < n_1 < n_2$,所以不须考虑半波损失。

---

① 即《物理光学》教材中习题 4.16。

题目要求反射率最低,对应相消干涉,光程差满足 $\mathscr{D}=2hn=\left(m+\dfrac{1}{2}\right)\lambda,m=0,\pm1,\pm2,\cdots$

最薄厚度取 $m=0$,故 $\qquad h=\dfrac{\lambda}{4n}=\dfrac{580}{4\times1.38}=105.07(\mathrm{nm})$

利用式(4.13)得膜层反射率为

$$R=\left(\frac{n_0n_2-n_1n_1}{n_0n_2+n_1n_1}\right)^2=\left(\frac{3.4-1.38\times1.38}{3.4+1.38\times1.38}\right)^2=7.95\%$$

镀膜前,根据式(1.23)得 $\qquad R=\left(\dfrac{3.4-1}{3.4+1}\right)=29.75\%$

反射率变化了 $29.75\%-7.95\%=21.8\%$。

(2) 对波长 390nm: $\qquad \delta_1=\dfrac{2\pi}{\lambda_1}\cdot2n_1h=\dfrac{2\pi}{\lambda_1}\cdot\dfrac{\lambda}{2}=1.49\pi$

对波长 750nm: $\qquad \delta_2=\dfrac{2\pi}{\lambda_2}\cdot\dfrac{\lambda}{2}=0.74\pi$

说明厚度 $h=105.07\mathrm{nm}$ 仅适用于580nm,该厚度使波长 580nm 的光波位相差为 π,产生相消干涉。而其他波长入射时,$\delta\neq\pi$,不能产生相消干涉。

4.4 教材习题解答

4.1 分别计算 $R=0.5,0.8,0.9,0.98$ 时,F-P 标准具条纹的精细度。

解 由式(4.6)得条纹的精细度为

$$S=\frac{\pi\sqrt{R}}{1-R}$$

把题给 $R=0.5,0.8,0.9,0.98$ 分别代入,得精细度 S 分别为 $4.44,14.05,29.80,155.50$。

4.2 F-P 标准具的间隔 $h=2\mathrm{mm}$,所使用的单色光波长 $\lambda=632.8\mathrm{nm}$,聚焦透镜的焦距 $f=30\mathrm{cm}$。试求条纹图样中第 5 个环条纹的半径(设条纹图样中心正好是一亮点)。

解 对条纹图样中心,由于是一亮点,因此

$$2h+\mathscr{D}'=m_0\lambda \qquad\qquad (\mathrm{a})$$

其中 $\mathscr{D}'$ 是反射引起的附加光程。而对第 5 个亮环,则有

$$2h\cos\theta_5+\mathscr{D}'=(m_0-5)\lambda \qquad\qquad (\mathrm{b})$$

将式(b)-式(a)得 $\qquad 2h(1-\cos\theta_5)=5\lambda$

因 θ_5 很小,可近似取 $1-\cos\theta_5\approx\theta_5^2/2$,于是第 5 个亮环对应的角度为

$$\theta_5=\sqrt{5\lambda/h}$$

因此,环的半径为 $\qquad r_5=f\theta_5=f\sqrt{5\lambda/h}=300\times\sqrt{\dfrac{5\times632.8\times10^{-6}}{2}}=11.9(\mathrm{mm})$

4.3 将一个波长稍小于 600nm 的光波与一个波长为 600nm 的光波在 F-P 干涉仪上进行比较。当 F-P 干涉仪两镜面间距离改变 1.5mm 时,两光波的条纹系就重合一次。试求未知光波的波长。

解 由 $\qquad\qquad 2\pi\left(\dfrac{1}{\lambda-\Delta\lambda}-\dfrac{1}{\lambda}\right)2\Delta h=2\pi$

得 $$\Delta\lambda = \cfrac{1}{\cfrac{1}{2\Delta h}+\cfrac{1}{\lambda}}-\lambda = \cfrac{1}{\cfrac{1}{2\times1.5\times10^{6}}+\cfrac{1}{600}}-600 = -0.119976(\,\text{nm}\,)$$

因此,未知光波的波长为 $$\lambda_x = \lambda + \Delta\lambda = 599.88(\,\text{nm}\,)$$

4.4 F-P 标准具的间隔为 2.5mm,问对于 $\lambda=500\text{nm}$ 的光,条纹系中心的干涉级是多少？如果照明光波包含波长 500nm 和稍小于 500nm 的两种光波,它们的环条纹距离为 1/100 条纹间距,求未知光波的波长。

解 条纹中心干涉级为 $$m = \frac{2nh}{\lambda} = \frac{2\times2.5}{500\times10^{-6}} = 10^4$$

当 $\phi = \dfrac{2\pi}{\lambda}2nh\cos\theta_2 = 2m\pi(m=0,\pm1,\pm2,\pm3,\cdots)$ 时,满足明纹条件。

也就是说,两波长在同一位置(θ_2 相同)产生的位相差为 $\dfrac{1}{100}\times2\pi$,即

$$\phi_1-\phi_2 = 2\pi\left(\frac{1}{\lambda-\Delta\lambda}-\frac{1}{\lambda}\right)2nh\cos\theta_2 = \frac{\pi}{50}$$

解得 $\Delta\lambda = 0.0005\text{nm}$,则 $\lambda = 500-0.0005 = 499.995(\,\text{nm}\,)$。

4.5 在题 4.2 中,如果标准具两镜面的反射率 $R=0.98$,求：

(1) 标准具所能测量的最大波长差是多少？

(2) 所能分辨的最小波长差是多少？

解 标准具所能测量的最大波长差

$$\Delta\lambda_{\text{max}} = \frac{\overline{\lambda}^2}{2h} = \frac{(632.8)^2}{2\times2\times10^6} = 0.1(\,\text{nm}\,)$$

分辨本领 $$\frac{\overline{\lambda}}{\Delta\lambda} = 0.97mS = 0.97\frac{2h}{\lambda}\cdot\frac{\pi\sqrt{R}}{1-R}$$

分辨的最小波长差

$$\Delta\lambda = \frac{\overline{\lambda}^2}{0.97\times2h}\frac{1-R}{\pi\sqrt{R}} = \frac{632.8^2}{0.97\times2\times2\times10^6}\times\frac{1-0.98}{\pi\sqrt{0.98}} = 6.62\times10^{-4}(\,\text{nm}\,)$$

4.6 如果把激光器的谐振腔看作一个 F-P 标准具,激光器的腔长 $h=0.5\text{m}$,两反射镜的反射率 $R=0.99$。试求输出激光的频率间隔和线宽(设气体折射率 $n=1$,输出谱线的中心波长 $\lambda=632.8\text{nm}$)。

解 (1) 在正入射的情况下,谐振腔的透射极大条件是

$$2nh = m\lambda \qquad m=1,2,3,\cdots$$

所以输出激光波长为 $$\lambda = 2nh/m$$

相应的频率为 $$\nu = \frac{c}{\lambda} = \frac{c}{2nh}m$$

m 相差 1 的相邻两个频率之差即为频率间隔,因此

$$\Delta\nu_d = \frac{c}{2nh} = \frac{3\times10^8}{2\times1\times0.5} = 300(\,\text{MHz}\,)$$

(2) 由式(4.5)可知,多光束干涉条纹的位相差半宽度为

$$\Delta\delta = \frac{2(1-R)}{\sqrt{R}}$$

而位相差和频率的关系是
$$\delta = \frac{2\pi}{\lambda}2nh = \frac{4\pi}{c}nh\nu$$

并且
$$\Delta\nu = \frac{c}{4\pi nh}\Delta\delta$$

因此,谐振腔输出谱线的频率宽度为
$$\Delta\nu = \frac{c}{2\pi nh}\cdot\frac{(1-R)}{\sqrt{R}}$$

对应的波长宽度为
$$\Delta\lambda = \frac{\lambda^2}{c}\Delta\nu = \frac{\lambda^2}{2\pi nh}\cdot\frac{(1-R)}{\sqrt{R}}$$

将题给 $h=0.5\text{m}, R=0.99, n=1, \lambda=632.8\text{nm}$ 代入上式,则 632.8nm 波长的宽度为
$$\Delta\lambda = \frac{632.8^2}{2\times\pi\times0.5\times10^9}\times\frac{1-0.99}{\sqrt{0.99}} = 1.28\times10^{-6}(\text{nm})$$

4.7 F-P 干涉仪两反射镜的反射率为 0.5,试求它的最大透射率和最小透射率。若干涉仪两反射镜以折射率 $n=1.6$ 的玻璃平板代替,则最大透射率和最小透射率又是多少?(不考虑系统的吸收。)

解 精细度系数
$$F = \frac{4R}{(1-R)^2} = 8$$

由式(4.1)可知,F-P 干涉仪的透射率为
$$T = \frac{I_t}{I_i} = \frac{1}{1+F\sin^2\dfrac{\delta}{2}}$$

因此,与 $\sin^2\dfrac{\delta}{2}=0$ 对应,最大透射率 $T_{max}=1$;而当 $\sin^2\dfrac{\delta}{2}=1$ 时,透射率取最小值,$T_{min}=0.11$。

若用 $n=1.6$ 的玻璃平板代替反射镜,并假设光束垂直入射 F-P 干涉仪,则反射率为
$$R = \left(\frac{1.6-1}{1.6+1}\right)^2 = 0.0533$$

则 $F=0.24$。

因此,最大透射率和最小透射率分别为 $T_{max}=1, T_{min}=0.81$。

4.8 在上题中,若考虑到干涉仪镜面的吸收,其吸收率为 0.05。试求干涉仪的最大透射率和最小透射率。

解 若考虑到干涉仪镜面的吸收,且 $A=0.05$,则由式(4.4)得干涉仪的透射率为
$$T = \frac{I_t}{I_i} = \left(1-\frac{A}{1-R}\right)^2\frac{1}{1+F\sin^2\dfrac{\delta}{2}}$$

上题给出 $R=0.5, F=0.8$,因此
$$T_{max} = \left(1-\frac{A}{1-R}\right)^2 = 0.81, \quad T_{min} = \left(1-\frac{A}{1-R}\right)^2\frac{1}{1+F} = 0.09$$

4.9 如图 4.3 所示,F-P 标准具两镜面的间隔为 1cm,在其两侧各放一个焦距为 15cm 的

准直透镜L_1和会聚透镜L_2。直径为1cm的光源(中心在光轴上)置于L_1的焦平面,光源发射波长为589.3nm的单色光;空气的折射率为1。

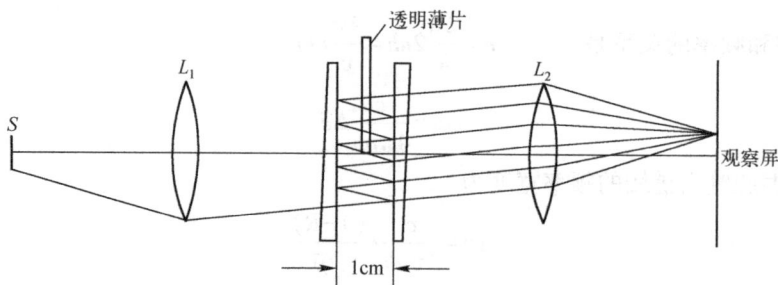

图4.3 题4.9用图

(1) 计算L_2焦点处的干涉级。在L_2的焦面上能观察到多少个亮条纹? 其中半径最大条纹的干涉级和半径是多少?

(2) 若将一片折射率为1.5、厚为0.5nm的透明薄片插入标准具两镜面之间,插至一半位置,则干涉环条纹将发生怎样的变化?

解 (1) 在焦点处,对应的位相差为

$$\delta = \frac{4\pi}{\lambda}h = 2\pi \cdot \frac{2h}{\lambda} = 2\pi \cdot \frac{2\times 1}{589.3\times 10^{-7}} = 2\pi\times 33938.57$$

因此,L_2焦点处的干涉级数为 $m_0 = \frac{\delta}{2\pi} = 33938.57$

透镜焦点处对应的光程差为最大值,半径最大条纹的干涉级对应的位相差为最小值。

$$\delta_{min} = \frac{4\pi}{\lambda}h\cos\theta_{max}$$

由图4.3可见:

$$\theta_{max} = \frac{d}{2f} = \frac{1}{2\times 15}$$

即

$$\delta_{min} = \frac{4\pi}{\lambda}h\cos\theta_{max} = 2\pi\times 33919.7$$

因此,最大条纹的干涉级为33920。与焦点处的干涉级比较,可知能看到18个亮条纹。最大条纹对应的半径为

$$r_{max} = f\tan\theta_{max} = 150\times\tan\left(\frac{1}{30}\right) = 5(\text{mm})$$

(2) 参照题3.19的讨论,上半部分加入透明薄片后,相应标准具两镜面的点像靠得更近,会聚角更小,即条纹间隔更大。因此,上下部分各形成一套半圆的条纹,上半部分条纹较下半部分疏。

4.10 在折射率为1.55的玻璃表面上镀一层1/4波长的氟化镁($n=1.38$)增透膜。试计算正入射和45°角入射时的反射率。

解 (1) 正入射时,由式(4.12)得

$$R = \frac{(n_o - n_G)^2\cos^2\frac{\delta}{2} + \left(\frac{n_o n_G}{n} - n\right)^2\sin^2\frac{\delta}{2}}{(n_o + n_G)^2\cos^2\frac{\delta}{2} + \left(\frac{n_o n_G}{n} + n\right)^2\sin^2\frac{\delta}{2}}$$

其中 $n_{\rm o}=1$, $n=1.38$, $n_{\rm G}=1.55$, $\delta=\dfrac{4\pi}{\lambda}nh=\pi$, 因此反射率为

$$R=\frac{\left(\dfrac{n_{\rm o}n_{\rm G}}{n}-n\right)^2}{\left(\dfrac{n_{\rm o}n_{\rm G}}{n}+n\right)^2}=\frac{\left(\dfrac{1\times1.55}{1.38}-1.38\right)^2}{\left(\dfrac{1\times1.55}{1.38}+1.38\right)^2}=0.011$$

（2）以 45°角入射时，根据菲涅耳公式（1.19），在折射率分别为 $n_{\rm o}$ 和 n 的两介质分界面上，入射光束电矢量的 s 分量和 p 分量的反射系数分别为

$$r_{\rm s}=-\frac{\sin(\theta_{\rm o}-\theta)}{\sin(\theta_{\rm o}+\theta)}=-\frac{n\cos\theta-n_{\rm o}\cos\theta_{\rm o}}{n\cos\theta+n_{\rm o}\cos\theta_{\rm o}},\qquad r_{\rm p}=\frac{\tan(\theta_{\rm o}-\theta)}{\tan(\theta_{\rm o}+\theta)}=\frac{\dfrac{n}{\cos\theta}-\dfrac{n_{\rm o}}{\cos\theta_{\rm o}}}{\dfrac{n}{\cos\theta}+\dfrac{n_{\rm o}}{\cos\theta_{\rm o}}}$$

其中，$\theta_{\rm o}$ 是入射角，θ 是折射角。从以上两式可见，对 s 分量以 $\bar{n}$ 代替 $n\cos\theta$，以 $\bar{n}_{\rm o}$ 代替 $n_{\rm o}\cos\theta_{\rm o}$；对 p 分量以 $\bar{n}$ 代替 $\dfrac{n}{\cos\theta}$，以 $\bar{n}_{\rm o}$ 代替 $\dfrac{n_{\rm o}}{\cos\theta_{\rm o}}$，则 $r_{\rm s}$ 和 $r_{\rm p}$ 的形式完全与正入射的反射系数表达式相同。$\bar{n}_{\rm o}$ 和 $\bar{n}$ 称为有效折射率，而用有效折射率取代折射率后，式（4.12）也适用于计算斜入射时的反射率。

当 $\theta_{\rm o}=45°$时，由折射定律得折射角为

$$\theta=\arcsin\left(\frac{\sin\theta_{\rm o}}{n}\right)=\arcsin\left(\frac{\dfrac{\sqrt{2}}{2}}{1.38}\right)=30°49'25''$$

而光束在玻璃基片内的反射角为

$$\theta_{\rm G}=\arcsin\left(\frac{n\sin\theta}{n_{\rm G}}\right)=\arcsin\left(\frac{n_{\rm o}\sin\theta_{\rm o}}{n_{\rm G}}\right)=\arcsin\left(\frac{\dfrac{\sqrt{2}}{2}}{1.55}\right)=27°8'31''$$

因此，对于 s 分量的有效折射率为

$$\bar{n}_{\rm o}=n_{\rm o}\cos\theta_{\rm o}=\cos45°=0.707$$

$$\bar{n}=n\cos\theta=1.38\times\cos30°49'25''=1.185$$

$$\bar{n}_{\rm G}=n_{\rm G}\cos\theta_{\rm G}=1.55\times\cos27°8'31''=1.379$$

对于 p 分量的有效折射率为

$$\bar{n}_{\rm o}=\frac{n_{\rm o}}{\cos\theta_{\rm o}}=\frac{1}{\cos45°}=1.414,\qquad \bar{n}=\frac{n}{\cos\theta}=\frac{1.38}{\cos30°49'25''}=1.607,\qquad \bar{n}_{\rm G}=\frac{n_{\rm G}}{\cos\theta_{\rm G}}=\frac{1.55}{\cos27°8'31''}=1.742$$

与 45°的入射角对应

$$\delta=\frac{4\pi}{\lambda}nh\cos\theta=\frac{4\pi}{\lambda}\cdot\frac{\lambda}{4}\cos30°49'25''=2.698{\rm rad}$$

因此，s 分量的反射率为

$$R_{\rm s}=\frac{(0.707-1.379)^2\cos^2\dfrac{\delta}{2}+\left(\dfrac{0.707\times1.379}{1.185}-1.185\right)^2\sin^2\dfrac{\delta}{2}}{(0.707+1.379)^2\cos^2\dfrac{\delta}{2}+\left(\dfrac{0.707\times1.379}{1.185}+1.185\right)^2\sin^2\dfrac{\delta}{2}}=0.0363$$

p 分量的反射率为

$$R_{\mathrm{p}} = \frac{(\bar{n}_{\mathrm{o}} - \bar{n}_{\mathrm{G}})^2 \cos^2 \frac{\delta}{2} + \left(\dfrac{\bar{n}_{\mathrm{o}} \bar{n}_{\mathrm{G}}}{n} - \bar{n}\right) \sin^2 \frac{\delta}{2}}{(\bar{n}_{\mathrm{o}} + \bar{n}_{\mathrm{G}})^2 \cos^2 \frac{\delta}{2} + \left(\dfrac{\bar{n}_{\mathrm{o}} \bar{n}_{\mathrm{G}}}{n} + \bar{n}\right) \sin^2 \frac{\delta}{2}}$$

$$= \frac{(1.414 - 1.742)^2 \cos \frac{\delta}{2} + \left(\dfrac{1.414 \times 1.742}{1.607} - 1.607\right)^2 \sin^2 \frac{\delta}{2}}{(1.414 + 1.742)^2 \cos \frac{\delta}{2} + \left(\dfrac{1.414 \times 1.742}{1.607} + 1.607\right)^2 \sin^2 \frac{\delta}{2}} = 0.00106$$

因为是自然光入射,故反射率为

$$R = \frac{1}{2}(R_{\mathrm{s}} + R_{\mathrm{p}}) = \frac{1}{2}(0.0363 + 0.00106) = 0.02$$

4.11 在玻璃基片上($n_{\mathrm{G}} = 1.52$)涂镀硫化锌薄膜($n = 2.38$),入射光波长 $\lambda = 500\mathrm{nm}$。求正入射时给出最大反射率和最小反射率的膜厚及相应的反射率。

解 当光束正入射时,由式(4.12)得

$$R = \frac{(n_{\mathrm{o}} - n_{\mathrm{G}})^2 \cos^2 \frac{\delta}{2} + \left(\dfrac{n_{\mathrm{o}} n_{\mathrm{G}}}{n} - n\right)^2 \sin^2 \frac{\delta}{2}}{(n_{\mathrm{o}} + n_{\mathrm{G}})^2 \cos^2 \frac{\delta}{2} + \left(\dfrac{n_{\mathrm{o}} n_{\mathrm{G}}}{n} + n\right)^2 \sin^2 \frac{\delta}{2}}$$

其中

$$\delta = \frac{4\pi}{\lambda} nh$$

可见,当 $\delta = \pi$ 或 $nh = \lambda/4$ 时,反射率有最大值;当 $\delta = 2\pi$ 或 $nh = \lambda/2$ 时,反射率有最小值。所以反射率有最大值的膜厚是

$$h = \frac{\lambda}{4n} = \frac{500}{4 \times 2.38} = 52.52(\mathrm{nm})$$

相应的反射率是

$$R_{\max} = \frac{\left(\dfrac{n_{\mathrm{o}} n_{\mathrm{G}}}{n} - n\right)^2}{\left(\dfrac{n_{\mathrm{o}} n_{\mathrm{G}}}{n} + n\right)^2} = \frac{\left(\dfrac{1 \times 1.52}{2.38} - 2.38\right)^2}{\left(\dfrac{1 \times 1.52}{2.38} + 2.38\right)^2} = 0.33$$

而反射率有最小值的膜厚是

$$h = \frac{\lambda}{2n} = \frac{500}{2 \times 2.38} = 105.04(\mathrm{nm})$$

相应的反射率是

$$R_{\min} = \frac{(n_{\mathrm{o}} - n_{\mathrm{G}})^2}{(n_{\mathrm{o}} + n_{\mathrm{G}})^2} = \frac{(1 - 1.52)^2}{(1 + 1.52)^2} = 0.04$$

4.12 在照相物镜上镀一层光学厚度为 $\dfrac{5}{4}\lambda_0$($\lambda_0 = 550\mathrm{nm}$)的低折射率膜。试求在可见光区内反射率最大的波长。薄膜应呈什么颜色?

解 对低折射率膜,因为 $n_0 < n < n_{\mathrm{G}}$,相邻两束反射光没有附加光程差,光束正入射时光程差为 $2nh$,当 $2nh = m\lambda$ 时,反射率最大。又题给 $nh = \dfrac{5}{4}\lambda_0$,因此

$$\lambda = \frac{2nh}{m} = \frac{2 \times \dfrac{5}{4}\lambda_0}{m}$$

如若低折射率膜的折射率为 1.38,则 $m=3$,$\lambda=458.3\text{nm}$,呈蓝色;$m=2$,$\lambda=687.5\text{nm}$,呈红色。

4.13 在玻璃基片上镀两层光学厚度为 $\lambda_0/4$ 的介质薄膜,如果第一层的折射率为 1.35,问为了达到在正入射下膜系对 λ_0 全增透的目的,第二层薄膜的折射率应为多少?(玻璃基片折射率 $n_G=1.6$。)

解 据式(4.15),要使反射为零、透射最大,则

$$n_2=\sqrt{\frac{n_G}{n_0}}\,n_1=\sqrt{\frac{1.6}{1}}\times1.35=1.71$$

4.14 氦-氖激光器谐振腔的反射镜是在玻璃基片上镀多层高反膜制成的。玻璃基片的折射率 $n_G=1.6$,高折射率层和低折射率层的折射率分别为 $n_H=2.35$ 和 $n_L=1.35$。试求膜层分别为 5 层、9 层、15 层时的反射率。

解 据式(4.13):

$$R_{2p+1}=\left[\frac{n_o-\left(\dfrac{n_H}{n_L}\right)^{2p}\cdot\dfrac{n_H^2}{n_G}}{n_o+\left(\dfrac{n_H}{n_L}\right)^{2p}\cdot\dfrac{n_H^2}{n_G}}\right]^2$$

对 5 层、7 层和 9 层膜,分别有 $p=2,3,4$,因此反射率分别为

$$R_5=\left[\frac{1-\left(\dfrac{2.35}{1.35}\right)^4\times\dfrac{2.35^2}{1.6}}{1+\left(\dfrac{2.35}{1.35}\right)^4\times\dfrac{2.35^2}{1.6}}\right]^2=0.88,\quad R_7=\left[\frac{1-\left(\dfrac{2.35}{1.35}\right)^6\times\dfrac{2.35^2}{1.6}}{1+\left(\dfrac{2.35}{1.35}\right)^6\times\dfrac{2.35^2}{1.6}}\right]^2=0.96$$

$$R_9=\left[\frac{1-\left(\dfrac{2.35}{1.35}\right)^8\times\dfrac{2.35^2}{1.6}}{1+\left(\dfrac{2.35}{1.35}\right)^8\times\dfrac{2.35^2}{1.6}}\right]^2=0.99$$

可见,膜层数越多,膜系的反射率越高。

4.15 计算下列两个 7 层高反膜的反射率:(1) $n_G=1.50$,$n_H=2.40$,$n_L=1.38$;(2) $n_G=1.50$,$n_H=2.20$,$n_L=1.38$。说明膜系折射率对反射率的影响。

解 (1)据式(4.13)可知

$$R_7=\left[\frac{1-\left(\dfrac{2.4}{1.38}\right)^6\times\dfrac{2.4^2}{1.5}}{1+\left(\dfrac{2.4}{1.38}\right)^6\times\dfrac{2.4^2}{1.5}}\right]^2=0.963$$

(2) $$R_7=\left[\frac{1-\left(\dfrac{2.20}{1.38}\right)^6\times\dfrac{2.20^2}{1.5}}{1+\left(\dfrac{2.20}{1.38}\right)^6\times\dfrac{2.20^2}{1.5}}\right]^2=0.927$$

可见,膜系高折射率层和低折射率层的折射率相差越大,膜系的反射率就越高。

4.16 一干涉滤光片间隔层的厚度为 $2\times10^{-4}\text{mm}$,折射率 $n=1.5$,求:(1)正入射时滤光片在可见区的中心波长;(2)$\rho=0.9$ 时透射带的波长半宽度。

解 （1）正入射时 $\lambda_c = 2nh/m, m = 1$ 时，$\lambda_c = 600\,nm$

（2）$\lambda_{1/2} = \dfrac{\lambda^2}{2\pi nh} \cdot \dfrac{1-\rho}{\sqrt{\rho}} = \dfrac{(600)^2}{2 \times 3.14 \times 1.5 \times 2 \times 10^{-4} \times 10^6} \times \dfrac{1-0.9}{\sqrt{0.9}} = 20\,(nm)$

4.17 证明当入射到薄膜上的光波是 p(TM) 偏振波时，薄膜的特征矩阵仍具有 $M_1 =$

$\begin{bmatrix} \cos\delta_1 & -\dfrac{1}{\eta_1}\sin\delta_1 \\ \cdots\cdots\cdots\cdots\cdots \\ -i\eta_1\sin\delta_1 & \cos\delta_1 \end{bmatrix}$ 的形式，只是式中的 $\eta_1 = \sqrt{\dfrac{\varepsilon_0}{\mu_0}} \dfrac{n_1}{\cos\theta_{i2}}$。

证明 当入射光波是 p(TM) 偏振波时，得如图 4.4 所示各场量的位置和方向。

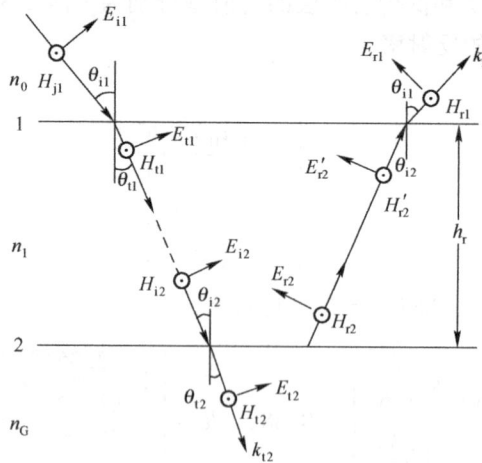

图 4.4　题 4.17 用图

按边值关系，在界面 1 上有

$$E_1 = E_{i1}\cos\theta_{i1} - E_{r1}\cos\theta_{i1} = E_{t1}\cos\theta_{i2} - E'_{r2}\cos\theta_{i2} \tag{a}$$

$$H_1 = H_{i1} + H_{r1} = H_{t1} + H'_{r2}$$

或
$$H_1 = \sqrt{\dfrac{\varepsilon_0}{\mu_0}}\, n_0 (E_{i1} + E_{r1}) = \sqrt{\dfrac{\varepsilon_0}{\mu_0}}\, n_1 (E_{t1} + E'_{r2}) \tag{b}$$

在界面 2 上有
$$E_2 = E_{i2}\cos\theta_{i2} - E_{r2}\cos\theta_{i2} = E_{t2}\cos\theta_{t2} \tag{c}$$

$$H_2 = \sqrt{\dfrac{\varepsilon_0}{\mu_0}}\, n_1 (E_{i2} + E_{r2}) = \sqrt{\dfrac{\varepsilon_0}{\mu_0}}\, n_G E_{t2} \tag{d}$$

若不考虑介质的吸收，则有
$$E_{i2} = E_{t1}\exp(i\delta_1), \quad E'_{r2} = E_{r2}\exp(i\delta_1) \tag{e}$$

其中
$$\delta_1 = \dfrac{2\pi}{\lambda} n_1 h_1 \cos\theta_{i2} \tag{f}$$

把式（e）代入式（c）、式（d）得

$$E_2 = E_{t1}\exp(i\delta_1)\cos\theta_{i2} - E'_{r2}\exp(-i\delta_1)\cos\theta_{i2}$$

$$H_2 = \sqrt{\dfrac{\varepsilon_0}{\mu_0}}\, n_1 \left[E_{t1}\exp(i\delta_1) + E'_{r2}\exp(-i\delta_1) \right]$$

解得
$$E_{t1} = \frac{\exp(-i\delta_1)}{2\cos\theta_{i2}}\left(E_2 + \frac{H_2}{\eta_1}\right), \quad E'_{r2} = \frac{\exp(i\delta_1)}{2\cos\theta_{i2}}\left(\frac{H_2}{\eta_1} - E_2\right)$$

其中
$$\eta_1 = \sqrt{\frac{\varepsilon_0}{\mu_0}}\frac{n_1}{\cos\theta_{i2}}$$

把它们代入式(a)、式(b)得
$$E_1 = E_2\cos\delta_1 - H_2\frac{\sin\delta_1}{\eta_1}$$

$$H_1 = -E_2 i\eta_1\sin\delta_1 + H_2\cos\delta_1$$

因此特征矩阵为
$$M_1 = \begin{bmatrix} \cos\delta_1 & -\dfrac{1}{\eta_1}\sin\delta_1 \\ \cdots\cdots\cdots\cdots\cdots \\ -i\eta_1\sin\delta_1 & \cos\delta_1 \end{bmatrix}$$

4.18 用特征矩阵计算法证明,GHLHLLHLHA 结构的干涉滤光片,对于特定波长 λ_0,正入射下的反射率为 $R = \left(\dfrac{n_0 - n_G}{n_0 + n_G}\right)^2$。

证明 干涉滤光片可表示为 G(HL)²(LH)²A。正入射时 $\frac{\lambda_0}{4}$ 膜的 $\delta = \frac{\pi}{2}$,因此

$$M_L M_H = \begin{bmatrix} 0 & -\dfrac{i}{\eta_L} \\ \cdots\cdots\cdots \\ -i\eta_L & 0 \end{bmatrix}\begin{bmatrix} 0 & -\dfrac{i}{\eta_H} \\ \cdots\cdots\cdots \\ -i\eta_H & 0 \end{bmatrix} = \begin{bmatrix} -\dfrac{\eta_H}{\eta_L} & 0 \\ \cdots\cdots\cdots \\ 0 & -\dfrac{\eta_L}{\eta_H} \end{bmatrix} = \begin{bmatrix} -\dfrac{n_H}{n_L} & 0 \\ \cdots\cdots\cdots \\ 0 & -\dfrac{n_L}{n_H} \end{bmatrix}$$

$$(M_L M_H)^2 = \begin{bmatrix} \left(-\dfrac{n_H}{n_L}\right)^2 & 0 \\ \cdots\cdots\cdots\cdots\cdots \\ 0 & \left(-\dfrac{n_L}{n_H}\right)^2 \end{bmatrix}$$

而
$$(M_H M_L)^2 = \begin{bmatrix} \left(-\dfrac{n_L}{n_H}\right)^2 & 0 \\ \cdots\cdots\cdots\cdots\cdots \\ 0 & \left(-\dfrac{n_H}{n_L}\right)^2 \end{bmatrix}$$

膜系的特征矩阵为
$$M = (M_L M_H)^2(M_H M_L)^2 = \begin{bmatrix} 1 & 0 \\ \cdots \\ 0 & 1 \end{bmatrix}$$

据式(4.24)、式(4.20)、式(4.22)和式(4.23),$A = 1, B = 0, C = 0, D = 1$,反射系数为
$$r = \frac{\eta_0 - \eta_G}{\eta_0 + \eta_G} = \frac{n_0 - n_G}{n_0 + n_G}$$

因此反射率为
$$R = rr^* = \left(\frac{n_0 - n_G}{n_0 + n_G}\right)^2$$

4.19 在一个薄膜波导中,传播着一个 $\beta=0.8nk_0$ 的模式;波导的 $n=2.0,h=3\mu m$,光波波长 $\lambda=0.9\mu m$。问光波在 z 方向每传输 1cm,在波导一个表面上将经受多少次反射?

解 如图 4.5 所示,该模式对应 $\theta_i=\arcsin 0.8$。

光波沿 z 方向传播一个周期的长度为 $2h\tan\theta_i$。因此,传输 1cm 在波导一个表面上的反射次数为

$$N=\frac{L}{2h\tan\theta_i}=\frac{1\text{cm}}{2\times 3\times 10^{-4}\text{cm}\times\tan(\arcsin 0.8)}=1250$$

4.20 对于实用波导,$n+n_G\approx 2n$。试证明厚度为 h 的对称波导传输 m 阶模的必要条件为

$$\Delta n=n-n_G\geqslant\frac{m^2\lambda^2}{8nh^2}$$

式中,λ 是光波在真空中的波长。

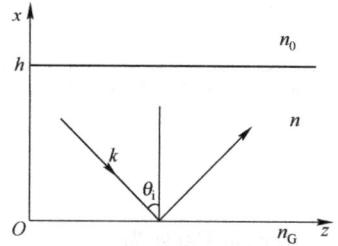

图 4.5 题 4.19 用图

解 由式(4.27)可知,对于对称波,从模式方程得

$$m_{max}=\frac{2h}{\lambda}\sqrt{n^2-n_G^2}$$

即能够传输的模式为 $0,1,2,\cdots,m_{max}$。因此,厚度为 h 的对称波导传输 m 阶模满足

$$m\leqslant\frac{2h}{\lambda}\sqrt{n^2-n_G^2}$$

两边平方,整理得

$$\Delta n=n-n_G\geqslant\frac{m^2\lambda^2}{4h^2(n+n_G)}=\frac{m^2\lambda^2}{8nh^2}$$

4.21 通信光纤芯径为 $50\mu m$,芯径和包层的折射率分别为 1.52 和 1.5,问此光纤能传输波长为 $1.55\mu m$ 光波的多少个模式?

解 据式(4.27),模式数为

$$m=\frac{2h}{\lambda}\sqrt{n^2-n_G^2}=\frac{2\times 50}{1.55}\sqrt{1.52^2-1.5^2}=15.8$$

因此可以传输 15 个模式。

4.5 自 测 题

4.1 F-P 干涉仪的精细度是用来描述多光束干涉极大的细锐程度的。它的定义是,_____和_____之比;它的表达式是_____,仅取决于_____。

4.2 关于 F-P 干涉仪产生的条纹特性的描述,错误的是_____。

A. 随着两玻璃板内表面的反射率 R 的增大,干涉光强极大值的位置发生改变。

B. F-P 干涉仪是非等幅的多光束干涉。

C. 随着两玻璃板内表面的反射率 R 的增大,条纹锐度系数 F 增大。

D. 当反射率 R 很大时,反射光的干涉条纹是在宽的亮背景上呈现很细的暗纹。

4.3 F-P 干涉仪的观察屏和光源分别处在两个反射面的外侧,而激光平面干涉仪中光源和观察屏则处在两个反射面的同侧。(1)解释为什么采用这种结构。(2)说明 F-P 干涉仪光谱分辨本领高的原因。

4.4 F-P 干涉仪的反射率为 0.85,若要求它能分辨波长差为 0.0136nm 的两条 H_α 谱线(H_α

谱线波长为 656.3nm），则两反射镜的最小间距是多少？此 F-P 光谱仪的自由光谱范围是多少？

4.5　两波长 λ_1 和 λ_2，在 600nm 附近相差 0.0001nm，若用 F-P 干涉仪把两谱线分辨开来，则间隔至少要多大？在这种情况下，干涉仪的自由光谱范围是多少？设反射率 $R=0.98$。

4.6　F-P 干涉仪的两平面反射镜（光强反射率 $R=0.98$）的间距 $h=5cm$，以 $\lambda=500nm$ 的扩展光源做实验。试求图样中心处的自由光谱范围和可分辨的最小波长间隔。

4.7　已知一组 F-P 标准具的间距分别为 1mm、120mm，对于 $\lambda=550.0nm$ 的入射光而言，求其相应的标准具常数。如果某一激光器发出的激光波长为 632.8nm，波长宽度为 0.001nm，则测量其波长宽度时应选用多大间距的 F-P 标准具？

4.8　已知某光源中含有波长差 $\Delta\lambda$ 很小的两谱线，用它照射 $d=2.5mm$ 的 F-P 干涉仪时，这两谱线的同级条纹错开了 1/10 个条纹间距。现将此光源照射迈克尔孙干涉仪，求：当迈克耳孙干涉仪的一个反射镜每移动多少距离时，条纹会从最清晰变为最模糊。

4.6　自测题解答

4.1　相邻两条纹间的位相差间距；条纹半宽度；$S=\dfrac{2\pi}{\Delta\delta}=\dfrac{\pi\sqrt{F}}{2}=\dfrac{\pi\sqrt{R}}{1-R}$；反射率 R

4.2　A

4.3　（1）F-P 干涉仪的观察屏和光源分别处在两个反射面的外侧，这种结构可以获得一个高对比度的窄光谱。而激光平面干涉仪中光源和观察屏处在两个反射面同侧，目的是为了获得一个高可见度的干涉条纹。

（2）F-P 干涉仪光谱分辨本领高的原因是干涉级次高。

4.4　两反射镜的最小间距为

$$h=\frac{\lambda^2(1-R)}{2\pi\Delta\lambda\sqrt{R}}=\frac{656.3^2\times(1-0.85)}{2\pi\times0.0136\times\sqrt{0.85}}=0.82(\text{mm})$$

自由光谱范围为　　$$(\Delta\lambda)_f=\frac{\lambda^2}{2h}=\frac{656.3^2}{2\times0.82\times10^6}=0.26(\text{nm})$$

4.5　由式（4.8）得干涉仪的间隔至少为

$$h=\frac{\lambda^2(1-R)}{2\pi(\Delta\lambda)_m\sqrt{R}}=\frac{600^2\times10^{-6}\times(1-0.98)}{2\times\pi\times0.0001\times\sqrt{0.98}}=11.58(\text{mm})$$

据式（4.7）得自由光谱范围为

$$(\Delta\lambda)_{S.R}=\frac{\lambda^2}{2h}=\frac{600^2}{2\times11.58\times10^6}=0.0155(\text{nm})$$

4.6　自由光谱范围为　　$$(\Delta\lambda)_{S.R}=\frac{\lambda^2}{2h}=\frac{500^2}{2\times5\times10^7}=0.0025(\text{nm})$$

可分辨的最小波长间隔为

$$(\Delta\lambda)_m=\frac{\lambda^2(1-R)}{2\pi h\sqrt{R}}=\frac{500^2\times(1-0.98)}{2\pi\times5\times10^7\times\sqrt{0.98}}=1.61\times10^{-5}(\text{nm})$$

4.7　（1）标准具常数

$$\Delta\lambda=\frac{\lambda^2}{2nh}$$

$$\Delta\lambda_1 = \frac{(550.0)^2}{2 \times 10^6} = 0.15(\text{nm})$$

$$\Delta\lambda_4 = \frac{(550.0)^2}{2 \times 120 \times 10^6} = 0.0013(\text{nm})$$

（2）$\lambda = 632.8\text{nm}$　　$\Delta\lambda = 0.001\text{nm}$

$$h = \frac{\lambda^2}{2n\Delta\lambda} = 200 \times 10^6\text{nm}$$

4.8　设两波长分别为 λ_1 和 $\lambda_2(\lambda_1 > \lambda_2)$。对于迈克耳孙干涉仪，最清晰时有：

$$2h' = m_1\lambda_1 = m_2\lambda_2$$

调可移动反射镜 $\Delta h'$ 后，再次清晰有：

$$2(h' + \Delta h) = (m_1 + \Delta m)\lambda_1 = (m_2 + \Delta m + 1)\lambda_2$$

联立以上两式，可得 $\Delta m = \lambda_2 / \Delta\lambda$，所以

$$\Delta h' = \frac{\overline{\lambda}^2}{2 \times \Delta\lambda}$$

则由最清晰到最模糊有　　　　　　$$\Delta h = \frac{\overline{\lambda}^2}{4 \times \Delta\lambda}$$

又依题意，对 F-P 干涉仪有：　　　$\Delta\lambda = \dfrac{\Delta e}{2he}\overline{\lambda}^2$，且 $\dfrac{\Delta e}{e} = \dfrac{1}{10}$

$$\frac{\overline{\lambda}^2}{\Delta\lambda} = 20h = 20 \times 2.5 = 50(\text{mm})$$

由此可得　　　　　　　　　　　$$\Delta h = \frac{\overline{\lambda}^2}{4 \times \Delta\lambda} = \frac{50}{4} = 12.5(\text{mm})$$

第 5 章　光　的　衍　射

5.1　学习目的和要求

1. 认识光的衍射现象；了解衍射与干涉的联系和区别。
2. 了解标量衍射基本理论；掌握菲涅耳衍射与夫琅禾费衍射的近似条件。
3. 掌握单缝、矩孔和多缝夫琅禾费衍射光强分布规律；掌握光栅的基本原理及相关计算公式。
4. 掌握圆孔的夫琅禾费衍射光强分布规律，理解光学仪器的分辨本领及有关计算。
5. 掌握圆孔的菲涅耳衍射规律，认识菲涅耳波带片。

5.2　基本概念和基本公式

1. 光的衍射

光波在传播过程中遇到障碍物时，违反直线传播，而且光强重新分布的现象称为光的衍射。

2. 惠更斯–菲涅耳原理

在光场中任取一个包围光源的闭合曲面 Σ，该曲面上每一点均是新的次波源，观察点 P 的振动是曲面 Σ 上所有次波源发出的次波的相干叠加：

$$\widetilde{E}(P) = \frac{CA\exp(ikR)}{R} \iint_{\Sigma} \frac{\exp(ikr)}{r} K(\theta) \, d\sigma \tag{5.1}$$

3. 勃姆霍兹–基尔霍夫积分定理

$$\widetilde{E}(P) = \frac{1}{4\pi} \iint_{\Sigma} \left(\widetilde{G} \frac{\partial \widetilde{E}}{\partial n} - \widetilde{E} \frac{\partial \widetilde{G}}{\partial n} \right) d\sigma \tag{5.2}$$

4. 菲涅耳–基尔霍夫衍射公式

$$\widetilde{E}(P) = \frac{A}{i\lambda} \iint_{\Sigma} \frac{\exp(ikl)}{l} \frac{\exp(ikr)}{r} \left[\frac{\cos(\boldsymbol{n},\boldsymbol{r}) - \cos(\boldsymbol{n},\boldsymbol{l})}{2} \right] d\sigma \tag{5.3}$$

5. 菲涅耳衍射

$$\widetilde{E}(x,y) = \frac{\exp(ikz_1)}{i\lambda z_1} \iint_{-\infty}^{\infty} \widetilde{E}(x_1,y_1) \exp\left\{ \frac{ik}{2z_1} \left[(x - x_1)^2 + (y - y_1)^2 \right] \right\} dx_1 dy_1 \tag{5.4}$$

其适用的范围由菲涅耳近似给出：

$$r \approx z_1 + \frac{x^2 + y^2}{2z_1} - \frac{xx_1 + yy_1}{z_1} + \frac{x_1^2 + y_1^2}{2z_1} \tag{5.5}$$

其中，(x_1, y_1) 和 (x, y) 分别为衍射屏和观察屏的坐标；z_1 为衍射屏到观察屏的距离。

6. 夫琅禾费衍射

$$\widetilde{E}(x,y) = \frac{\exp(ikz_1)}{i\lambda z_1}\exp\left[\frac{ik}{2z_1}(x^2+y^2)\right]\iint\limits_{-\infty}^{\infty}\widetilde{E}(x_1,y_1)\exp\left[-i2\pi\left(\frac{x}{\lambda z_1}x_1+\frac{y}{\lambda z_1}y_1\right)\right]dx_1dy_1 \quad (5.6)$$

式(5.6)适用的条件由夫琅禾费近似给出:

$$k\frac{(x_1^2+y_1^2)_{max}}{2z_1}\ll\pi \quad (5.7)$$

或

$$r\approx z_1+\frac{x^2+y^2}{2z_1}-\frac{xx_1+yy_1}{z_1} \quad (5.8)$$

7. 巴俾涅原理

$$\widetilde{E}(P)=\widetilde{E}_1(P)+\widetilde{E}_2(P), \quad I_1(P)=I_2(P) \quad (5.9)$$

$\widetilde{E}_1(P)$ 与 $\widetilde{E}_2(P)$ 分别为衍射屏及与之互补的衍射屏在 P 点的复振幅。

8. 矩孔夫琅禾费衍射

衍射强度分布为

$$I=I_0\left(\frac{\sin\alpha}{\alpha}\right)^2\left(\frac{\sin\beta}{\beta}\right)^2 \quad (5.10)$$

其中

$$\alpha=\frac{\pi a}{\lambda}\sin\theta_x, \quad \beta=\frac{\pi b}{\lambda}\sin\theta_y \quad (5.11)$$

其中,a 和 b 为矩孔沿 x 和 y 方向的边长;θ_x 和 θ_y 为观察屏上 P 点对应衍射光线在 x 方向和 y 方向的张角。

9. 单缝夫琅禾费衍射

缝宽为 a 的单缝夫琅禾费衍射强度分布为

$$I=I_0\left(\frac{\sin\alpha}{\alpha}\right)^2 \quad (5.12)$$

其中,$\left(\frac{\sin\alpha}{\alpha}\right)^2$ 为单缝衍射因子。

暗点(零强度点)位置为

$$a\sin\theta_n=m\lambda \quad m=\pm1,\pm2,\cdots \quad (5.13)$$

相邻暗点的距离为

$$e=\frac{\lambda}{a}f \quad (5.14)$$

光强次极大位置为

$$\tan\alpha=\alpha \quad (5.15)$$

或

$$\sin\theta=\pm1.43\frac{\lambda}{a},\pm2.46\frac{\lambda}{a},\pm3.47\frac{\lambda}{a},\cdots \quad (5.16)$$

半角宽度和半线宽度为

$$\Delta\theta=\frac{\lambda}{a}, \quad \Delta x=\theta f=\frac{\lambda}{a}f \quad (5.17)$$

特点:

(1) 缝宽 a 越小,半角宽度和半线宽度越大,衍射现象越明显;

(2) 波长 λ 越大,衍射现象也越明显;

(3) 当 $\frac{\lambda}{a}\to0$ 时,衍射现象不明显,波动光学过渡到几何光学。

10. 圆孔夫琅禾费衍射

半径为 a、中心位于轴上的圆孔夫琅禾费衍射强度分布为

$$I = I_0 \left[\frac{2J_1(Z)}{Z} \right]^2 \qquad (5.18)$$

其中，$Z = ka\sin\theta$。

爱里(Airy)斑： $\qquad \Delta\theta = 1.22\lambda/D \qquad (5.19)$

11. 光学仪器的分辨本领

瑞利判据： $\qquad \theta_{min} = 1.22\lambda/D \qquad (5.20)$

增大物镜直径 D，可提高分辨本领。

望远镜的最小分辨角为 $\qquad \theta_0 = 1.22\lambda/D \qquad (5.21)$

望远镜的放大率为 $\qquad M = D/D_e \qquad (5.22)$

其中，D 和 D_e 分别为望远镜物镜的直径和人眼瞳孔的直径。

照相物镜的分辨本领为

$$N = \frac{1}{1.22\lambda} \frac{D}{f} \qquad (5.23)$$

其中，N 描述的是像面上每毫米能分辨的直线数，D/f 称为物镜的相对孔径。

显微镜的分辨本领 $\qquad \varepsilon = \frac{0.61\lambda}{n\sin u} \qquad (5.24)$

其中，ε 是物镜的最小分辨距离，$n\sin u$ 称为物镜的数值孔径。

棱镜光谱仪的色分辨本领 $\qquad A = \lambda/\Delta\lambda = B\Delta n/\Delta\lambda \qquad (5.25)$

其中，B 为棱镜底边的长度。

12. 多缝夫琅禾费衍射

强度分布 $\qquad I = I_0 \left(\frac{\sin\alpha}{\alpha}\right)^2 \left(\frac{\sin\dfrac{N\delta}{2}}{\sin\dfrac{\delta}{2}}\right)^2 \qquad (5.26)$

其中 $\qquad \alpha = \frac{\pi a}{\lambda}\sin\theta, \qquad \frac{\delta}{2} = \frac{\pi d}{\lambda}\sin\theta$

各级主极大光强度为 $\qquad I = N^2 I_0 \left(\frac{\sin\alpha}{\alpha}\right)^2 \qquad (5.27)$

其中，当 $N = 2$ 时即为双缝衍射的光强分布。

主极大的半角宽度 $\qquad \Delta\theta = \frac{\lambda}{Nd\cos\theta} \qquad (5.28)$

缺级条件 $\qquad \frac{d}{a} = m, \qquad m = 1, 2, 3, \cdots \qquad (5.29)$

13. 衍射光栅

光栅方程为 $\qquad d\sin\theta = m\lambda, \qquad m = 0, \pm 1, \pm 2, \pm 3, \cdots \qquad (5.30)$

(1) 光栅的色散本领

角色散——波长相差 0.1nm 的两条谱线分开的角距离。

$$\frac{\mathrm{d}\theta}{\mathrm{d}\lambda} = \frac{m}{d\cos\theta} \qquad (5.31)$$

线色散——聚焦物镜焦面上波长差 0.1 nm 的两条谱线分开的距离。

$$\frac{\mathrm{d}l}{\mathrm{d}\lambda} = f\frac{m}{d\cos\theta} \tag{5.32}$$

其中,f 为物镜的焦距。

（2）光栅的色分辨本领

$$A = \lambda/\Delta\lambda = mN \tag{5.33}$$

式中,$\Delta\lambda$ 为光栅能分辨的最小波长差;m 为光谱级次;N 为光栅总线数。

光栅的自由光谱范围——光谱不重叠区 $\Delta\lambda$,由下式确定:

$$\Delta\lambda = \lambda/m \tag{5.34}$$

14. 圆孔菲涅耳衍射

设某观察点 P_0 位于过圆孔中心且垂直于圆孔的轴上,以 P_0 为中心在圆孔上画半波带,则圆孔包含的半波带数为

$$j = \frac{r^2}{z\lambda}\left(1 + \frac{z}{L}\right) \tag{5.35}$$

其中,r 为圆孔半径;L 为光源到圆孔的距离;z 为圆孔到 P_0 点的距离。特别当光波垂直于入射圆孔时,$L \to \infty$,则

$$j = \frac{r^2}{z\lambda} \tag{5.36}$$

而观察点 P_0 的振幅为

$$\widetilde{E} = \begin{cases} \dfrac{|\widetilde{E}_1|}{2} + \dfrac{|\widetilde{E}_j|}{2}, & j \text{ 为奇数} \\[2mm] \dfrac{|\widetilde{E}_1|}{2} - \dfrac{|\widetilde{E}_j|}{2}, & j \text{ 为偶数} \end{cases} \tag{5.37}$$

由于随着圆孔半径,或者圆孔到观察屏之间的距离变化,n 将交替取奇数或偶数,因此,P_0 的光强也亮暗交替着变化。

15. 菲涅耳波带片、菲涅耳透镜

在透明薄板上对应轴上某确定点 P_0 画出一系列半波带,然后遮挡着所有的偶数（或奇数）个半波带,形成透明和不透明圆环交替组成的特殊光阑,这就是菲涅耳波带片。在点光源照明下,菲涅耳波带片能获得高强度的像点,由于其聚光作用与透镜类似,因此也称为菲涅耳透镜。

波带片的焦距为

$$f = \frac{r_j^2}{j\lambda} \tag{5.38}$$

波带片与普通透镜不同之处是,波带片除了上述主焦点外,还有一系列光强较小的次焦点,它们距离波带片分别为 $f/3, f/5, f/7, \cdots$

5.3 常见习题分类及典型例题分析

题型一 求衍射的光强分布。

基本解题思路

1. 先区分所求问题是属于夫琅禾费衍射还是菲涅耳衍射,再选用积分法、波带法或矢量法求出复振幅,然后求振幅的模方,即为光强。

2. 把问题分解为一些典型问题的组合,利用一些已知的结果进行相干或非相干叠加,如将双缝衍射看作两单缝衍射相干叠加。

例 5.1 透射式夫琅禾费衍射屏上有三条宽度皆为 a 的平行透光狭缝,相邻两中心缝间距均为 $2a$,将中间狭缝覆盖延迟量为 π 的附加位相片,求单色平行光正入射时该装置的夫琅禾费衍射光强分布。

解 (1)**方法一**

三条缝到观察屏上任意场点的衍射复振幅分布分别为

$$\widetilde{E}_1 = \widetilde{C}a\frac{\sin\alpha}{\alpha}\exp(ikr_{10}), \quad \widetilde{E}_2 = \widetilde{C}a\frac{\sin\alpha}{\alpha}\exp[i(kr_{20}+\pi)], \quad \widetilde{E}_3 = \widetilde{C}a\frac{\sin\alpha}{\alpha}\exp(ikr_{30})$$

式中,$\alpha = \dfrac{\pi a}{\lambda}\sin\theta, r_{10}=r_{20}-2a\sin\theta, r_{30}=r_{20}+2a\sin\theta$。则三条缝衍射的总复振幅为

$$\begin{aligned}
\widetilde{E} &= \widetilde{E}_1+\widetilde{E}_2+\widetilde{E}_3 \\
&= \widetilde{C}a\frac{\sin\alpha}{\alpha}\{\exp(ikr_{10})+\exp[i(kr_{20}+\pi)]+\exp(ikr_{30})\} \\
&= \widetilde{C}a\frac{\sin\alpha}{\alpha}\exp(ikr_{20})[\exp(-i4\alpha)-1+\exp(i4\alpha)] \\
&= \widetilde{C}a\frac{\sin\alpha}{\alpha}\exp(ikr_{20})(2\cos4\alpha-1)
\end{aligned}$$

相应的衍射光强分布为
$$I=I_0\left(\frac{\sin\alpha}{\alpha}\right)^2(1-2\cos4\alpha)^2$$

其中,$I_0 = |\widetilde{C}a|^2$ 为宽度为 a 的单缝衍射中心光强。

(2)**方法二**

$$E_1 = \widetilde{C}a\frac{\sin\alpha}{\alpha}$$

其中,$\alpha = \dfrac{\pi a}{\lambda}\sin\theta$。

$$\delta_{21}=4\alpha+\pi, \ \delta_{31}=8\alpha$$
$$E_x = E_1(1-\cos4\alpha+\cos8\alpha)$$
$$E_y = E_1(-\sin4\alpha+\sin8\alpha)$$

光强分布为
$$\begin{aligned}
I = E_x^2+E_y^2 &= |E_1|^2[(1-\cos4\alpha+\cos8\alpha)^2+(-\sin4\alpha+\sin8\alpha)^2] \\
&= I_0\left(\frac{\sin\alpha}{\alpha}\right)^2(1-2\cos4\alpha)^2
\end{aligned}$$

(3)**方法三**

本题也可以利用式(5.6),把坐标原点设在中间一条狭缝的中央,积分得复振幅分布,然后求出光强分布。

由式(5.6)可知,三条缝衍射的总复振幅为

$$\widetilde{E}(x,y) = \frac{\exp(ikz_1)}{i\lambda z_1}\exp\left(\frac{ik}{2z_1}x^2\right)\widetilde{C}a \times$$

$$\left[\int_{-\frac{5a}{2}}^{-\frac{3a}{2}}\exp\left(-\mathrm{i}2\pi\frac{x}{\lambda z_1}x_1\right)\mathrm{d}x_1 + \int_{-\frac{a}{2}}^{\frac{a}{2}}\exp\left(-\mathrm{i}2\pi\frac{x}{\lambda z_1}x_1 + \pi\right)\mathrm{d}x_1 + \int_{\frac{3a}{2}}^{\frac{5a}{2}}\exp\left(-\mathrm{i}2\pi\frac{x}{\lambda z_1}x_1\right)\mathrm{d}x_1\right]$$

$$= \exp(\mathrm{i}kz_1)\exp\left(\frac{\mathrm{i}k}{2z_1}x^2\right)\widetilde{C}a \times \frac{a}{\alpha}(\cos3\alpha - \cos5\alpha + \mathrm{i}\sin\alpha)$$

因此光强分布为
$$I = \widetilde{E}\cdot\widetilde{E}^{*} = I_0\left(\frac{\sin\alpha}{\alpha}\right)^2(1-2\cos4\alpha)^2$$

题型二 讨论分辨本领问题。

基本解题思路 依据瑞利判据求解分辨本领问题,但不同的系统具体要解决的问题是有差别的。对光学系统——望远镜(习题 5.14 和 5.16)、显微镜(习题 5.18)、照相机(习题 5.17)及棱镜光谱仪(习题 5.19)等,分别用式(5.21)、式(5.23)、式(5.24)、式(5.25) 求解;对衍射光栅的色散本领及色分辨本领问题,则要借助式(5.31)、式(5.32)和式(5.33)解决。

例 5.2[①] 一块闪耀光栅宽 260nm,每毫米有 300 个刻槽,闪耀角为 77°12′。

(1) 求光束垂直于槽面入射时,对于波长 λ=500nm 的光的分辨本领;

(2) 光栅的自由光谱范围有多大?

(3) 试与空气间隔为 1cm、精细度为 25 的 F-P 标准具的分辨本领和自由光谱范围做一比较。

解 (1) 光栅常数 $d=\frac{1}{300}$ mm,已知光栅宽 $W=260$mm,因此光栅槽数为
$$N = W/d = 260 \times 300 = 7.8 \times 10^4$$
光栅对波长为 500nm 的光的闪耀级数为
$$m = \frac{2d\sin\gamma}{\lambda} = \frac{2 \times 1/300 \times \sin77°12′}{500 \times 10^{-6}} = 13$$
因此光栅的分辨本领 $\frac{\lambda}{\Delta\lambda} = mN = 13 \times 7.8 \times 10^4 \approx 10^6$

(2) 光栅的自由光谱范围
$$\Delta\lambda = \frac{\lambda}{m} = \frac{500}{13} = 38.6(\mathrm{nm})$$

(3) 题给 F-P 标准具的分辨本领和自由光谱范围分别为
$$\frac{\lambda}{\Delta\lambda} = 0.97\,mS = 0.97\,\frac{2h}{\lambda}S = \frac{0.97 \times 2 \times 10 \times 25}{500 \times 10^{-6}} \approx 10^6$$
和
$$\Delta\lambda = \frac{\lambda^2}{2h} = \frac{500^2}{2 \times 10^7} = 0.0125(\mathrm{nm})$$

可见,题给光栅与标准具的分辨本领相当,但光栅比标准具的自由光谱范围宽得多。

5.4 教材习题解答

5.1 点光源 S 以速度 V 沿一方向运动,它发出的光波在介质中的传播速度为 v,试用惠更斯原理证明:当 V>v 时,光波具有圆锥形波前,其半圆锥角为

---

① 为《物理光学》习题 5.29

$$\alpha = \arcsin\left(\frac{v}{V}\right)$$

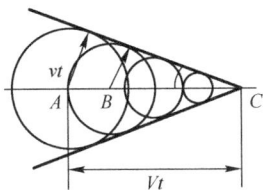

证明 如图5.1所示,点光源 S 向外发出球面波。设开始时光源 S 在 A 点,自左向右以速度 V 运动。经过时间 t,从 A 点发出的球面波半径为 vt,从 B 点发出的球面波半径为 $v(t-\Delta t)$, Δt 为光源从 A 运动到 B 的时间……t 时刻光源 S 到达 C 点,由于 $V>v$,所以波源总位于波前的前方,在波源前方不可能产生任何波的扰动。根据惠更斯原理,t 时刻的波前应该是子波面的包络面,如图5.1中所示,这是一个圆锥形波前,圆锥顶的半径等于 A 点发出的球面波半径 vt,圆锥高为 Vt。因此,半圆锥角为

$$\alpha = \arcsin\left(\frac{v}{V}\right)$$

图5.1 题5.1用图 　　　　　　　　　图5.2 题5.2用图

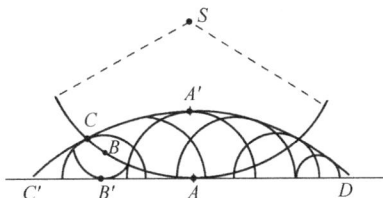

5.2 点光源 S 向平面镜 M 发出球面波,用惠更斯作图法求出反射波的波前。

解 如图5.2所示,以光源 S 为圆心,作圆弧交平面镜于 A 点;在圆弧上任取一点 C,连 S、C 点,其延长线交反射介面于 C' 点,以 $\overline{CC'}$ 为半径、A 为圆心(子波源,下同)作圆弧;在圆弧上任取另一点 B,作圆弧交平面镜于 B' 点;以 B' 为圆心,以 $(\overline{CC'}-\overline{BB'})$ 为半径作圆弧……最后,这些圆弧的包络面 $\overset{\frown}{C'CA'D}$ 就是反射波的波前。

5.3 试从场论中的散度公式 $\oiint \boldsymbol{F}\cdot\mathrm{d}\boldsymbol{\sigma}=\iiint \nabla\cdot\boldsymbol{F}\mathrm{d}v$,导出格林公式:

$$\iiint_V (\widetilde{G}\ \nabla^2\widetilde{E}-\widetilde{E}\ \nabla^2\widetilde{G})\,\mathrm{d} = \iint_\Sigma \left(\widetilde{G}\frac{\partial\widetilde{E}}{\partial n}-\widetilde{E}\frac{\partial\widetilde{G}}{\partial n}\right)\mathrm{d}\sigma$$

解 令 $\qquad\qquad\qquad\qquad\qquad \boldsymbol{F}=\widetilde{G}\ \nabla\widetilde{E}$

而 $\qquad\qquad\qquad\qquad \nabla\cdot(\widetilde{G}\ \nabla\widetilde{E}) = \nabla\widetilde{G}\ \nabla\widetilde{E}+G\ \nabla^2\widetilde{E}$

代入散度公式得 $\qquad \iiint(\ \nabla\widetilde{G}\ \nabla\widetilde{E} + G\ \nabla^2\widetilde{E})\,\mathrm{d}v = \oiint_\Sigma \widetilde{G}\ \nabla\widetilde{E}\cdot\mathrm{d}\boldsymbol{\sigma} = \iint_\Sigma \widetilde{G}\frac{\partial\widetilde{E}}{\partial n}\mathrm{d}\sigma$

同样 $\qquad\qquad\qquad \iiint(\ \nabla\widetilde{E}\ \nabla\widetilde{G} + E\ \nabla^2\widetilde{G})\,\mathrm{d}v = \iint_\Sigma \widetilde{E}\frac{\partial\widetilde{G}}{\partial n}\mathrm{d}\sigma$

两式相减,得 $\qquad \iiint_V (\widetilde{G}\ \nabla^2\widetilde{E}-\widetilde{E}\ \nabla^2\widetilde{G})\,\mathrm{d}v = \iint_\Sigma \left(\widetilde{G}\frac{\partial\widetilde{E}}{\partial n}-\widetilde{E}\frac{\partial\widetilde{G}}{\partial n}\right)\mathrm{d}\sigma$

5.4 对图5.3所示的平面屏上孔径 Σ 的衍射,证明:若选取格林函数

$$\widetilde{G} = \frac{\exp(\mathrm{i}kr)}{r} - \frac{\exp(\mathrm{i}kr')}{r'}$$

($r=r'$,P 和 P' 对衍射屏成镜像关系),则 P 点的场值为

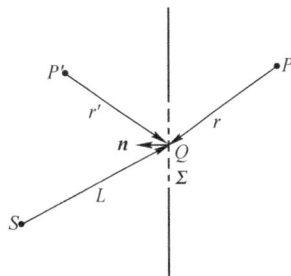

图5.3 题5.4用图

$$\widetilde{E}(P)=\frac{A}{\mathrm{i}\lambda}\iint_{\Sigma}\frac{\exp(\mathrm{i}kL)}{L}\frac{\exp(\mathrm{i}kr)}{r}\cos(\boldsymbol{n},\boldsymbol{r})\,\mathrm{d}\sigma$$

证明　根据式(5.2)　$\widetilde{E}(P)=\dfrac{1}{4\pi}\iint_{\Sigma}\left(\widetilde{G}\dfrac{\partial\widetilde{E}}{\partial n}-\widetilde{E}\dfrac{\partial\widetilde{G}}{\partial n}\right)\mathrm{d}\sigma$

而题给

$$\widetilde{G}=\frac{\exp(\mathrm{i}kr)}{r}-\frac{\exp(\mathrm{i}kr')}{r'} \tag{a}$$

则

$$\frac{\partial\widetilde{G}}{\partial n}=\cos(\boldsymbol{n},\boldsymbol{r})\left(\mathrm{i}k-\frac{1}{r}\right)\frac{\exp(\mathrm{i}kr)}{r}+\cos(\boldsymbol{n},\boldsymbol{r}')\left(\mathrm{i}k-\frac{1}{r'}\right)\frac{\exp(\mathrm{i}kr')}{r'} \tag{b}$$

考虑到 P 和 P' 对衍射屏互为镜像,应有

$$\cos(\boldsymbol{n},\boldsymbol{r})=-\cos(\boldsymbol{n},\boldsymbol{r}')\,,\quad r=r' \tag{c}$$

把式(c)代入式(b),得

$$\frac{\partial\widetilde{G}}{\partial n}=0 \tag{d}$$

把式(a)和式(d)代入式(5.2)得

$$\widetilde{E}(P)=\frac{1}{4\pi}\iint_{\Sigma}\widetilde{G}\frac{\partial\widetilde{E}}{\partial n}\mathrm{d}\sigma=\frac{1}{2\pi}\iint_{\Sigma}\frac{\partial\widetilde{E}}{\partial n}\cdot\frac{\exp(\mathrm{i}kr)}{r}\mathrm{d}\sigma \tag{e}$$

考虑孔径 Σ 由 S 点发出的发散球面波照明,则

$$E(Q)=\frac{A}{L}\exp(\mathrm{i}kL)$$

$$\frac{\partial E}{\partial n}=A\cos(\boldsymbol{n},\boldsymbol{L})\left(\mathrm{i}k-\frac{1}{L}\right)\frac{\exp(\mathrm{i}kL)}{L}$$

由于 $L\gg\lambda$,即 $k\gg1/L$,所以

$$\frac{\partial E}{\partial n}=A\mathrm{i}k\cos(\boldsymbol{n},\boldsymbol{L})\frac{\exp(\mathrm{i}kL)}{L} \tag{f}$$

把式(f)代入式(e)得

$$\widetilde{E}(P)=\frac{1}{4\pi}\iint_{\Sigma}\widetilde{G}\frac{\partial\widetilde{E}}{\partial n}\mathrm{d}\sigma=\frac{1}{2\pi}\iint_{\Sigma}A\mathrm{i}k\cos(\boldsymbol{n},\boldsymbol{L})\frac{\exp(\mathrm{i}kL)}{L}\cdot\frac{\exp(\mathrm{i}kr)}{r}\mathrm{d}\sigma$$

$$=\frac{A}{\mathrm{i}\lambda}\iint_{\Sigma}\frac{\exp(\mathrm{i}kL)}{L}\frac{\exp(\mathrm{i}kr)}{r}\cos(\boldsymbol{n},\boldsymbol{L})\,\mathrm{d}\sigma$$

5.5　在图 5.4 中,设 Σ_2 上的场是由发散球面波产生的,证明它满足索末菲辐射条件:

$$\lim_{R\to\infty}R\left(\frac{\partial E}{\partial n}-\mathrm{i}kE\right)=0$$

证明　因为 Σ_2 上的场分布是由发散球面波产生的,所以

$$E=\frac{\exp(\mathrm{i}kL)}{L}$$

其中,$L=|\boldsymbol{R}+\boldsymbol{r}|$ 是开孔 Σ 上任一点到球面 Σ_2 上任一点的距离。

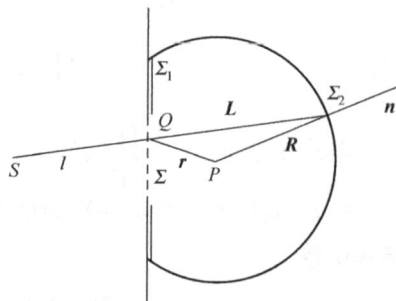

图 5.4　题 5.5 用图

$$\frac{\partial E}{\partial n} = \cos(\boldsymbol{n}, \boldsymbol{L})\left(\mathrm{i}k - \frac{1}{L}\right)\frac{\exp(\mathrm{i}kL)}{L}$$

当 $R \to \infty$ 时,$L \to \infty$,并且 $\cos(\boldsymbol{n}, \boldsymbol{L}) \approx 1$,因此

$$\frac{\partial E}{\partial n} - \mathrm{i}kE = \left(\mathrm{i}k - \frac{1}{L}\right)\frac{\exp(\mathrm{i}kL)}{L} - \mathrm{i}kE = -\frac{\exp(\mathrm{i}kL)}{L^2}$$

当 $R \to \infty$ 时,上式分母中的 L 可由 R 代替,于是

$$\lim_{R \to \infty} R\left(\frac{\partial E}{\partial n} - \mathrm{i}kE\right) = \lim_{R \to \infty} R\left[-\frac{\exp(\mathrm{i}kL)}{R^2}\right] = \lim_{R \to \infty}\left(-\frac{1}{R}\right)[\cos(kL) + \mathrm{i}\sin(kL)] = 0$$

5.6 波长 $\lambda = 500\mathrm{nm}$ 的单色光垂直入射到边长为 3cm 的方孔,在光轴(它通过方孔中心并垂直方孔平面)附近离孔 z 处观察衍射,试求出夫琅禾费衍射区的大致范围。

解 由夫琅禾费近似适用条件式(5.7)

$$k\frac{(x_1^2 + y_1^2)_{\max}}{2z_1} \ll \pi$$

得夫琅禾费衍射区的大致范围为

$$z_1 \gg k\frac{(x_1^2 + y_1^2)_{\max}}{2\pi} = \frac{(x_1^2 + y_1^2)_{\max}}{\lambda}$$

因为方孔的边长为 3cm,光轴过方孔中心,所以

$$(x_1^2 + y_1^2)_{\max} = 1.5^2 + 1.5^2$$

故 $$z_1 \gg 900\mathrm{m}$$

5.7 求矩孔夫琅禾费衍射图样中,沿图样对角线方向第一个次极大和第二个次极大相对于图样中心的强度。

解 沿图样对角线方向第一个次极大对应于 $\alpha = \beta = 1.43\pi$,它的相对强度为

$$\frac{I}{I_0} = \left(\frac{\sin\alpha}{\alpha}\right)^2\left(\frac{\sin\beta}{\beta}\right)^2 = \left(\frac{\sin 1.43\pi}{1.43\pi}\right)^2\left(\frac{\sin 1.43\pi}{1.43\pi}\right)^2 = 0.22\%$$

第二个次极大对应于 $\alpha = \beta = 2.46\pi$,因此它的相对强度为

$$\frac{I}{I_0} = \left(\frac{\sin 2.46\pi}{2.46\pi}\right)^2\left(\frac{\sin 2.46\pi}{2.46\pi}\right)^2 = 0.027\%$$

5.8 在白光形成的单缝夫琅禾费衍射图样中,某色光的第 3 极大与 600nm 的第 2 极大重合,问该色光的波长是多少?

解 由式(5.16)可知,单缝夫琅禾费衍射第 3 极大与第 2 极大的位置分别为 $3.47\dfrac{\lambda}{a}$ 和

$2.46\dfrac{\lambda}{a}$,按题给

$$3.47\frac{\lambda}{a} = 2.46\frac{600}{a}$$

故所求的光的波长为 $\lambda = 425.4\mathrm{nm}$。

5.9 证明平行光斜射入到单缝上时:

(1)单缝夫琅禾费衍射强度公式为

$$I = I_0 \left\{ \frac{\sin\left[\dfrac{\pi a}{\lambda}(\sin\theta - \sin j)\right]}{\dfrac{\pi a}{\lambda}(\sin\theta - \sin j)} \right\}^2$$

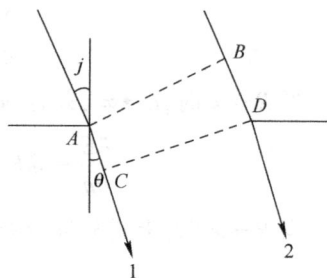

图 5.5　题 5.9 用图

式中, I_0 是中央亮纹中心强度, a 是缝宽, θ 是衍射角, i 是入射角 (如图 5.5 所示)。

(2) 中央亮纹的半角宽度为 $\Delta\theta = \dfrac{\lambda}{a\cos i}$。

证明 （1）当平行光以角度 i 斜射入到单缝时, 由夫琅禾费衍射公式 (5.6) 得

$$\widetilde{E}(x) = \frac{\exp[\mathrm{i}kz_1]}{\mathrm{i}\lambda z_1} \exp\left(\frac{\mathrm{i}kx^2}{2z_1}\right) \int_{-\infty}^{\infty} \widetilde{E}(x_1) \exp\left(-\mathrm{i}2\pi \frac{x}{\lambda z_1} x_1\right) \mathrm{d}x_1$$

$$= \frac{\exp[\mathrm{i}kz_1]}{\mathrm{i}\lambda z_1} \exp\left(\frac{\mathrm{i}kx^2}{2z_1}\right) \int_{-\frac{a}{2}}^{\frac{a}{2}} \exp\left(\mathrm{i}2\pi \frac{\sin j}{\lambda} x_1\right) \exp\left(-\mathrm{i}2\pi \frac{\sin\theta}{\lambda} x_1\right) \mathrm{d}x_1$$

$$= C' \exp[\mathrm{i}kz_1] \exp\left(\frac{\mathrm{i}kx^2}{2z_1}\right) \frac{\sin\left[\pi \dfrac{a(\sin\theta - \sin j)}{\lambda}\right]}{\pi \dfrac{a(\sin\theta - \sin j)}{\lambda}}$$

因此, 光强分布也变为

$$I = E(x) \cdot E(x) = I_0 \left\{ \frac{\sin\left[\dfrac{\pi a}{\lambda}(\sin\theta - \sin j)\right]}{\dfrac{\pi a}{\lambda}(\sin\theta - \sin j)} \right\}^2$$

（2）中央亮纹中心强度为 I_0, 当光强变为 $I_0/2$ 时, 对应的衍射张角为角半宽度 $\Delta\theta$, 因此

$$\left\{ \frac{\sin\left[\dfrac{\pi a}{\lambda}(\sin\theta - \sin j)\right]}{\dfrac{\pi a}{\lambda}(\sin\theta - \sin j)} \right\}^2 = \frac{1}{2}$$

即

$$\frac{\sin\left[\dfrac{\pi a}{\lambda}(\sin\theta - \sin j)\right]}{\dfrac{\pi a}{\lambda}(\sin\theta - \sin j)} = 0.7071$$

又, 当 $\mathrm{sinc}(x) = \dfrac{\sin x}{x} = 0.7071$ 时, $x \approx \pm 1.39\mathrm{rad}$, 所以, 与单缝 D、A 两边缘 (见图 5.5) 对应, 有如下关系:

$$\sin\theta_D - \sin j = \frac{1.39\lambda}{\pi a} \quad \text{或} \quad \sin\theta_A - \sin j = -\frac{1.39\lambda}{\pi a}$$

利用三角函数的关系 $\qquad \sin\theta - \sin j = 2\cos\dfrac{\theta + j}{2}\sin\dfrac{\theta - j}{2}$

取近似得 $\qquad \dfrac{\theta + j}{2} \approx j, \quad \sin\dfrac{\theta - j}{2} \approx \dfrac{\theta - j}{2}$

$$\begin{cases} \dfrac{\theta_D - j}{2} = \dfrac{1.39\lambda}{2\pi a \cos j} & \quad (\text{a}) \\[3mm] \dfrac{\theta_A - j}{2} = -\dfrac{1.39\lambda}{2\pi a \cos j} & \quad (\text{b}) \end{cases}$$

得

式（a）-式（b），得半角宽度为

$$\Delta\theta = \theta_D - \theta_A = \frac{2 \times 2 \times 1.39\lambda}{2\pi a \cos j} \approx \frac{\lambda}{a \cos j}$$

5.10 在不透明细丝的夫琅禾费衍射图样中，测得暗条纹的间距为 1.5mm，所用透镜的焦距为 300mm，光波波长为 632.8nm。问细丝直径是多少？

解 题设 $e = 1.5\text{mm}$，$f = 300\text{mm}$，$\lambda = 632.8\text{nm}$。

由 $e = f\dfrac{\lambda}{a}$，得 $\qquad a = f\dfrac{\lambda}{e} = 300\text{mm} \cdot \dfrac{632.8\text{nm}}{1.5\text{mm}} = 0.12656\text{mm}$

5.11 用物镜直径为 4cm 的望远镜来观察 10km 远的两个相距 0.5m 的光源。在望远镜前置一可变宽度的狭缝，缝宽方向与两光源连线平行。让狭缝宽度逐渐减小，发现当狭缝宽度减小到某一宽度时，两光源产生的衍射像不能分辨，问这时狭缝宽度是多少？（设光波波长 $\lambda = 550\text{nm}$。）

解 由于狭缝的存在，故产生了衍射，据式(5.17)得中央衍射条纹的半角宽度为

$$\Delta\theta = \lambda/a$$

当 $\Delta\theta \geqslant \dfrac{h}{l} = \dfrac{0.5\text{m}}{10^4\text{m}} = 5\times10^{-5}$ 时，衍射像不能分辨，因此刚好不能分辨时对应狭缝的宽度为

$$a = \frac{\lambda}{\Delta\theta_m} = \frac{550\times10^{-6}}{5\times10^{-5}} = 11\,(\text{mm})$$

5.12 在一些大型的天文望远镜中，把通光圆孔做成环孔。若环孔外径和内径分别为 a 和 $a/2$，问环孔的分辨本领比半径为 a 的圆孔的分辨本领提高了多少？

解 根据式(5.18)，半径为 a 的圆孔在衍射场 P 点产生的振幅为 $E_1 = Ca^2 \left[\dfrac{2J_1(Z_1)}{Z_1} \right]$

圆孔中的圆屏使 P 点的振幅减小：$E_2 = C\left(\dfrac{a}{2}\right)^2 \left[\dfrac{2J_1(Z_2)}{Z_2} \right]$，其中 $Z_1 = ka\theta$，$Z_2 = ka\theta/2$

因此，圆环对应的衍射场 P 点的振幅为：$E = E_1 - E_2 = 2Ca^2 \left[\dfrac{J_1(Z_1)}{Z_1} - \dfrac{1}{4} \cdot \dfrac{J_1(Z_2)}{Z_2} \right]$

相应的光强为：$I = 4C^2 a^4 \left[\dfrac{J_1(Z_1)}{Z_1} - \dfrac{1}{4} \cdot \dfrac{J_1(Z_2)}{Z_2} \right]^2$

圆环衍射图样的第一个暗环位置满足：

$$\frac{J_1(Z_1)}{Z_1} - \frac{1}{4} \cdot \frac{J_1(Z_2)}{Z_2} = 0, \quad \text{或} \quad J_1(ka\theta) - \frac{1}{2} \cdot J_1(k\theta a/2) = 0$$

求解这个贝塞尔函数的方程，得：$ka\theta = 3.144$，即第一个暗环的角半径为 $2.44\times514.5\times10^{-6}/2\times10^3 = 6.28\times10^{-7}\,(\text{rad})$

$$\theta = 0.51\frac{\lambda}{a}$$

按照瑞利判据,天文望远镜的最小分辨角 $\theta = 0.51\dfrac{\lambda}{a}$,与中心没有遮挡的圆孔情形——

$\theta = 0.61\dfrac{\lambda}{a}$ 相比较,其分辨本领提高的倍数是

$$\frac{0.61\lambda/a - 0.51\lambda/a}{\dfrac{0.61\lambda/a + 0.51\lambda/a}{2}} = 17.9\%$$

5.13 用望远镜观察远处两个等强度的发光点 S_1 和 S_2。当 S_1 的像(衍射图样)的中央和 S_2 的像的第一个强度零点相重合时,两像之间的强度极小值与两像中央强度之比是多少?

解 发光点 S_1 和 S_2 的强度分布均由式(5.18)给出

$$I = I_0 \left[\frac{2J_1(Z)}{Z}\right]^2$$

其中,$Z = ka\sin\theta \approx ka\theta$,$I_0$ 为 S_1 或 S_2 的中央强度。

因此,S_2 的像的第一个强度零点对应于

$$Z = 1.22\pi$$

则两像之间的强度极小值位置

$$Z = 0.61\pi$$

对应的光强为

$$I = I_0 \left[\frac{2J_1(0.61\pi)}{0.61\pi}\right]^2 = 0.367I_0$$

因此,在此位置两像点的合光强为

$$I_{\min} = 0.734I_0$$

即

$$I_{\min}/I_0 = 0.734$$

5.14 (1)一束直径为 2mm 的氩离子激光($\lambda = 514.4\text{nm}$)自地面射向月球,已知地面和月球相距 $3.76\times10^5\text{km}$,问在月球上得到的光斑有多大?

(2)如果将望远镜反向作为扩束器将该光束扩展成直径为 2m 的光束,则该用多大倍数的望远镜?将扩束后的光束再射向月球,在月球上的光斑为多大?

解 (1)由式(5.19)可知,激光束的衍射发散角为

$$2\theta = 2.44\frac{\lambda}{D} = \frac{2.44 \times 514.4 \times 10^{-6}}{2} = 6.28 \times 10^{-4}(\text{rad})$$

因此,在月球上得到的光斑的直径为

$$D' = 2\theta L = 2.44\frac{\lambda}{D}L = 6.28 \times 10^{-4} \times 3.76 \times 10^5 \approx 236(\text{km})$$

(2)当把光束扩展成直径为 2m 的光束时,望远镜的倍数应为

$$M = D_{2\text{m}}/D_{2\text{mm}} = 2 \times 10^3/2 = 10^3$$

下面求月球上光斑的大小。

① **方法一**

因激光束的衍射发散角为

$$2\theta = 2.44\frac{\lambda}{D} = \frac{2.44 \times 514.5 \times 10^{-6}}{2 \times 10^3} = 6.28 \times 10^{-7}(\text{rad})$$

所以月球上接收到的光斑的直径为
$$D' = 2\theta L = 6.28 \times 10^{-7} \times 3.76 \times 10^{5} \approx 0.236(\mathrm{km})$$

② **方法二**

由问题(1)的结果知,因为光斑的直径反比于 D,现从 2mm 增加到 2m,放大了 1000 倍,因此,光斑的直径应减少 1000 倍,即为 0.236km。

5.15 人造卫星上的宇航员声称,他恰好能够分辨离他 100km 地面上的两个点光源。设光波的波长为 550nm,宇航员眼瞳直径为 4mm,问这两个点光源的距离为多大?

解 两个点光源对宇航员的张角为
$$\Delta \theta = h/l$$

人眼的最小分辨角为 $\qquad \Delta \theta_{\mathrm{m}} = 1.22\lambda/D$

恰好能够分辨两个点光源时,$\Delta \theta_{\mathrm{m}} = \Delta \theta$,因此
$$h = \frac{1.22\lambda l}{D} = \frac{1.22 \times 550 \times 10^{-9}}{4 \times 10^{-3}} \times 100 \times 10^{3} = 16.775(\mathrm{m})$$

5.16 若望远镜能分辨角距离为 3×10^{-7} rad 的两颗星,则其物镜的最小直径是多少?同时为了充分利用望远镜的分辨本领,望远镜应有多大的放大率?

解 望远镜的最小分辨角应当满足
$$\Delta \theta = \Delta \theta_{\mathrm{m}} = 1.22\lambda/D$$

即物镜的最小直径为 $\qquad D = 1.22\dfrac{\lambda}{\Delta \theta_{\mathrm{m}}} = 1.22\dfrac{550 \times 10^{-9}}{3 \times 10^{-7}} = 2.24(\mathrm{m})$

而人眼的最小分辨角为 $\qquad \Delta \theta_{\mathrm{e}} \approx 1' = 2.9 \times 10^{-4}(\mathrm{rad})$

因此人眼可分辨所需的目镜的视角放大率最小应当为
$$M = \frac{\Delta \theta_{\mathrm{e}}}{\Delta \theta} = \frac{2.9 \times 10^{-4}}{3 \times 10^{-7}} \approx 967$$

5.17 若要使照相机感光胶片能分辨 2μm 的线距:

(1) 感光胶片的分辨本领至少是每毫米多少线?

(2) 照相机镜头的相对孔径 D/f 至少有多大(设光波波长为 550nm)?

解 (1) 分辨本领 $\qquad N = \dfrac{1}{2 \times 10^{-3}} = 500(\mathrm{mm}^{-1})$

(2) 由式(5.23)可知,照相机物镜的最大分辨能力为
$$N = \frac{1}{1.22\lambda} \cdot \frac{D}{f}$$

因此,相对孔径至少为 $\qquad \dfrac{D}{f} = 1.22\lambda N = 1.22 \times 550 \times 10^{-6} \times 500 = 0.34$

5.18 一台显微镜的数值孔径为 0.85,问:

(1) 它用于波长 $\lambda = 400$nm 时的最小分辨距离是多少?

(2) 若利用油浸物镜使数值孔径增大到 1.45,则分辨本领提高了多少倍?

(3) 显微镜的放大率应设计成多大?(设人眼的最小分辨角为 $1'$。)

解 (1) 题给显微镜的数值孔径 $n\sin u = 0.85$,据式(5.24)得最小分辨距离为
$$\varepsilon_1 = \frac{0.61\lambda}{n\sin u} = \frac{0.61 \times 400}{0.85} = 287.06(\mathrm{nm})$$

（2）若数值孔径增大到 1.45，则

$$\varepsilon_2 = \frac{0.61 \times 400}{1.45} = 168.28 (\text{nm})$$

故分辨本领提高的倍数为 $\quad \dfrac{\varepsilon_1}{\varepsilon_2} = \dfrac{287}{168} \approx 1.71$

（3）显微镜目镜应把最小分辨距离 ε 放大到人眼在明视距离能够分辨的范围，若人眼的最小分辨角为 $1'(=2.9 \times 10^{-4} \text{rad})$，则人眼在明视距离处能够分辨的最小距离为

$$\varepsilon_e = 2.9 \times 10^{-4} \times 250 = 7.25 \times 10^{-2} (\text{mm})$$

因此，显微镜的放大率应设计成

$$M = \frac{\varepsilon_e}{\varepsilon_2} = \frac{7.25 \times 10^{-2}}{168 \times 10^{-6}} \approx 432$$

5.19 一块光学玻璃对谱线 435.8nm 和 546.1nm 的折射率分别为 1.6525 和 1.6245。试计算用这种玻璃制造的棱镜刚好能分辨钠 D 双线时底边的长度。钠 D 双线的波长分别为 589.0nm 和 589.6nm。

解 棱镜的分辨本领由式（5.25）给出

$$A = \frac{\lambda}{\Delta \lambda} = B \left(\frac{\Delta n}{\Delta \lambda} \right)$$

由题给得 $\quad \dfrac{\Delta n}{\Delta \lambda} = \dfrac{1.6525 - 1.6245}{435.8 - 546.1}$

因此棱镜底边的长度为 $B = \dfrac{\lambda}{\Delta \lambda} \left(\dfrac{\Delta n}{\Delta \lambda} \right)^{-1} = \dfrac{589.0}{589.0 - 589.6} \left(\dfrac{1.6525 - 1.6245}{435.8 - 546.1} \right)^{-1}$

$$= 3.87 \times 10^6 (\text{nm}) = 3.87 (\text{mm})$$

5.20 在双缝夫琅禾费衍射实验中，所用光波波长 $\lambda = 632.8 \text{nm}$，透镜焦距 $f = 50 \text{cm}$，观察到两相邻亮条纹之间的距离 $e = 1.5 \text{mm}$，并且第 4 级亮条纹缺级。试求：

（1）双缝的缝距和缝宽；

（2）第 1，2，3 级亮条纹的相对强度。

解 （1）双缝衍射的亮条纹条件是

$$d\sin\theta = m\lambda, \quad m = 0, \pm 1, \pm 2, \cdots$$

上式两边取微分，得 $\quad d\cos\theta \cdot \Delta\theta = \lambda \Delta m$

当 $\Delta m = 1$ 时，$\Delta\theta$ 就是两相邻亮条纹之间的角距离。并且一般 θ 很小，$\cos\theta \approx 1$，故

$$\Delta\theta = \lambda / d$$

条纹间距 $\quad e = f \cdot \Delta\theta = f\lambda / d$

所以 $\quad d = f\lambda / e = 500 \times 632.8 \times 10^{-6} / 1.5 = 0.21 (\text{mm})$

由第 4 级亮条纹缺级的条件知

$$a = d/4 = 0.05 \text{mm}$$

据式（5.26）得双缝光强分布为

$$I = 4I_0 \left(\frac{\sin\alpha}{\alpha} \right)^2 \cos^2 \frac{\delta}{2}$$

其中 $\alpha = \dfrac{\pi a \sin\theta}{\lambda}, \dfrac{\delta}{2} = \dfrac{\pi d \sin\theta}{\lambda}$。

第 1,2,3 级亮条纹分别对应于

$$d\sin\theta = \pm\lambda, \ \pm2\lambda, \ \pm3\lambda$$

即

$$\cos^2\frac{\delta}{2} = 1$$

又因为 $d = 4a$，所以第 1,2,3 级亮条纹也同时对应于

$$a\sin\theta = \pm\frac{\lambda}{4}, \ \pm\frac{2\lambda}{4}, \ \pm\frac{3\lambda}{4}$$

因此，第 1,2,3 级亮条纹的相对强度为

$$\frac{I_1}{4I_0} = \left(\frac{\sin\alpha}{\alpha}\right)^2 = \left(\frac{\sin\dfrac{\pi a\sin\theta}{\lambda}}{\dfrac{\pi a\sin\theta}{\lambda}}\right)^2 = \left(\frac{\sin\dfrac{\pi}{4}}{\dfrac{\pi}{4}}\right)^2 = 0.811$$

$$\frac{I_2}{4I_0} = \left(\frac{\sin\dfrac{\pi}{2}}{\dfrac{\pi}{2}}\right)^2 = 0.405, \quad \frac{I_3}{4I^0} = \left(\frac{\sin\dfrac{3\pi}{4}}{\dfrac{3\pi}{4}}\right)^2 = 0.09$$

5.21 在双缝的一个缝前贴一块厚 0.001mm、折射率为 1.5 的玻璃片。设双缝间距为 1.5μm，缝宽为 0.5μm，用波长 500nm 的平行光垂直入射。试分析该双缝的夫琅禾费衍射图样。

解 双缝衍射是单缝衍射和双缝干涉两种效应共同作用的结果。

双缝中各缝到观察屏上任意点的衍射复振幅分布分别为

$$\widetilde{E}_1 = \widetilde{A}\frac{\sin\alpha}{\alpha}\exp[ik(r_1 + \mathscr{D})], \quad \widetilde{E}_2 = \widetilde{A}\frac{\sin\alpha}{\alpha}\exp(ikr_2)$$

其中

$$\alpha = \frac{\pi a}{\lambda}\sin\theta, \quad r_2 = r_1 + d\sin\theta, \quad \mathscr{D} = nh = 1.5 \times 0.001\text{mm} = 1.5 \times 10^3\text{nm}$$

总复振幅为

$$\widetilde{E} = \widetilde{E}_1 + \widetilde{E}_2 = \widetilde{A}\frac{\sin\alpha}{\alpha}\{\exp[ik(r_1 + \mathscr{D})] + \exp[ik(r_1 + d\sin\theta)]\}$$

$$= \widetilde{A}\frac{\sin\alpha}{\alpha}\exp(ikr_1)\{\exp(ik\mathscr{D}) + \exp(ikd\sin\theta)\}$$

设 $\beta = \dfrac{\pi}{\lambda}d\sin\theta$，并考虑到 $k\mathscr{D} = \dfrac{2\pi}{500}\times1.5\times10^3 = 6\pi$，则上式变为

$$\widetilde{E} = \widetilde{A}\frac{\sin\alpha}{\alpha}\exp(ikr_1)[1 + \exp(i2\beta)]$$

因此，衍射光强分布为

$$I = 4I_0\left(\frac{\sin\alpha}{\alpha}\right)^2\cos^2\beta$$

其中，$I_0 = |\widetilde{A}|^2$ 为单缝衍射的零级光强。

5.22 一块光栅的宽度为 10cm，每毫米内有 500 条缝，光栅后面放置的透镜焦距为 500mm。问：

（1）它产生的波长 $\lambda = 632.8$nm 的单色光的 1 级和 2 级谱线的半宽度是多少？

（2）若入射光是波长为 632.8nm 和波长与之相差 0.5nm 的两种单色光，则它们的 1 级和 2 级谱线之间的距离是多少？

解 (1) 题给光栅的线数 $N=100\times500=5\times10^4$，光栅常数 $d=1\text{mm}/500=0.002\text{mm}$，透镜焦距 $f=500\text{mm}$。

谱线光强极大和相邻光强极小的角位置分别满足

$$d\sin\theta_{\max}=m\lambda，\quad d\sin\theta_{\min}=\left(m+\frac{1}{N}\right)\lambda$$

其中，$m=0,\pm1,\pm2,\cdots$因此，谱线的半宽度为

$$l=(\theta_{\min}-\theta_{\max})f=\left\{\arcsin\left[\left(m+\frac{1}{N}\right)\frac{\lambda}{d}\right]-\arcsin\left(m\frac{\lambda}{d}\right)\right\}\cdot f$$

对于一级谱线，$m=1$。

$$l_1=\left\{\arcsin\left[\left(1+\frac{1}{5\times10^4}\right)\frac{632.8\times10^{-6}}{0.002}\right]-\arcsin\left(\frac{632.8\times10^{-6}}{0.002}\right)\right\}\times500$$
$$=3.34\times10^{-3}(\text{mm})$$

对于二级谱线，$m=2$。

$$l_2=\left\{\arcsin\left[\left(2+\frac{1}{5\times10^4}\right)\frac{632.8\times10^{-6}}{0.002}\right]-\arcsin\left(\frac{2\times632.8\times10^{-6}}{0.002}\right)\right\}\times500$$
$$=4.09\times10^{-3}(\text{mm})$$

(2) 不同波长同级谱线之间的距离为

$$\Delta=\left\{\arcsin\left(\frac{m\lambda'}{d}\right)-\arcsin\left(\frac{m\lambda}{d}\right)\right\}\cdot f$$

对于 $m=1$ $\quad\Delta_1=\left\{\arcsin\left(\frac{633.3\times10^{-6}}{0.002}\right)-\arcsin\left(\frac{632.8\times10^{-6}}{0.002}\right)\right\}\times500$
$$=0.13(\text{mm})$$

对于 $m=2$ $\qquad\Delta_2=\left\{\arcsin\left(\frac{2\times633.3\times10^{-6}}{0.002}\right)-\arcsin\left(\frac{2\times632.8\times10^{-6}}{0.002}\right)\right\}\times500$
$$=0.32(\text{mm})$$

5.23 计算栅极(光栅常数)是缝宽5倍的光栅的第0,1,2,3,4,5级亮纹的相对强度。并对 $N=5$ 的情形画出光栅衍射的强度分布曲线。

解 (1) 第0,1,2,3,4,5级亮纹的位置分别对应

$$d\sin\theta=0，\pm\lambda，\pm2\lambda，\pm3\lambda，\pm4\lambda，\pm5\lambda$$

即

$$\delta=\frac{2\pi}{\lambda}d\sin\theta=0，\pm2\pi，\pm4\pi，\pm6\pi，\pm8\pi，\pm10\pi$$

由于 $d=5a$，所以与上述亮纹位置对应有

$$a\sin\theta=0，\pm\frac{1}{5}\lambda，\pm\frac{2}{5}\lambda，\pm\frac{3}{5}\lambda，\pm\frac{4}{5}\lambda，\lambda$$

故根据式(5.27)，即0级亮纹强度 $I=N^2I_0$，则其他各级亮纹的相对0级的强度为

$$\frac{I_1}{N^2I_0}=\left(\frac{\sin\alpha_1}{\alpha_1}\right)^2=\left(\frac{\sin\dfrac{\pi a\sin\theta_1}{\lambda}}{\dfrac{\pi a\sin\theta_1}{\lambda}}\right)^2=\left(\frac{\sin\dfrac{\pi}{5}}{\dfrac{\pi}{5}}\right)^2=0.875$$

$$\frac{I_2}{N^2 I_0} = \left(\frac{\sin\frac{2\pi}{5}}{\frac{2\pi}{5}}\right) = 0.573, \qquad \frac{I_3}{N^2 I_0} = \left(\frac{\sin\frac{3\pi}{5}}{\frac{3\pi}{5}}\right) = 0.255, \qquad \frac{I_4}{N^2 I_0} = \left(\frac{\sin\frac{4\pi}{5}}{\frac{4\pi}{5}}\right)^2 = 0.055$$

由于缺级,故
$$\frac{I_5}{N^2 I_0} = 0$$

(2) 当 $N=5, d=5a$ 时,光栅衍射的强度为

$$I = I_0 \left(\frac{\sin\alpha}{\alpha}\right)^2 \left(\frac{\sin 25\alpha}{\sin 5\alpha}\right)^2$$

强度分布曲线如图 5.6 所示。

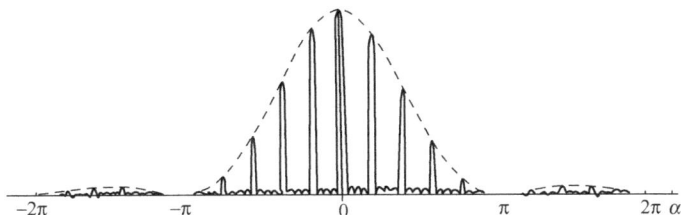

图 5.6 题 5.23 用图

5.24 一块宽度为 5cm 的光栅,在 2 级光谱中可分辨 500nm 附近的波长差 0.01nm 的两条谱线,试求这一光栅的栅距和 500nm 的 2 级谱线处的角色散。

解 由式(5.33)
$$A = \frac{\lambda}{\Delta\lambda} = mN$$

得光栅总线数为
$$N = \frac{\lambda}{\Delta\lambda m} = \frac{500}{0.01 \times 2} = 25000$$

因此,光栅的栅距为
$$d = \frac{5 \times 10}{25000} = 2 \times 10^{-3} (\text{mm})$$

据角色散式(5.31)得

$$\frac{d\theta}{d\lambda} = \frac{m}{d\cos\theta} = \frac{m}{d\cos\left[\arcsin\left(\frac{2\lambda}{d}\right)\right]} = \frac{2}{0.002\cos\left[\arcsin\left(\frac{2\times500}{2000}\right)\right]} = 1154.7 (\text{rad/mm})$$

5.25 为在一块每毫米 1200 条刻线的光栅的 1 级光谱中分辨波长为 632.8nm 的一束氦-氖激光的模结构(两个模之间的频率差为 450MHz),光栅需要有多宽?

解 由 $c=\lambda\nu$ 得,与频率差对应的波长差为

$$\Delta\lambda = \frac{\lambda^2 \Delta\nu}{c}$$

根据式(5.33),即光栅的色分辨本领

$$A = \frac{\lambda}{\Delta\lambda} = mN$$

得光栅线数
$$N = \frac{\lambda}{\Delta\lambda m} = -\frac{c}{\lambda\Delta\nu m} = -\frac{3 \times 10^{17}}{632.8 \times (-450 \times 10^6) \times 1} = 1053520$$

因此,光栅需要的宽度为

$$L = \frac{1053520}{1200} \approx 878 \, (\text{mm})$$

5.26 证明光束斜入射时:

(1) 光栅衍射强度分布公式为

$$I = I_0 \left(\frac{\sin\alpha}{\alpha} \right)^2 \left(\frac{\sin N\beta}{\beta} \right)^2$$

式中

$$\alpha = \frac{\pi a}{\lambda}(\sin\theta - \sin j), \quad \beta = \frac{\pi d}{\lambda}(\sin\theta - \sin j)$$

其中,θ 为衍射角,j 为入射角(见图 5.7),N 为光栅缝数。

(2) 若光栅常数 $d \gg \lambda$,则光栅形成主极大的条件可以写为

$$(d\cos i)(\theta - j) = m\lambda \qquad m = 0, \pm 1, \pm 2\cdots$$

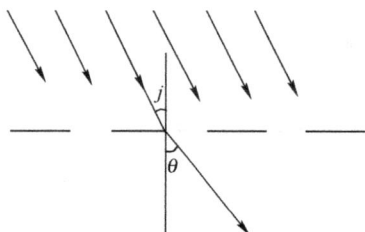

图 5.7 题 5.26 用图   图 5.8 题 5.26 用图

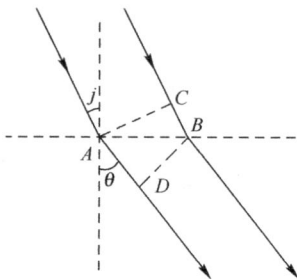

证明 (1) 光栅衍射光强分布由单缝衍射因子和多缝干涉因子决定。

如果斜入射,则由题(5.9)得单缝衍射光强分布为

$$I = I_0 \left\{ \frac{\sin\left[\pi \dfrac{a(\sin\theta - \sin j)}{\lambda} \right]}{\pi \dfrac{a(\sin\theta - \sin j)}{\lambda}} \right\}^2$$

当光束正入射时,由式(5.26)给出的光强分布公式可知,多缝干涉因子 $\left(\dfrac{\sin N\beta}{\beta} \right)^2$ 中,

$\beta = \dfrac{\pi d}{\lambda}\sin\theta$,它取决于相邻缝间的光程差 $d\sin\theta$。如图 5.8 所示,当光束斜入射时相邻缝间的光程差为

$$\mathscr{D} = \overline{AD} - \overline{BC} = d\sin\theta - d\sin j$$

因此,多缝干涉因子中 $d\sin\theta$ 应改写为 $d\sin\theta - d\sin j$。

综上所述,光栅衍射强度分布公式为

$$I = I_0 \left(\frac{\sin\alpha}{\alpha} \right)^2 \left(\frac{\sin N\beta}{\beta} \right)^2$$

式中

$$\alpha = \frac{\pi a}{\lambda}(\sin\theta - \sin j), \quad \beta = \frac{\pi d}{\lambda}(\sin\theta - \sin j)$$

另一种证明方法见第 6 章习题 6.6。

(2) 从上述讨论得,光栅形成主极大的条件为

$$d\sin\theta - d\sin j = m\lambda \qquad m = 0, \pm 1, \pm 2, \cdots$$

应用三角公式,上式可改写为

$$2d\cos\frac{\theta+j}{2}\sin\frac{\theta-j}{2}=m\lambda$$

若 $d\gg\lambda$,则 $\frac{\theta+j}{2}\approx j,\sin\frac{\theta-j}{2}\approx\frac{\theta-j}{2}$,因此,由上式得到

$$(d\cos j)(\theta-j)=m\lambda$$

与垂直入射$(j=0)$的情况比较,似乎光栅的栅距变为了 $d\cos j$。

5.27 有一多缝衍射屏如图 5.9 所示,缝数为 $2N$,缝宽为 a,缝间不透明部分的宽度依次为 a 和 $3a$。试求正入射情况下,这一衍射屏的夫琅禾费衍射强度分布公式。

解 把 $2N$ 条缝分成两组,每组有 N 条相邻为 $6a$ 的狭缝,而衍射屏的夫琅禾费衍射强度分布可看作是这两组狭缝干涉的结果。

两组狭缝的夫琅禾费衍射强度分布相同,根据式(5.26):

$$I_1=I_2=I_0\left(\frac{\sin\alpha}{\alpha}\right)^2\left(\frac{\sin N\beta}{\beta}\right)^2$$

这里 $\alpha=\dfrac{\pi a\sin\theta}{\lambda},\beta=\dfrac{\pi 6a\sin\theta}{\lambda}=6\alpha$。

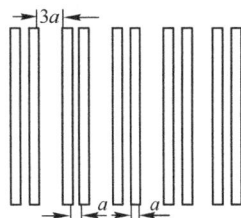

图 5.9 题 5.27 用图

由于两组狭缝中心错开的距离为 $2a$。两组狭缝中心到观察屏上某点的位相差为

$$\phi=k(r_2-r_1)=\frac{2\pi}{\lambda}\cdot 2a\sin\theta=4\alpha$$

所以,衍射屏的夫琅禾费衍射强度分布为

$$I=I_1+I_2+2\sqrt{I_1 I_2}\cos\phi=4I_0\left(\frac{\sin\alpha}{\alpha}\right)^2\left(\frac{\sin 6N\alpha}{6\alpha}\right)^2\cos^2 2\alpha$$

5.28 一块每毫米 1000 个刻槽的反射闪耀光栅,$\gamma=15°50'$,以平行白光垂直于光栅面入射,问一级光谱中哪个波长的光具有最大强度?(设入射光各波长等强度。)

解 当平行白光垂直于光栅面入射时,对槽面而言,光束的入射角为 γ。因此,单槽衍射的零级极大位置在槽面反射光方向,这一方向与入射光方向的夹角为 2γ。在此方向上,相邻两槽面衍射光的光程差为 $d\sin 2\gamma$。若 $d\sin 2\gamma=\lambda$,则在一级光谱中,波长 λ 的光具有最大强度。

题给 $d=\dfrac{1}{1000}$mm,$\gamma=15°50'$,故

$$\lambda=d\sin 2\gamma=\left(\frac{10^6}{1000}\right)\sin(2\times 15°50')=525\text{nm}$$

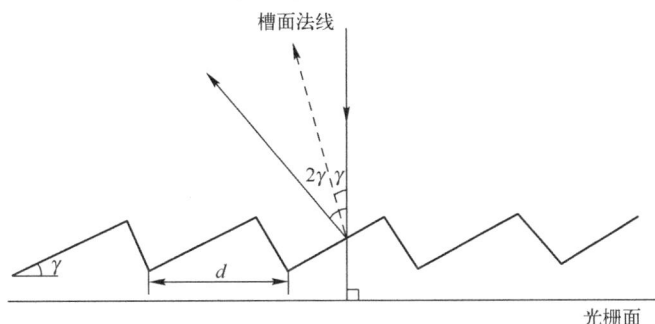

图 5.10 题 5.28 用图

5.29[①] 对于 600 条/mm 的光栅,求:

(1) 可见光(390~780nm)的一级光谱散开的角度为多少?

(2) 一级红光(780nm)的角色散率为多少? 对于 $f=1$m 的物镜的线色散率为多少?

解 (1) 已知 $d=\dfrac{1}{600}$mm,由光栅方程 $d\sin\theta=m\lambda$,对 $\lambda=780$nm,有

$$\theta_{\max}=\arcsin\left(\frac{\lambda_{\max}}{d}\right)=\arcsin\left(\frac{780\times10^{-6}}{1/600}\right)=0.487\text{rad}$$

对 $\lambda=390$nm,有 $\theta_{\min}=\arcsin\left(\dfrac{\lambda_{\min}}{d}\right)=\arcsin\left(\dfrac{390\times10^{-6}}{1/600}\right)=0.236\text{rad}$

因此,对于一级谱线,散开的角度为 $\theta_{\max}-\theta_{\min}=14°22'52''$。

(2) 一级红光角色散率为

$$\frac{\mathrm{d}\theta}{\mathrm{d}\lambda}=\frac{1}{d\cos\theta}=6.789\times10^{-4}(\text{rad/nm})$$

线色散率为 $\dfrac{\mathrm{d}l}{\mathrm{d}\lambda}=f\dfrac{1}{d\cos\theta}=1.28$

5.30 一透射式阶梯光栅由 20 块玻璃板叠成,板厚 $t=1$cm,玻璃折射率 $n=1.5$,阶梯高度 $d=0.1$cm。以波长 $\lambda=500$nm 的单色光垂直照射,试计算:

(1) 入射光方向上干涉主极大的级数;

(2) 光栅的角色散和分辨本领(假定玻璃折射率不随波长变化)。

解 (1) 如图 5.11 所示,对于透射式阶梯光栅,由于光栅单级阶梯高度 $d\gg\lambda$,所以衍射角很小,在这种情况下,相邻两阶梯的光程差为

$$\mathscr{D}=(n-\cos\theta)t+d\sin\theta\approx(n-1)t+\theta d$$

故干涉的主极大满足 $(n-1)t+\theta d=m\lambda$

在入射光方向上,$\theta=0$,因此主极大的级数为

$$m=\frac{n-1}{\lambda}t=\frac{1.5-1}{500\times10^{-9}}\times1\times10^{2}=10^{4}$$

(2) 由于 $(n-1)t+\theta d=m\lambda$,因此有

$$\frac{\mathrm{d}\theta}{\mathrm{d}\lambda}=\frac{1}{d}\left(m-t\frac{\mathrm{d}n}{\mathrm{d}\lambda}\right)$$

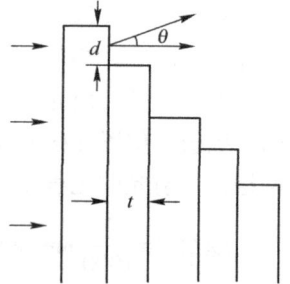

图 5.11 题 5.30 用图

题给 $\dfrac{\mathrm{d}n}{\mathrm{d}\lambda}=0$,于是 $\dfrac{\mathrm{d}\theta}{\mathrm{d}\lambda}=\dfrac{m}{d}=\dfrac{10^{4}}{10^{6}}=10^{-2}(\text{rad/nm})$

分辨本领为 $\dfrac{\lambda}{\Delta\lambda}=mN=10^{4}\times20=2\times10^{5}$

5.31 一块位相光栅如图 5.12 所示,在透明介质薄板上做成栅距为 d 的刻槽,刻槽的宽度与凸阶宽度相等,且都是透明的。设刻槽深度为 t,介质折射率为 n,平行光正入射。试导出这一光栅的夫琅禾费衍射强度分布公式,并讨论它的强度分布图样。

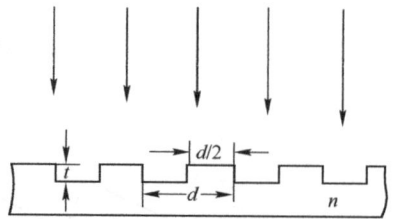

图 5.12 题 5.31 图

---

① 原《物理光学》教材习题 5.29 的解答见例 5.2,此处为另加题。

解 该位相光栅可看作由两组光栅构成,分别来自宽度均为 $d/2$ 的刻槽与凸阶,每组光栅的光栅常数为 d,两组光栅的中心距离为 $d/2$。

由式(5.26)可知,每组光栅的光强分布均为

$$I = I_1 = I_2 = I_0 \left(\frac{\sin\alpha}{\alpha}\right)^2 \left(\frac{\sin N \frac{\delta}{2}}{\sin \frac{\delta}{2}}\right)^2$$

其中

$$\alpha = \frac{\pi d \sin\theta}{2\lambda}, \qquad \delta = \frac{2\pi d \sin\theta}{\lambda}$$

两组光栅相干叠加,光强为

$$I = I_1 + I_2 + 2\sqrt{I_1 I_2} \cos\phi$$

下面求 ϕ。见图5.12,在 θ 方向的两组波传播,彼此相移为 ϕ,光程差为

$$\mathscr{D} = t(n-1) + \frac{d}{2}\sin\theta$$

则相移

$$\phi = \frac{2\pi}{\lambda}\left[t(n-1) + \frac{d}{2}\sin\theta\right] = \frac{2\pi t(n-1)}{\lambda} + \frac{\delta}{2}$$

因此,强度分布为

$$I = 2I_0 \left(\frac{\sin\alpha}{\alpha}\right)^2 \left(\frac{\sin N \frac{\delta}{2}}{\sin \frac{\delta}{2}}\right)^2 \left[1 + \cos\left(\frac{2\pi t(n-1)}{\lambda} + \frac{\delta}{2}\right)\right]$$

其强度分布图样是在光栅衍射分布的基础上加上了周期函数的调制。

5.32 对于图5.13所示的菲涅耳波带,证明当考察点 P_0 到波面的距离比光波波长大得多时,各菲涅耳波带的面积相等。

证明 如图5.14所示,以 r_j 表示第 j 个波带的半径,则

$$r_j^2 = R^2 - (R-h)^2 = z_j^2 - (z_0 + h)^2$$

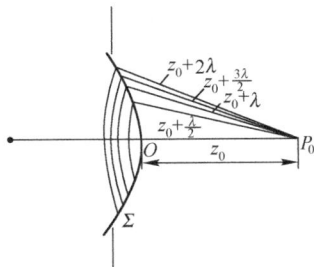

图5.13 题5.32用图

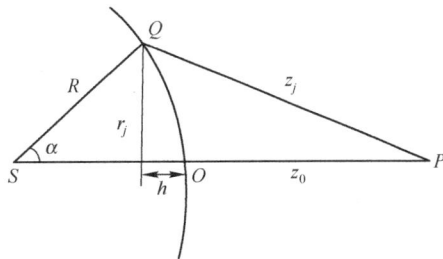

图5.14 题5.32用图

因此

$$h = \frac{z_j^2 - z_0^2}{2(R + z_0)}$$

由于

$$z_j = z_0 + j\frac{\lambda}{2}$$

所以有

$$z_j^2 - z_0^2 = jz_0\lambda + j^2\left(\frac{\lambda}{2}\right)^2$$

在 $\lambda \ll z_0$ 的情况下,有
$$z_j^2 - z_0^2 = j z_0 \lambda$$

代入前式得
$$h = \frac{j z_0 \lambda}{2(R + z_0)}$$

因为弦半径为 r_j 的球缺的面积等于
$$\sigma_j = 2\pi R h = j \frac{2\pi R z_0}{R + z_0} \cdot \frac{\lambda}{2}$$

所以类似地,包含 $(j-1)$ 个波带的球缺的面积等于
$$\sigma_{j-1} = (j - 1) \frac{\lambda}{2} \frac{2\pi R z_0}{R + z_0}$$

两者之差便是第 j 个波带的面积
$$\sigma_j - \sigma_{j-1} = \frac{\pi R z_0}{R + z_0} \cdot \lambda$$

可见,波带的面积与序数 j 无关,即各菲涅耳波带的面积相等。

5.33 如图 5.15 所示,单色点光源(波长 $\lambda = 500\text{nm}$)安放在离光阑 1m 远的地方,光阑上有一个内、外半径分别为 0.5mm 和 1mm 的通光圆环。考察点 P 离光阑 1m(SP 连线通过圆环中心并垂直于圆环平面)。问在 P 点的光强度和没有光阑时的光强度之比是多少?

解 因为 $k\dfrac{(x_1^2 + y_1^2)_{\text{max}}}{2z_1} = \dfrac{2\pi}{500 \times 10^{-6}} \dfrac{\pi \times 1^2}{2 \times 10^3} = 2\pi^2 \gg \pi$

故应为菲涅耳衍射。由式(5.35)得内圆和外圆对应的半波带数分别为
$$j_{\text{内}} = \frac{r_{\text{内}}^2}{z\lambda}\left(1 + \frac{z}{L}\right) = \frac{0.5^2}{10^3 \times 500 \times 10^{-6}}(1 + 1) = 1$$

$$j_{\text{外}} = \frac{r_{\text{外}}^2}{z\lambda}\left(1 + \frac{z}{L}\right) = \frac{1^2}{10^3 \times 500 \times 10^{-6}}(1 + 1) = 4$$

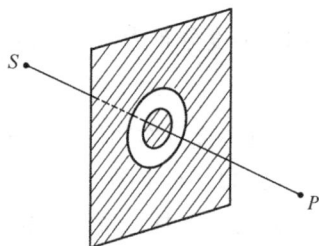

因此,通光圆环包含的波带数为 3。由于相邻两波带在 P 点干涉的相消作用,所以,通光圆环在 P 点产生的振幅实际上等于 1 个波带在 P 点产生的振幅,并且近似地等于第一个波带产生的振幅,对应光强为 $I = E_1^2$。没有光阑时 P 点的振幅是第一个波带产生的振幅的 1/2,对应光强为 $I = E_1^2/4$,所以有光阑时的光强度约是没有光阑时的光强度的 4 倍。

图 5.15 题 5.33 用图

5.34 波长 $\lambda = 563.3\text{nm}$ 的平行光正入射直径 $D = 2.6\text{mm}$ 的圆孔,与孔相距 $z_1 = 1\text{m}$ 处放一屏幕。问:

(1)屏幕上正对圆孔中心的 P 点是亮点还是暗点?

(2)要使 P 点变成与(1)相反的情况,则至少要把屏幕向前(同时求出向后)移动多少距离?

解 (1)由式(5.36)
$$j = \frac{r^2}{z\lambda}$$

得与 P 点对应的半波带数目为
$$j = \frac{(2.6/2)^2}{1 \times 10^3 \times 563.3 \times 10^{-6}} = 3$$

j 为奇数,因此 P 点是亮点。

（2）当 j 为偶数时，P 点变为暗点。因此，当屏幕向前移动，第一次出现暗点时，对应 $j=4$。

$$z = \frac{r^2}{j\lambda} = \frac{1.3^2}{4 \times 563.3 \times 10^{-6}} = 750(\text{mm})$$

即要向前移动 $1000-750=250(\text{mm})$

当屏幕向后移动，第一次出现暗点时，对应 $j=2$。

$$z = \frac{r^2}{j\lambda} = \frac{1.3^2}{2 \times 563.3 \times 10^{-6}} = 1500(\text{mm})$$

即要向后移动 $1500-1000=500(\text{mm})$

5.35 单位振幅的单色平面波垂直照明半径为 1 的圆孔，试利用式（5.4）证明，圆孔后通过圆孔中心的光轴上的点的光强分布为

$$I = 4\sin^2 \frac{\pi}{2\lambda z}$$

式中，z 是考察点到圆孔中心的距离。

解 式（5.4）给出了

$$\widetilde{E}(x,y) = \frac{\exp(\mathrm{i}kz)}{\mathrm{i}\lambda z} \iint_{-\infty}^{\infty} \widetilde{E}(x_1,y_1)\exp\left\{\frac{\mathrm{i}k}{2z}\big[(x-x_1)^2 + (y-y_1)^2\big]\right\}\mathrm{d}x_1\mathrm{d}y_1$$

对光轴上的点，$x=y=0$。单位振幅的单色平面波 $\widetilde{E}(x_1,y_1)=1$，考虑到衍射圆孔半径为 1，采用极坐标，上式变为

$$\widetilde{E}(x,y) = \frac{\exp(\mathrm{i}kz)}{\mathrm{i}\lambda z} \int_0^1 \int_0^{2\pi} \exp\left(\frac{\mathrm{i}k}{2z}r^2\right) r\mathrm{d}r\mathrm{d}\varphi$$

$$= -\exp(\mathrm{i}kz)\big[\exp(\mathrm{i}k/2z)-1\big]$$

因此，光强为 $I = \widetilde{E}(x,y)\widetilde{E}^*(x,y) = |-\exp(\mathrm{i}kz)[\exp(\mathrm{i}k/2z)-1]|^2 = 4\sin^2\frac{\pi}{2\lambda z}$

5.36 一波带片离点光源 2m，点光源发光的波长 $\lambda=546\text{nm}$，波带片成点光源的像于 2.5m 远的地方，问波带片第一个波带和第二个波带的半径是多少？

解 据式（5.35） $j = \frac{r^2}{z\lambda}\left(1 + \frac{z}{L}\right)$

因此，第 j 个波带的半径为

$$r_j = \sqrt{jz\lambda\left(1+\frac{z}{L}\right)^{-1}}$$

故

$$r_1 = \sqrt{2.5\times10^3\times546\times10^{-6}\times\left(1+\frac{2.5}{2}\right)^{-1}} = 0.78(\text{mm})$$

$$r_2 = \sqrt{2}\,r_1 = 1.1(\text{mm})$$

5.37 一波带片主焦点的强度约为入射光强度的 10^3 倍，在 400nm 的紫光照明下的主焦距为 80cm。问：（1）波带片应有几个开带？（2）波带片的半径是多少？

解 （1）设有 N 个开带，则主焦点的强度为

$$I = (E_1 + E_3 + \cdots + E_{2N-1})^2 \approx N^2 E_1^2 = 10^3 I_0$$

又，光自由传播时的光强为 $I_0 = \frac{1}{4}E_1^2$

两式结合得开带数目为 $\qquad N = \sqrt{10^3/4} \approx 16$

即半波带数为 $2N$

（2）由式（5.38） $\qquad f = \dfrac{r_N^2}{N\lambda}$

得波带片的半径为 $\qquad r_{16} = \sqrt{2Nf\lambda} = \sqrt{2 \times 16 \times 800 \times 400 \times 10^{-6}} \approx 3.2(\text{mm})$

5.38 两个同频的平面波同时射向一张全息底版（设为 xOy 平面），它们的方向余弦分别为 $\cos\alpha_1, \cos\beta_1, \cos\gamma_1$ 和 $\cos\alpha_2, \cos\beta_2, \cos\gamma_2$，振幅分别为 A_1 和 A_2。

（1）写出全息底版上干涉条纹强度分布的表达式；

（2）说明干涉条纹的形状；

（3）写出 x 方向和 y 方向上条纹间距的表达式。

解 （1）依题意，两个平面波在 xOy 平面上的复振幅分别为

$$\widetilde{E}_1(x,y) = A_1\exp\left[i\frac{2\pi}{\lambda}(x\cos\alpha_1 + y\cos\beta_1)\right]$$

$$\widetilde{E}_2(x,y) = A_2\exp\left[i\frac{2\pi}{\lambda}(x\cos\alpha_2 + y\cos\beta_2)\right]$$

叠加得 $\qquad \widetilde{E} = \widetilde{E}_1(x,y) + \widetilde{E}_2(x,y)$

光强为 $\quad I = \widetilde{E}\widetilde{E}^* = A_1^2 + A_2^2 + 2A_1A_2\cos\left[\frac{2\pi}{\lambda}x(\cos\alpha_1 - \cos\alpha_2) + \frac{2\pi}{\lambda}y(\cos\beta_1 - \cos\beta_2)\right]$

（2）由上述光强表达式可见，当 x 不变时，干涉条纹为沿 y 方向等距变化的亮纹和暗纹；同样，若 y 不变，则干涉条纹为沿 x 方向等距变化的亮纹和暗纹。

（3）x 方向和 y 方向上的条纹间距分别为

$$d_x = \frac{\lambda}{\cos\alpha_1 - \cos\alpha_2}, \quad d_y = \frac{\lambda}{\cos\beta_1 - \cos\beta_2}$$

5.39 在图 5.16 所示的全息记录装置中，若 $\theta_O = \theta_R$，试证明全息图上干涉条纹的间距为

$$e = \frac{\lambda}{2\sin\left(\dfrac{\theta}{2}\right)}$$

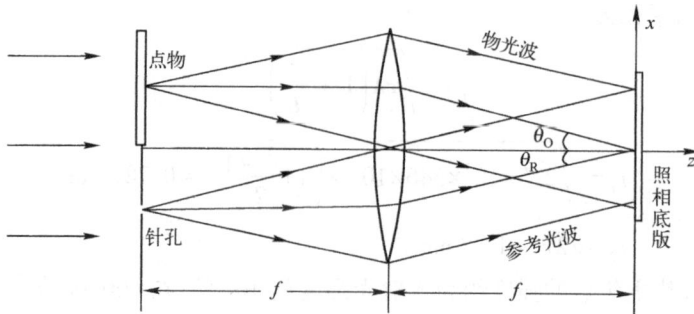

图 5.16 题 5.39 用图

式中，θ 是两平行光束的夹角。当采用氦氖激光记录（$\lambda = 632.8\text{nm}$），并且 θ 是 $10°$ 和 $60°$ 时，条纹间距分别是多少？

解 在底版上,物光波 O 和参考光波 R 的振幅分布分别为

$$E_{\mathrm{O}} = O\exp(-\mathrm{i}k\sin\theta_{\mathrm{O}}x) = O\exp\left[-\mathrm{i}k\sin\left(\frac{\theta}{2}\right)x\right]$$

$$E_{\mathrm{R}} = R\exp(\mathrm{i}k\sin\theta_{\mathrm{R}}x) = R\exp\left[\mathrm{i}k\sin\left(\frac{\theta}{2}\right)x\right]$$

因此,光强分布为

$$I = |E_{\mathrm{O}} + E_{\mathrm{R}}|^2$$

$$= O^2 + R^2 + OR\exp\left[-\mathrm{i}2k\sin\left(\frac{\theta}{2}x\right)\right] + OR\exp\left[\mathrm{i}2k\sin\left(\frac{\theta}{2}x\right)\right]$$

$$= O^2 + R^2 + 2OR\cos\left[2k\sin\left(\frac{\theta}{2}x\right)\right]$$

这是一个周期为 2π 的函数,它是一组与 x 轴垂直的条纹。显然,对位于 x_1 和 x_2 的相邻条纹有

$$2k\sin\frac{\theta}{2}x_2 = 2k\sin\frac{\theta}{2}x_1 + 2\pi$$

所以,条纹的间距为

$$e = x_2 - x_1 = \frac{\lambda}{2\sin\left(\dfrac{\theta}{2}\right)}$$

当 θ 为 $10°$ 和 $60°$ 时,条纹的间距分别为

$$e_{10°} = \frac{632.8\mathrm{nm}}{2\sin\left(\dfrac{10°}{2}\right)} = 3.63\mu\mathrm{m}, \quad e_{60°} = \frac{632.8\mathrm{nm}}{2\sin\left(\dfrac{60°}{2}\right)} = 0.6328\mu\mathrm{m}$$

5.40 试对于上题条件下所获得的全息图,讨论分别采用下面两种再现照明方式时衍射光波的变化:

(1) 再现光波的波长和方向与参考光波相同;

(2) 再现光波(波长仍与参考光波相同)正入射于全息图。

解 (1) 记录干版经线性处理后,振幅透射率正比于光强:

$$t = t_0 + \beta\left\{O^2 + R^2 + OR\exp\left[-\mathrm{i}2k\sin\left(\frac{\theta}{2}\right)x\right] + OR\exp\left[\mathrm{i}2k\sin\left(\frac{\theta}{2}\right)x\right]\right\}$$

当再现光波的波长和方向与参考光波相同时,$C = \exp\left[\mathrm{i}k\sin\left(\dfrac{\theta}{2}\right)x\right]$,衍射光场为

$$E = Ct$$

$$= \left[t_0 + \beta(O^2 + R^2)\right]\exp\left[\mathrm{i}k\sin\left(\frac{\theta}{2}\right)x\right] + \beta OR\exp\left[-\mathrm{i}k\sin\frac{\theta}{2}x\right] + \beta OR\exp\left[\mathrm{i}3k\sin\left(\frac{\theta}{2}\right)x\right]$$

显然,第一项 $\left[t_0 + \beta(O^2 + R^2)\right]\exp\left[\mathrm{i}k\sin\left(\dfrac{\theta}{2}\right)x\right]$ 为再现光波按原方向传播的透射平面波,与再现光波比较,只是振幅减小了;

第二项含有因子 $\exp\left[-\mathrm{i}k\sin\dfrac{\theta}{2}x\right]$,是物光波的再现波,振幅与原来的物光波有所不同;

第三项含有因子 $\exp\left[\mathrm{i}3k\sin\dfrac{\theta}{2}x\right]$,是方向进一步向上偏转的参考光波,在本题中,也可以看作是向上偏转的物光波的共轭波,偏转角度为 $\arcsin\left(2\sin\dfrac{\theta}{2}\right)$。

（2）当再现光波正入射时，入射波为 $C = A$，衍射光场为

$$E = Ct = \left[t_0 + \beta\left(O^2 + R^2\right)\right] + \beta OR\exp\left[-\mathrm{i}2k\sin\left(\frac{\theta}{2}\right)x\right] + \beta OR\exp\left[\mathrm{i}2k\sin\left(\frac{\theta}{2}\right)x\right]$$

显然，第一项 $\left[t_0 + \beta\left(O^2 + R^2\right)\right]$ 仍为再现光波按原方向传播的透射平面波；第二项为向下偏转了的物光波的再现波；第三项是方向向上偏转的物光波的共轭波。第二项和第三项以 z 轴对称。

5.41 如图 5.17（a）所示，全息底版 H 上记录的是参考点光源 S_R（坐标为 x_R, y_R, z_R）和物点源 S_O（坐标为 x_O, y_O, z_O）发出的球面波（波长为 λ_1）的干涉图样。

（1）写出 H 平面上干涉条纹强度分布的表达式；

（2）记录下的全息图，若以位于点 (x_P, y_P, z_P) 的点光源发出的球面波（波长为 λ_2）来再现（如图 5.17（b）所示），试决定像点的位置坐标。

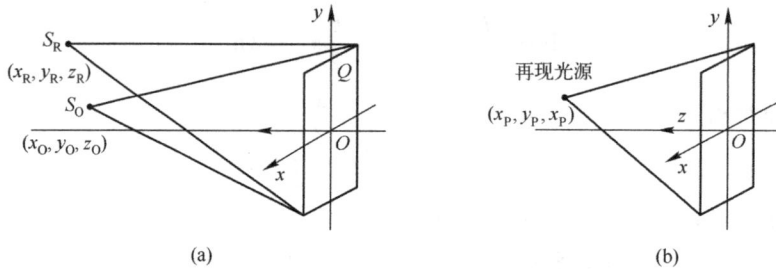

图 5.17　题 5.41 用图

解　（1）设物光波到达全息底版 H 上的振幅为 O，坐标原点 O 为位相参考点，做傍轴近似：

$$x^2 + y^2 \ll z_0^2, \quad x_0^2 + y_0^2 \ll z_0^2$$

于是，物光波的位相为

$$\begin{aligned}
\phi(x,y) &= \frac{2\pi}{\lambda_1}\left[\sqrt{(x-x_0)^2 + (y-y_0)^2 + z_0^2} - \sqrt{x_0^2 + y_0^2 + z_0^2}\right] \\
&\approx \frac{2\pi}{\lambda_1}\left\{z_0\left[1 + \frac{(x-x_0)^2 + (y-y_0)^2}{2z_0^2}\right] - z_0\left[1 + \frac{x_0^2 + y_0^2}{2z_0^2}\right]\right\} \\
&= \frac{\pi z_0}{\lambda_1}(x^2 + y^2 - 2xx_0 - 2yy_0)
\end{aligned}$$

物点源 S_O 发出的球面波在 H 平面上的复振幅可写为

$$\widetilde{O}(x,y,0) = O\exp\left\{\mathrm{i}\frac{\pi}{\lambda_1 z_0}(x^2 + y^2 - 2xx_0 - 2yy_0)\right\}$$

同理，参考光波在 H 平面上的复振幅可写为

$$\widetilde{R}(x,y,0) = R\exp\left\{\mathrm{i}\frac{\pi}{\lambda_1 z_R}(x^2 + y^2 - 2xx_R - 2yy_R)\right\}$$

合复振幅为　　　　　　　$\widetilde{E} = \widetilde{O}(x,y,0) + \widetilde{R}(x,y,0)$

对应的光强分布为

$$I = \left|\widetilde{O}(x,y,0) + \widetilde{R}(x,y,0)\right|^2$$

$$= |O|^2 + |R|^2 + OR^* \exp\left\{i\left[\frac{\pi}{\lambda_1 z_0}(x^2+y^2-2xx_0-2yy_0) - \frac{\pi}{\lambda_1 z_R}(x^2+y^2-2xx_R-2yy_R)\right]\right\} +$$

$$RO^* \exp\left\{-i\left[\frac{\pi}{\lambda_1 z_0}(x^2+y^2-2xx_0-2yy_0) - \frac{\pi}{\lambda_1 z_R}(x^2+y^2-2xx_R-2yy_R)\right]\right\}$$

（2）记录下的全息图进行线性处理，即底片的振幅透射率正比于光强分布：

$$t = t_0 + \beta I = t_0 + \beta(|O|^2 + |R|^2) +$$

$$\beta OR^* \exp\left\{i\left[\frac{\pi}{\lambda_1 z_0}(x^2+y^2-2xx_0-2yy_0) - \frac{\pi}{\lambda_1 z_R}(x^2+y^2-2xx_R-2yy_R)\right]\right\} +$$

$$\beta O^* R \exp\left\{-i\left[\frac{\pi}{\lambda_1 z_0}(x^2+y^2-2xx_0-2yy_0) - \frac{\pi}{\lambda_1 z_R}(x^2+y^2-2xx_R-2yy_R)\right]\right\}$$

$$= t_0 + t_1 + t_2 + t_3$$

再现光波波长为 λ_2，光波记为

$$\widetilde{C}(x,y,0) = C\exp\left\{i\frac{\pi}{\lambda_2 z_P}(x^2 + y^2 - 2xx_P - 2yy_P)\right\}$$

再现过程中，透射光场为

$$t\widetilde{C} = (t_0+t_1+t_2+t_3)\widetilde{C}$$

前两项只是背景，对全息成像无关。下面只讨论第三、第四项。

$$\widetilde{E}_3 = \beta OR^* C\exp\left\{i\left[\frac{\pi}{\lambda_1 z_0}(x^2 + y^2 - 2xx_0 - 2yy_0) - \frac{\pi}{\lambda_1 z_R}(x^2 + y^2 - 2xx_R - 2yy_R) + \right.\right.$$

$$\left.\left.\frac{\pi}{\lambda_2 z_P}(x^2 + y^2 - 2xx_P - 2yy_P)\right]\right\}$$

$$= \beta OR^* C\exp\left\{i\pi\left(\frac{1}{\lambda_1 z_0} - \frac{1}{\lambda_1 z_R} + \frac{1}{\lambda_2 z_P}\right)(x^2 + y^2)\right\} \times$$

$$\exp\left\{-i2\pi\left[-\left(\frac{x_R}{\lambda_1 z_R} - \frac{x_0}{\lambda_1 z_0} + \frac{x_P}{\lambda_2 z_P}\right)x + \left(-\frac{y_R}{\lambda_1 z_R} + \frac{y_0}{\lambda_1 z_0} - \frac{y_P}{\lambda_2 z_P}\right)y\right]\right\} \qquad (a)$$

同理

$$\widetilde{E}_4 = \beta OR^* C\exp\left\{i\pi\left(-\frac{1}{\lambda_1 z_0} + \frac{1}{\lambda_1 z_R} + \frac{1}{\lambda_2 z_P}\right)(x^2+y^2)\right\} \times$$

$$\exp\left\{-i2\pi\left[\left(\frac{x_R}{\lambda_1 z_R} - \frac{x_0}{\lambda_1 z_0} + \frac{x_P}{\lambda_2 z_P}\right)x + \left(\frac{y_R}{\lambda_1 z_R} - \frac{y_0}{\lambda_1 z_0} + \frac{y_P}{\lambda_2 z_P}\right)y\right]\right\} \qquad (b)$$

$\widetilde{E}_3$ 再现实像，$\widetilde{E}_4$ 再现虚像。像的位置在 (x_i,y_i,z_i)。

再现光波是一个像点向 (x_i,y_i,z_i) 会聚或由点 (x_i,y_i,z_i) 发散的球面波。在近轴近似下，球面波的标准式为

$$\exp\left\{i\frac{\pi}{\lambda z_i}(x^2 + y^2 - 2xx_i - 2yy_i)\right\} \qquad (c)$$

当 $z_i > 0$ 时为发散波，当 $z_i < 0$ 时为会聚球面波。比较式（a）、式（b）和式（c）得，全息像点的坐标为

$$x_i = \mp\frac{\lambda_2 z_i}{\lambda_1 z_0}x_0 \pm \frac{\lambda_2 z_i}{\lambda_1 z_R}x_R + \frac{z_i}{z_P}x_P, \quad y_i = \mp\frac{\lambda_2 z_i}{\lambda_1 z_0}y_0 \pm \frac{\lambda_2 z_i}{\lambda_1 z_R}y_R + \frac{z_i}{z_P}y_P, \quad z_i = \left(\frac{1}{z_P} \pm \frac{\lambda_2}{\lambda_1 z_R} \mp \frac{\lambda_2}{\lambda_1 z_0}\right)^{-1}$$

5.5　自　测　题

5.1　解释下列名词：

（1）光栅的缺级;（2）爱里斑;（3）瑞利判据。

5.2 在夫琅禾费单缝衍射实验中,以波长为 589nm 的钠黄光垂直入射,若缝宽为 0.1mm,则第一极小出现在_____弧度的方向上。

5.3 用氦-氖激光器发射的单色光(波长为 $\lambda = 632.8nm$)垂直入射到单缝上,所得夫琅禾费衍射图样中第一级暗条纹的衍射角为 5°,则缝宽度为_____。

5.4 增加光栅的_____可提高光栅仪器的分辨本领。

5.5 一束白光垂直照射在一光栅上,在形成的同一级光栅光谱中,偏离中央明纹最大的是_____。

    A. 紫光   B. 绿光   C. 黄光   D. 红光

5.6 在闪耀光栅中,使刻槽面与光栅面成 θ 角,目的是使_____。

    A.干涉零级与衍射零级在空间分开   B.干涉零级与衍射零级在空间重合

    C.条纹变宽   D.自由光谱范围增大

5.7 在伦琴射线衍射中,设 d 为一组平行原子层平面的面间距,则可产生的最大加强波长为_____。

    A. d B. $2d$ C. $d/2$ D. $d/4$

5.8 白炽光经单缝衍射,衍射条纹中有一条不呈彩色,该条纹为_____级条纹。

    A. +1   B. −1   C. 0   D. 最高

5.9 月地距离为 3.8×10^5km,在地面上用口径为 1m 的天文望远镜_____分辨月球表面相距 150m 的两物点。

    A.恰能   B. 不能   C. 足能   D. 无从判定

5.10 一个望远镜系统的分辨本领取决于_____。

    A. 望远镜系统的口径   B. 观测物体的距离

    C. 工作波长   D. 物体的亮度

5.11 一长度为 10cm、每厘米有 2000 线的平面衍射光栅,在第一级光谱中,在波长 500nm 附近,能分辨出来的两谱线波长差至少应是_____nm。

5.12 用一物镜直径为 1.20m 的望远镜观察双星时,设可见光的波长为 550nm,则能分辨的双星最小角间距为_____。

5.13 如果某一波带片对考察点露出前 5 个奇数半波带,那么这些半波带在该点所产生的振动的振幅和光强分别是不用光阑时的_____倍。

    A. 5；10   B. 10；50   C. 10；100   D. 50；100

5.14 多缝夫琅禾费衍射中,其他条件不变,缝数增加时,衍射条纹_____。

    A. 变宽   B. 亮度不变   C. 变暗   D. 变亮

5.15 在菲涅耳圆屏衍射的几何阴影中心处_____。

    A. 永远是个亮点,其强度只与入射光强有关

    B. 永远是个亮点,其强度随着圆屏的大小而变

    C. 有时是亮点,有时是暗点

5.16 一菲涅耳波带片包含 16 个半波带,外半径 $r_{16} = 32$mm,中央第一个半波带的半径 r_1 等于_____。

    A. 16mm   B. 8mm   C. 4mm   D. 2mm

5.17 单缝衍射装置中,若将单缝宽增大 1 倍,则衍射条纹中,中央衍射极大光强变为原

来的_____。

  A. 8   B. 6   C. 4   D. 2

5.18 闪耀光栅主闪耀波长为 12mm，对它不呈现闪耀的波长是_____mm。

  A. 3   B. 4   C. 5   D. 6

5.19 光栅常数 d 增加时，如果其他条纹不变，则光栅的_____。

  A. 分辨能力增强   B. 分辨能力不变

  C. 色散能力增大   D. 自由光谱范围增大

  5.20 一束准直的单色光正入射到一个直径为 1cm 的会聚透镜，透镜焦距为 50cm，测得透镜焦平面上衍射图样中央亮斑的直径是 6.66×10^{-3}cm，则光波波长为_____nm。

  5.21 波长为 546.1nm 的平行光垂直入射到 1mm 宽的缝上，若将焦距为 100cm 的透镜紧贴于缝的后面，并使光聚焦到屏上，试问衍射图样的中央到下列所述的距离分别为多少？

  （1）第一最大值； （2）第一最小值； （3）第三最小值。

  5.22 在某个单缝衍射实验中，光源发出的光有两种波长 λ_1 和 λ_2。若 λ_1 第一级衍射极小与 λ_2 第二级衍射极小相重合，求：

  （1）这两种波长之间有何种关系？

  （2）在这两种波长的光所形成的衍射图样中，是否还有其他极小值相重合？

  5.23 一束单色光垂直入射在光栅常数为 0.006mm 的衍射光栅上，观察到第二级亮条纹出现在 $\sin\theta=0.20$ 处（θ 为衍射角），第三级亮条纹缺级。求：

  （1）入射单色光的波长； （2）光栅狭缝的宽度； （3）在屏上最多能看到的亮条纹数。

  5.24 一块每毫米 500 条缝的光栅，用钠黄光正入射，观察衍射光谱。钠黄光包含两条谱线，其波长分别为 589.6nm 和 589.0nm。求在第二级光谱中这两条谱线互相分离的角度。

  5.25 一束波长为 λ 的平面波垂直入射到 10 个间隔为 d 的完全相同的平行狭缝构成的光栅上。

  （1）求干涉强度极大值对应的方向角；

  （2）干涉极大条纹的半角宽度为多少？

  （3）干涉强度极大值与单个狭缝衍射强度极大值的关系是什么？

  5.26 一块光栅的宽度为 100mm，每毫米内有 500 条缝，光栅后面放置透镜，$f=500$mm。求：

  （1）633nm 单色光 1 级和 2 级谱线的半宽度。

  （2）若入射 633nm 和 633.3nm 的两单色光，则它们的 1 级谱线和 2 级谱线间的线距离是多少？

  （3）该光栅的 1 级谱线的色分辨本领是多少？

  5.27 迎面开来的汽车，其两车灯距离 d 为 1m，汽车与人的距离 L 多远时，两车灯刚能为人眼所分辨？（假定人眼瞳孔直径 D 为 2mm，光在空气中的有效波长 $\lambda=500$nm。）

  5.28 在通常的亮度下，人眼瞳孔直径约为 2mm，若视觉感受最灵敏的光波长为 550nm，试问：

  （1）人眼的最小分辨角是多少？

  （2）在教室的黑板上画的等号的两横线相距 2mm，坐在距黑板 10m 处的同学能否看清？

  5.29 波长为 614.5nm 的单色平行光束垂直入射直径为 5.2mm 的圆孔，在孔后 1m 处的屏上正对孔心处是亮点还是暗点？移动屏使中心处的亮暗恰好与刚才相反，则屏所移动的最小距离是多少？

5.30 一个波带片的工作波长 $\lambda = 550nm$，第 8 个半波带的直径为 5mm，求此波带片的焦距，并求出离主焦点最近的两个较弱的焦点到波带片的距离。

5.31 如何制作一张满足以下要求的波带片：

（1）在 400nm 紫光照明下，其主焦距为 80cm；

（2）主焦点的光强是自由传播时的 10^3 倍左右。

5.32 平行单色光垂直入射到一光栅上，在满足 $d\sin\theta = 3\lambda$ 时，经光栅相邻两缝沿 θ 方向衍射的两束光的光程差是多少？经第 1 缝和第 n 缝衍射的两束光的光程差又是多少？这时通过任意两缝的光叠加是否都会加强？

5.33 衍射光栅的光谱级次 m 增高时，其谱线的半角宽也增大，即谱线也较宽。但 m 增高时，光栅的分辨本领却提高了，这里是否存在矛盾？

5.34 某人在他眼睛前方握着一个竖直方向的单狭缝，通过此缝注视一遥远的光源，他看到的衍射图样是夫琅禾费衍射还是菲涅耳衍射？

5.35 光学仪器的分辨标准是怎样确定的？为什么这样规定？望远镜、显微镜和照相物镜的分辨本领各由什么因素决定？为什么显微镜的有效放大倍数只是 $200 \sim 300$ 倍左右？能否用增加目镜放大倍数的办法来缩小显微镜的最小分辨距离？

5.36 一束平行光垂直入射到某个光栅上，该光束有两种波长 $\lambda_1 = 440nm$，$\lambda_2 = 660nm$，实验发现，该两种波长的谱线（不计中央明纹）第二次重合于衍射角 $\theta = 60°$ 的方向上。求此光栅的光栅常数 d 为多少？

5.37 解释与平面光栅相比，闪耀光栅的衍射效率高的原因。

5.6 自测题解答

5.2 5.89×10^{-3}

5.3 $7.25\mu m$

5.4 总线数

5.5 D

5.6 A

5.7 B

5.8 C

5.9 B

5.10 Λ, C

5.11 0.025

5.12 $5.59 \times 10^{-7} rad$

5.13 C

5.14 D

5.15 B

5.16 B

5.17 C

5.18 C

5.19 B

5.20　546

5.21　$y=f'\sin\theta$，第一条亮纹 $\sin\theta_1=\pm1.43\dfrac{\lambda}{a}$，第 k 条暗纹 $\sin\theta_k=k\dfrac{\lambda}{a}$，故

（1）$y_{1\max}=1.43\dfrac{\lambda}{a}f'=1.43\times\dfrac{546.1\times10^{-6}}{1}\times100\approx0.078(\,cm)$

（2）$y_{1\min}=k\dfrac{\lambda}{a}f'=1\times\dfrac{546.1\times10^{-6}}{1}\times100\approx0.055(\,cm)$

（3）$y_{3\min}=k\dfrac{\lambda}{a}f'=3\times\dfrac{546.1\times10^{-6}}{1}\times100\approx0.164(\,cm)$

5.22　（1）据式(5.13)，单缝衍射极小值位置满足

$$a\sin\theta_n=m\lambda\qquad m=\pm1,\pm2,\cdots$$

因此　　　　　　　　　　　　　　　　　　　$\lambda_1=2\lambda_2$

（2）只要满足 $m_1\lambda_1=m_2\lambda_2$，$\lambda_1$ 和 λ_2 的极小值就重合，其中 m_1 和 m_2 均为整数。结合(1)的结果得，当 $2m_1=m_2$ 时，λ_1 和 λ_2 的极小值重合。

5.23　（1）$\lambda=\dfrac{d\sin\theta}{m}=\dfrac{0.006\times10^6\times0.20}{2}=600(\,nm)$

（2）$a=\dfrac{d}{3}=\dfrac{0.006}{3}=0.002(\,mm)$

（3）$m_M=\dfrac{d\sin90°}{\lambda}=10$

由于 $\pm3,\pm6,\pm9$ 缺级，所以最多能看到 $2m_M+1-6=15$ 条亮条纹。

5.24　因为 $d\sin\theta=2\lambda$，所以

$$\theta_2-\theta_1=\arcsin\left(\dfrac{2\lambda_2}{d}\right)-\arcsin\left(\dfrac{2\lambda_1}{d}\right)=2'33''$$

5.25　（1）$\theta=\arcsin\left(\dfrac{m\lambda}{d}\right)$

（2）$\Delta\theta=\dfrac{\lambda}{Nd}$

（3）$I/I_0=N^2=100$ 倍

5.26　（1）光栅常数 $d=\dfrac{1}{500}$mm。1 级和 2 级谱线的衍射角为

$$\theta_1=\arcsin\left(\dfrac{\lambda}{d}\right)=\arcsin\left(\dfrac{633\times10^{-6}}{1/500}\right)=18°27'$$

$$\theta_2=\arcsin\left(\dfrac{2\lambda}{d}\right)=\arcsin\left(\dfrac{2\times633\times10^{-6}}{1/500}\right)=39°16'$$

据式(5.28)知，光栅衍射谱线半宽度为

$$e=\Delta\theta\cdot f=\dfrac{\lambda f}{Nd\cos\theta}$$

因此 1 级和 2 级谱线的半宽度为

$$e_1=\dfrac{\lambda f}{Nd\cos\theta_1}=\dfrac{633\times10^{-6}\times500}{100\times\cos18°27'}=3.34\times10^{-3}(\,mm)$$

$$e_2 = \frac{\lambda f}{Nd\cos\theta_2} = \frac{633\times10^{-6}\times500}{100\times\cos39°16'} = 4.09\times10^{-3}(\text{mm})$$

(2) 1 级和 2 级谱线间的线距离为

$$\Delta e_1 = f(\theta_1'-\theta_1) = f\left[\arcsin\left(\frac{\lambda'}{d}\right)-\arcsin\left(\frac{\lambda}{d}\right)\right] = 0.079(\text{mm})$$

$$\Delta e_2 = f(\theta_2'-\theta_2) = f\left[\arcsin\left(\frac{2\lambda'}{d}\right)-\arcsin\left(\frac{2\lambda}{d}\right)\right] = 0.19(\text{mm})$$

(3) 据式(5.33)得色分辨本领为

$$A = mN = 1\times100\times500 = 5\times10^4$$

5.27 $\alpha = \dfrac{d}{L} = 1.22\dfrac{\lambda}{D}$

$$L = \frac{dD}{1.22\lambda} = \frac{1\times2\times10^{-3}}{1.22\times500\times10^{-9}} = 3.2787\times10^3(\text{m})$$

5.28 (1) 最小分辨角为 $\alpha = 1.22\dfrac{\lambda}{D} = 1.22\dfrac{550\times10^{-6}}{2} = 3.3\times10^{-4}(\text{rad})$

(2) 由于最小分辨角 $\alpha > \dfrac{d}{L} = \dfrac{2}{10\times10^3} = 2\times10^{-4}(\text{rad})$

所以,看不清楚。

5.29 本题属于菲涅耳衍射问题,所以用半波带法比较方便。

据式(5.36)得圆孔包含的半波带数为

$$j = \frac{r^2}{z\lambda} = \frac{(5.2/2)^2}{1\times10^3\times614.5\times10^{-6}} = 11$$

是奇数个,因此是亮点。

当 $j=10$ 或 12 时,为相邻的暗点,对应 $z=1.1\text{m}$ 或 0.919m。所以,屏应该往靠近圆孔方向移动 $1-0.919 = 0.081\text{m}$,使中心处变为暗点。

5.30 (1) 据式(5.38),波带片的焦距为

$$f = \frac{r_j^2}{j\lambda} = \frac{(5/2)^2}{8\times550\times10^{-6}} = 1420.5\text{mm}$$

(2) 由于其他次焦点到波带片的距离为 $f/3, f/5, f/7, \cdots$,因此,离主焦点最近的两个较弱的焦点到波带片的距离为 $f/3 = 473.5\text{mm}, f/5 = 284.1\text{mm}$。

5.31 (1) $r_j = \sqrt{fj\lambda}$,则 $r_1 = \sqrt{f\lambda} = \sqrt{800\times400\times10^{-6}} = 0.57(\text{mm})$

然后以 $r_j = \sqrt{j}\rho_1$ 为比例画出一系列圆环,交替地挡住奇数波带。整个波带片的有效尺寸可按光强要求确定。

(2) 主焦点振幅 $A = A_2+A_4+A_6+\cdots+A_j = \dfrac{j}{2}a_2 = jA_0$

其中,A_0 为自由光场的振幅,为一个波带振幅的一半：$A_0 = \dfrac{a_2}{2}$。

振幅比 $\dfrac{A}{A_0} = \sqrt{\dfrac{I}{I_0}}$,题目要求 $\dfrac{A^2}{A_0^2} = 1000$

所以,总波带数 $j=\dfrac{A}{A_0}=\sqrt{1000}=32$

有效面积的半径为 $r=\sqrt{j}r_1=\sqrt{32}\times0.57=3.2(\text{mm})$

5.32 (1) $d(\sin\theta+\sin\varphi)=m\lambda$

当 $\varphi=0$ 时,$d\sin\theta=m\lambda$。

而 $m=3$、衍射角为 θ 时相邻两缝的光程差为 $\mathscr{D}=d\sin\theta=3\lambda$。

所以相邻两缝的光程差为 3λ。

(2) 第1条缝和第3条缝的光程差为 $2\times(3\lambda)$,第1条缝与第 n 条缝的光程差为:

$\mathscr{D}_{1,n}=(n-1)d\sin\theta=(n-1)\cdot3\lambda$ (其中 n 为缝数)

(3) 只考虑干涉因子时任意两缝间的光程差都是波长的整数倍,所以位相差为 2π 的整数倍,应是相干加强,但由于衍射作用的存在,所以有可能不会加强。

5.33 由光栅方程 $d\sin\theta=m\lambda$ 及谱线半角宽度 $\Delta\theta_{\text{半}}=\dfrac{\lambda}{Nd\cos\theta_\text{m}}$ 可知,m 大则 θ_m 大,可得 $\Delta\theta_{\text{半}}$ 大,

谱线变宽。但某一波长相邻两谱线的角宽度为 $\Delta\theta=\dfrac{\lambda}{d\cos\theta_\text{m}}$,$m$ 增大,$\Delta\theta$ 也增大,即相邻

两谱线的角宽度变宽,谱线间的距离也变大,$\dfrac{\Delta\theta}{\Delta\theta_{\text{半}}}=N$。

分辨本领定义 $\dfrac{\text{d}\theta}{\text{d}\lambda}\Delta\lambda=\Delta\theta_{\text{半}}$,故 $\Delta\lambda=\dfrac{\text{d}\lambda}{\text{d}\theta}\cdot\Delta\theta_{\text{半}}=\dfrac{\lambda}{mN}$。

这表明,可分解的最小波长差 $\Delta\lambda$ 随 m 的增大而减小,因而分辨率本领 $A=mN=\dfrac{\lambda}{\Delta\lambda}$ 提高。

5.34 应属于夫琅禾费衍射。因为一遥远光源到达狭缝时,可认为为无穷远处,入射光是平行光。而衍射后,经过眼睛观看,将衍射光聚焦在视网膜上,因此满足远场条件。

5.35 (1) 瑞利标准:当一个光点的衍射图样的中央最大和另一个光点的衍射图样的第一最小重合时,这两个光点恰能被分辨。

(2) 因计算表明这时两衍射图中心之间的光强度均为中央最大的 80%,一般人眼对这样大的光强差完全能感觉到,所以利用这点作为确定分辨的标准的依据。

(3) 望远镜:最小分辨角为 $\theta\approx\dfrac{1.22\lambda}{D}$。其中,$D$ 为望远镜物镜的直径。

显微镜:物镜能分辨的最小距离:$\Delta y=\dfrac{0.61\lambda}{n\sin u}=\dfrac{0.61\lambda}{NA}$。其中,$n$ 为物方折射率,u 为物方孔径角,NA 为数值孔径。

照相物镜:将物镜在底片上每毫米内恰能分开的线条数 N 作为物镜分辨本领的量度。

$N=\dfrac{1}{\delta y}=\dfrac{1}{1.22\lambda}\dfrac{D}{f}$。其中,$f$ 为物镜焦距。

(4) 显微镜的最小分辨距离:$\Delta y=\dfrac{0.61\lambda}{n\sin u}=\dfrac{0.61\lambda}{NA}$

目前,$NA=1.25$,$\lambda=500\text{nm}$,$\sin u_{\max}=1$,$n=1.5$,故 $\Delta y_{\min}=0.3\mu\text{m}$

而人眼在明视距离处观察时能分辨的最小距离为 55×10^{-3}mm, 两者比值近似为 200 倍。也就是说, 从分辨本领的角度来看, 光学显微镜的最大放大倍数是 200 倍左右, 不会更高。

（5）不会, 因为显微镜的最小分辨距离是由物镜框限制的, 与目镜无关。

5.36 由光栅衍射主级大公式得

$$\begin{cases} d\sin\theta_1 = m_1\lambda_1 \\ d\sin\theta_2 = m_2\lambda_2 \end{cases}, \text{即} \frac{\sin\theta_1}{\sin\theta_2} = \frac{m_1\lambda_1}{m_2\lambda_2} = \frac{440m_1}{660m_2} = \frac{2m_1}{3m_2}$$

当两谱线重合时有 $\theta_1 = \theta_2$, 即 $\dfrac{m_1}{m_2} = \dfrac{3}{2} = \dfrac{6}{4} = \dfrac{9}{4}$

两谱线第二次重合时有 $\dfrac{m_1}{m_2} = \dfrac{6}{4}$, 得 $\begin{cases} m_1 = 6 \\ m_2 = 4 \end{cases}$

由光栅衍射主极大公式可得: $\begin{cases} d\sin\theta_1 = m_1\lambda_1 \\ m_1 = 6 \\ \theta_1 = 60° \end{cases}$, 得 $a = \dfrac{6\times440}{\sin60°} = 3048$nm

5.37 闪耀光栅通过在单元平面与光栅平面间引入夹角, 使单元衍射中央主极大出现在缝间干涉某一有分光能力的非零级主极大的位置上, 并通过衍射单元宽度与光栅周期常数相等使其他缝间干涉主极大出现缺级, 这样衍射光能量几乎全布集中到闪耀的主极大上, 使衍射效率大为提高。

第 6 章　傅里叶光学

6.1　学习目的和要求

1. 理解空间频率的概念。

2. 掌握单色波场中复杂的复振幅分布及其分解,以及傅里叶积分与光场复振幅分解的关系。

3. 掌握衍射现象的傅里叶分析方法,夫琅禾费近似下衍射场与孔径场的变换关系,矩孔、单缝、双缝、多缝、圆孔的夫琅禾费衍射计算,菲涅耳衍射的傅里叶变换表达。

4. 掌握透镜的傅里叶变换性质和成像性质。

5. 了解相干成像系统分析及相干传递函数。

6. 了解非相干成像系统分析及光学传递函数。

7. 熟悉阿贝成像理论和阿贝-波特实验,掌握 $4f$ 系统光学系统用于光学信息处理的过程、空间滤波的概念及简单计算。

6.2　基本概念和基本公式

1. 空间频率

沿 $\boldsymbol{k}$ 方向传播的平面波复振幅分布为

$$\widetilde{E}(x,y) = A\,\exp[\,ik(x\cos\alpha+y\cos\beta+z\cos\gamma)\,] = A\exp[\,i2\pi(ux+vy+wz)\,] \tag{6.1}$$

其中,$(\cos\alpha,\cos\beta,\cos\gamma)$ 为 $\boldsymbol{k}$ 的方向余弦。则沿 x,y,z 方向的空间频率分别为

$$u = \frac{\cos\alpha}{\lambda},\quad v = \frac{\cos\beta}{\lambda},\quad w = \frac{\cos\gamma}{\lambda} \tag{6.2}$$

实际上,空间频率的概念并不局限于平面波复振幅分布,对于任何在空间呈周期性分布的物理量都适用。例如,光强的空间周期分布也可以用空间频率来描述,只是空间频率 u,v,w 是光强的空间变化频率。

2. 复杂复振幅分布的傅里叶分解

根据傅里叶积分变换,复杂复振幅分布 $\widetilde{E}(x,y)$ 可以看作由无数个带权重的平面波基元 $\exp[\,i2\pi(ux+vy)\,]$ 线性组合而成。

$$\widetilde{E}(x,y) = \iint\limits_{-\infty}^{\infty} \widetilde{E}(u,v)\exp[\,i2\pi(ux+vy)\,]\,\mathrm{d}u\mathrm{d}v \tag{6.3}$$

或简记为

$$\widetilde{E}(x,y) = \mathscr{F}^{-1}\{\widetilde{E}(u,v)\}$$

上述两式中

$$\widetilde{E}(u,v) = \iint\limits_{-\infty}^{\infty} \widetilde{E}(x,y)\exp[\,-i2\pi(ux+vy)\,]\,\mathrm{d}x\mathrm{d}y \tag{6.4}$$

$\widetilde{E}(u,v)$ 是函数 $\widetilde{E}(x,y)$ 的傅里叶积分变换,简记为

$$\widetilde{E}(u,v) = \mathscr{F}\{\widetilde{E}(x,y)\}$$

$\widetilde{E}(u,v)$ 称为空间频谱、傅里叶频谱，或简称频谱。

3. 夫琅禾费衍射、菲涅耳衍射与傅里叶分析

夫琅禾费衍射：

$$\widetilde{E}(x,y) = \frac{\exp(ikz_1)}{i\lambda z_1}\exp\left[\frac{ik}{2z_1}(x^2+y^2)\right]\iint\limits_{-\infty}^{\infty}\widetilde{E}(x_1,y_1)\exp\left[-i2\pi\left(\frac{x}{\lambda z_1}x_1+\frac{y}{\lambda z_1}y_1\right)\right]dx_1dy_1$$

$$= \frac{\exp(ikz_1)}{i\lambda z_1}\exp\left[\frac{ik}{2z_1}(x^2+y^2)\right]\mathscr{F}\{\widetilde{E}(x_1,y_1)\} \tag{6.5}$$

其中，(x_1,y_1) 和 (x,y) 分别为衍射屏和接收屏的坐标，z_1 为衍射屏和接收屏的距离。接收屏上的光强分布为

$$I(x,y) = \frac{1}{(\lambda z_1)^2}|\mathscr{F}\{\widetilde{E}(x_1,y_1)\}|^2 \tag{6.6}$$

4. 透镜的透射系数

当光波在传播过程中遇到障碍物时会发生衍射，透射光波受到障碍物透射能力的调制。如果用 $\widetilde{t}(x,y)$ 表示衍射障碍物的透射函数，则透射光波 $\widetilde{E}(x,y)$ 与入射光波 $\widetilde{E}_0(x,y)$ 的关系为

$$\widetilde{E}(x,y) = \widetilde{t}(x,y)\widetilde{E}_0(x,y) \tag{6.7}$$

薄透镜的透射系数为
$$\widetilde{t}(x,y) = \exp\left(-ik\frac{x^2+y^2}{2f}\right) \tag{6.8}$$

5. 透镜傅里叶变换性质

设入射光波为单色平面波，则光波到达透镜后焦面场上的复振幅分布为

$$\widetilde{E}(x,y) = \frac{\exp(ikf)}{i\lambda f}\exp\left[\frac{ik}{2f}(x^2+y^2)\right]\mathscr{F}\left\{\widetilde{E}(x_1,y_1)\exp\left[\frac{ik}{2f}(x_1^2+y_1^2)\right]\right\} \tag{6.9}$$

$$\widetilde{E}(x,y) = \frac{1}{i\lambda f}\exp\left\{\frac{ik}{2f}\left[1-\frac{d_0}{f}(x^2+y^2)\right]\right\}\cdot\mathscr{F}\{\widetilde{E}(x_1,y_1)\} \tag{6.10}$$

其中 d_0 为物面与透镜之间的距离，特别当 $d_0=f$ 时 $\quad \widetilde{E}(x,y) = \frac{1}{i\lambda f}\mathscr{F}\{\widetilde{E}(x_1,y_1)\}$ (6.11)

6. 透镜傅里叶成像规律

若以单位振幅的单色平面波垂直入射，即物离透镜无限远，则像面上的复振幅分布为

$$\widetilde{E}(x,y) = \exp\left(-ik\frac{x^2+y^2}{2f}\right) \tag{6.12}$$

如果点物 $(0,0,-l)$ 在离透镜为 l 的光轴上，则像面上的复振幅分布为

$$\widetilde{E}(x,y) = A\exp\left[-\frac{ik}{2l'}(x^2+y^2)\right], \quad 其中\frac{1}{l'}=\frac{1}{f}-\frac{1}{l} \tag{6.13}$$

如果点物 $(x_0,y_0,-l)$ 在离透镜为 l 的光轴外，则像面上的复振幅分布为

$$\widetilde{E}(x,y) = A\exp\left[-ik\left(\frac{x^2+y^2}{2l'}+\frac{x_1x+y_1y}{l'}\right)\right] \tag{6.14}$$

7. 孔径对透镜成像的影响

考虑透镜有限大，孔径的光瞳函数为 $P(x_1,y_1)$，则透镜的透射函数为

$$\tilde{t}(x_1, y_1) = P(x_1, y_1) \exp\left(-\mathrm{i}k \frac{x_1^2 + y_1^2}{2f}\right) \qquad (6.15)$$

当点物 $(0,0,-l)$ 在光轴上且离透镜为 l 时，像面上的复振幅分布为

$$\widetilde{E}(x, y) = A \exp\left[\mathrm{i}k\left(\frac{x^2 + y^2}{2l'}\right)\right] \mathscr{F}\{P(x_1, y_1)\} \qquad (6.16)$$

透镜的孔径对系统的空间频率起限制作用。透镜是低通滤波器，其最大空间频率为

$$u_{max} = \frac{D - L}{2\lambda f} \qquad (6.17)$$

截止频率为

$$u_0 = \frac{D + L}{2\lambda f} \qquad (6.18)$$

其中 D 为透镜孔径，L 为透镜前物体的大小。

8. 相干传递函数

设物面上扩展物体的复振幅分布为 $o(x, y)$

$$o(x, y) = \iint_{-\infty}^{\infty} o(\xi, \eta) \delta(x - \xi, y - \eta) \mathrm{d}\xi \mathrm{d}\eta \qquad (6.19)$$

$$g(x', y') = \iint_{-\infty}^{\infty} o(x, y) h(x' - \xi, y' - \eta) \mathrm{d}x \mathrm{d}y = o(x', y') * h(x', y') \qquad (6.20)$$

相干传递函数 (CTF) 为

$$H_c(u, v) = \frac{G_c(u, v)}{O_c(u, v)} \qquad (6.21)$$

其中

$$\begin{cases} G_c(u, v) = \mathscr{F}\{g(x', y')\} \\ O_c(u, v) = \mathscr{F}\{o(x', y')\} \\ H_c(u, v) = \mathscr{F}\{h(x', y')\} \end{cases} \qquad (6.22)$$

9. 光学传递函数

光学传递函数 (OTF) 为

$$H_I(u, v) = \frac{G_I(u, v)}{O_I(u, v)} \qquad (6.23)$$

其中

$$\begin{cases} G_I(u, v) = \mathscr{F}\{I(x', y')\} \\ O_I(u, v) = \mathscr{F}\{I_0(x', y')\} \\ H_I(u, v) = \mathscr{F}\{h_1(x', y')\} \end{cases}$$

$$H_I(u, v) = \frac{P(\lambda l'u, \lambda l'v) \star P(\lambda l'u, \lambda l'v)}{\displaystyle\iint_{-\infty}^{\infty} |P(\xi, \eta)|^2 \mathrm{d}\xi \mathrm{d}\eta} \qquad (6.24)$$

对于衍射受限系统，计算 OTF 的一个实用关系是

$$H_I(u, v) = \frac{\text{两个错开出瞳的重叠面积}}{\text{出瞳总面积}} \qquad (6.25)$$

10. 相干传递函数与光学传递函数的关系为

$$H_I(u, v) = \frac{H_c(u, v) \star H_c(u, v)}{\displaystyle\iint |H_c(\xi, \eta)|^2 \mathrm{d}\xi \mathrm{d}\eta} \qquad (6.26)$$

11. 阿贝成像理论(两次成像理论)

如图 6.1 所示,阿贝把物看成是不同空间频率信息的集合,相干成像分两步完成。

(1)入射光经物平面发生夫琅禾费衍射,在 L 的后焦面上形成一系列的衍射斑纹,此即物的空间频谱。

(2)各衍射斑纹发出的子波在像平面上相干叠加形成物的像。

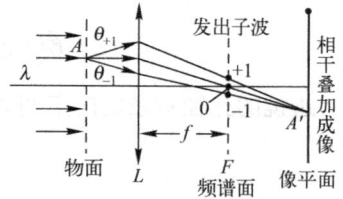

图 6.1 阿贝成像原理图

12. 相干光学处理系统——4f 系统

如图 6.2 所示。

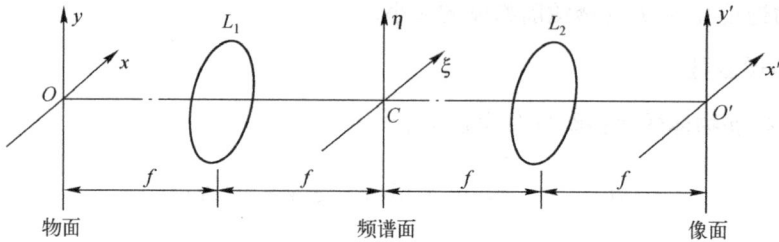

图 6.2 相干光学处理的双透镜(4f)系统

6.3 常见习题分类及典型例题分析

题型一 求单色平面波的复振幅分布、传播方向和空间频率。

基本解题思路 先求出单色平面波的表达式,再与标准式进行比较,得到相应的复振幅分布;波的传播方向由 k 的方向余弦($\cos\alpha, \cos\beta, \cos\gamma$)决定;空间频率与方向有关,沿 x, y, z 方向的空间频率由式(6.2)给出。

例 6.1 两列振动方向相同、波长同为 400nm 的平面波照射在 xy 平面上。两波的振幅为 A,传播方向与 xz 平面平行,与 z 轴的夹角分别为 $10°$ 和 $-10°$(如图 6.3 所示)。求:

(1) xy 平面上的复振幅分布及空间频率;

(2) xy 平面上的强度分布及空间频率。

解 两列波波矢量的方向余弦分别为

$$\cos\alpha_1 = \cos80°, \quad \cos\beta_1 = 0, \quad \cos\gamma_1 = \cos10°$$

和 $\quad \cos\alpha_2 = \cos100°, \quad \cos\beta_2 = 0, \quad \cos\gamma_2 = \cos(-10°)$

因此,将上述结果代入式(6.1),得两列波在 xy 平面上的复振幅分别为

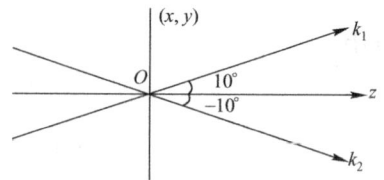

图 6.3 例 6.1 用图

$$\widetilde{E}_1(x,y) = A\exp\left[\mathrm{i}\frac{2\pi}{\lambda}x\cos80°\right] = A\exp\left[\mathrm{i}\frac{2\pi}{\lambda}x\sin10°\right]$$

$$\widetilde{E}_2(x,y) = A\exp\left[\mathrm{i}\frac{2\pi}{\lambda}x\cos100°\right] = A\exp\left[-\mathrm{i}\frac{2\pi}{\lambda}x\sin10°\right]$$

(1) xy 平面上的合复振幅为

$$\widetilde{E}(x,y) = \widetilde{E}_1(x,y) + \widetilde{E}_2(x,y)$$

$$= A\exp\left[\mathrm{i}\frac{2\pi}{\lambda}x\sin10°\right]+A\exp\left[-\mathrm{i}\frac{2\pi}{\lambda}x\sin10°\right]$$

$$= 2A\cos(8.7\times10^2\pi x)$$

因此,沿 x 方向的空间频率为 $u=\dfrac{8.7\times10^2}{2}=435\mathrm{mm}^{-1}$,沿 y 方向的空间频率为 $v=0$。

(2) xy 平面上的强度分布为

$$I=|\widetilde{E}(x,y)|^2=4A^2\cos^2(8.7\times10^2\pi x)=2A^2\left[\cos(8.7\times10^2\times2\pi x)+1\right]$$

可见,此强度分布沿 y 方向的空间频率为零,而沿 x 方向的空间频率为 $u=870\mathrm{mm}^{-1}$。

题型二 用傅里叶变换方法,求夫琅禾费衍射图样的强度分布。

基本解题思路 先找出衍射屏振幅透射率函数,利用傅里叶变换关系及式(6.6)求强度分布。解题过程中常用到一些傅里叶变换对(见表6.1)及傅里叶变换定理。

表6.1 常见傅里叶变换对

函　　数	变　换　式	函　　数	变　换　式
1	$\delta(u,v)$	$\dfrac{\mathrm{i}}{2}\left[\delta(x-x_0)-\delta(x+x_0)\right]$	$\sin(2\pi ux_0)$
$\delta(x,y)$	1	$\mathrm{rect}(x)\mathrm{rect}(y)$	$\mathrm{sinc}(u)\mathrm{sinc}(v)$
$\delta(x-x_0,y-y_0)$	$\exp\left[-\mathrm{i}2\pi(ux_0+vy_0)\right]$	$\wedge(x)\wedge(y)$	$\mathrm{sinc}^2(u)\mathrm{sinc}^2(v)$
$\exp\left[\mathrm{i}2\pi(ax+by)\right]$	$\delta(u-a,v-b)$	$\mathrm{sgn}(x)\mathrm{sgn}(y)$	$\dfrac{1}{\mathrm{i}\pi u}\cdot\dfrac{1}{\mathrm{i}\pi v}$
$\cos(2\pi u_0x)$	$\dfrac{1}{2}\left[\delta(u-u_0)+\delta(u+u_0)\right]$	$\mathrm{comb}(x)\mathrm{comb}(y)$	$\mathrm{comb}(u)\mathrm{comb}(v)$
$\dfrac{1}{2}\left[\delta(x-x_0)+\delta(x+x_0)\right]$	$\cos(2\pi ux_0)$	$\mathrm{circ}(r)$	$\dfrac{J_1(2\pi\rho)}{\rho}$
$\sin(2\pi u_0x)$	$\dfrac{1}{2\mathrm{i}}\left[\delta(u-u_0)+\delta(u+u_0)\right]$		

傅里叶变换的几个基本定理如下。

1. 线性定理

设 a 和 b 是两个任意常数,若

$$\mathscr{F}\{\widetilde{E}_1(x,y)\}=\widetilde{G}_1(u,v),\quad\mathscr{F}\{\widetilde{E}_2(x,y)\}=\widetilde{G}_2(u,v),\text{则}$$

$$\mathscr{F}\{a\widetilde{E}_1(x,y)+b\widetilde{E}_2(x,y)\}=a\widetilde{G}_1(u,v)+b\widetilde{G}_2(u,v)$$

2. 相似性定理(缩放定理)

设 a 和 b 是两个任意常数,若 $\mathscr{F}\{\widetilde{E}(x,y)\}=\widetilde{G}(u,v)$,则有

$$\mathscr{F}\{\widetilde{E}(ax,by)\}=\frac{1}{ab}\widetilde{G}\left(\frac{u}{a},\frac{v}{b}\right)$$

可见,空域中坐标 (x,y) 的压缩,会导致频域中坐标 (u,v) 的伸展及频谱幅值的降低。

3. 相移定理

若 $\mathscr{F}\{\widetilde{E}(x,y)\}=\widetilde{G}(u,v)$,则有

$$\mathscr{F}\{\widetilde{E}(x-a,y-b)\}=\widetilde{G}(u,v)\exp\left[-\mathrm{i}2\pi(ua+vb)\right]$$

可见,在空域中的平移,将相应地带来频域中的线性相移。

4. 帕塞瓦(Parseval)定理

若 $\mathscr{F}\{\widetilde{E}(x,y)\}=\widetilde{G}(u,v)$,则有

$$\iint\limits_{-\infty}^{\infty}|\widetilde{E}(x,y)|^2\mathrm{d}x\mathrm{d}y=\iint\limits_{-\infty}^{\infty}|\widetilde{G}(u,v)|^2\mathrm{d}u\mathrm{d}v$$

这是能量守恒的表述。

5. 卷积定理

若 $\mathscr{F}\{\widetilde{E}_1(x,y)\}=\widetilde{G}_1(u,v)$,$\mathscr{F}\{\widetilde{E}_2(x,y)\}=\widetilde{G}_2(u,v)$,则

$$\mathscr{F}\{\widetilde{E}_1(x,y)*\widetilde{E}_2(x,y)\}=\widetilde{G}_1(u,v)\widetilde{G}_2(u,v)$$

利用卷积定理,可把空域中两个函数复杂的卷积运算,转换为频域中各自傅里叶变换的简单乘积。

6. 傅里叶积分定理

在函数 $\widetilde{E}(x,y)$ 的各个连续点上:

$$\mathscr{F}\mathscr{F}^{-1}\{\widetilde{E}(x,y)\}=\mathscr{F}^{-1}\mathscr{F}\{\widetilde{E}(x,y)\}=\widetilde{E}(x,y)$$

即对函数 $\widetilde{E}(x,y)$ 相继进行傅里叶变换和逆变换会得到原函数。

例 6.2 在图 6.2 所示的 $4f$ 系统输入面放置一个 $60^{-1}\mathrm{mm}$ 的光栅,为了使频谱面上至少能获得 ±4 级的衍射斑,并且相邻衍射斑间距不小于 $2\mathrm{mm}$,求透镜的焦距及直径。

解 光栅常数 $d=\dfrac{1}{60}\mathrm{mm}$,设透光部分为 a,且光栅宽度可看作无穷大,则透射率函数为

$$t(x)=\sum_m\mathrm{rect}\left(\frac{x-md}{a}\right)=\mathrm{rect}\left(\frac{x}{a}\right)\cdot\frac{1}{d}\sum_m\mathrm{comb}\left(\frac{x}{d}\right)$$

其频谱为

$$E(u)=\mathscr{F}\{t(x)\}=\mathscr{F}\left\{\mathrm{rect}\left(\frac{x}{a}\right)\right\}\frac{1}{d}\mathscr{F}\left\{\sum_m\mathrm{comb}\left(\frac{x}{a}\right)\right\}$$

$$=a\,\mathrm{sinc}(au)\,\mathrm{comb}(du)$$

$$=\frac{a}{d}\sum_m\mathrm{sinc}\left(\frac{ma}{d}\right)\delta\left(u-\frac{m}{d}\right)$$

可见,谱点位置由 $u=\dfrac{\xi}{\lambda f}=\dfrac{m}{d}$ 决定,即频谱面上第 m 级的坐标位置在 $\xi=\dfrac{m}{d}\lambda f$,因此相邻衍射斑间距 $\Delta\xi=\dfrac{\lambda f}{d}$,透镜的焦距 $f=\dfrac{d\Delta\xi}{\lambda}=\dfrac{2/60}{632.8\times10^{-6}}=52.7(\mathrm{mm})$。

要使频谱面上至少能获得 ±4 级衍射斑,则 ±4 级衍射斑的频率应小于或等于系统截止频率,因此

$$\frac{4}{d}\leqslant\frac{D}{2\lambda f}$$

所以,透镜的直径至少为

$$D=8\frac{\lambda f}{d}=8\times\Delta\xi=16(\mathrm{mm})$$

6.4 教材习题解答

6.1 振幅为 A，波长为 λ 的单色平面波的波矢量平行于 xz 平面，与 z 轴夹角为 θ。试求它在 xy 平面上的复振幅分布和空间频率。

解 该平面波的方向余弦为 $\cos\alpha=\sin\theta, \cos\beta=0, \cos\gamma=\cos\theta$。因此，在 xy 平面上的复振幅分布为

$$\widetilde{E}(x,y)=A\exp\left[i\frac{2\pi}{\lambda}(x\sin\theta)\right]$$

在 x 和 y 方向上对应的空间频率分别为 $u=\dfrac{\sin\theta}{\lambda}, v=0$。

6.2 波长为 500nm 的单色平面波在 xy 平面上的复振幅分布为（空间频率单位为 mm^{-1}）

$$\widetilde{E}(x,y)=\exp\left[i2\times10^3\pi(x+1.5y)\right]$$

试求该平面波的传播方向。

解 由题设得该平面波在 xy 平面上的空间频率为

$$u=\frac{\cos\alpha}{\lambda}=10^3\mathrm{mm}^{-1}, \qquad v=\frac{\cos\beta}{\lambda}=1.5\times10^3\mathrm{mm}^{-1}$$

而

$$w=\frac{\cos\gamma}{\lambda}=\frac{\sqrt{1-\cos^2\alpha-\cos^2\beta}}{\lambda}=8.7\times10^2\mathrm{mm}^{-1}$$

因此该平面波的传播方向为

$$\cos\alpha=0.5, \cos\beta=0.75, \cos\gamma=0.435$$

6.3① 空间一平面波沿 r 方向传播，方向角分别为 α, β, γ，波长为 λ。写出其复振幅和 x, y, z 轴方向上的位相分布和空间频率。

解 设平面波振幅大小为 A，则沿 r 方向的位相分布为

$$\phi(r)=\boldsymbol{k}\cdot\boldsymbol{r}=k(x\cos\alpha+y\cos\beta+z\cos\gamma)$$

$$=\frac{2\pi}{\lambda}(x\cos a+y\cos\beta+z\cos\gamma)$$

其复振幅为

$$\widetilde{E}(r)=A\exp\left[i\frac{2\pi}{\lambda}(x\cos\alpha+y\cos\beta+z\cos\gamma)\right]$$

沿 x, y, z 轴方向的位相分布分别为

$$\phi(x)=\boldsymbol{k}\cdot x\cos\alpha=\frac{2\pi}{\lambda}x\cos\alpha$$

$$\phi(y)=\boldsymbol{k}\cdot y\cos\beta=\frac{2\pi}{\lambda}y\cos\beta$$

$$\phi(z)=\boldsymbol{k}\cdot z\cos\gamma=\frac{2\pi}{\lambda}z\cos\gamma$$

空间频率分别为 $\qquad u=\dfrac{\cos\alpha}{\lambda}, \qquad v=\dfrac{\cos\beta}{\lambda}, \qquad w=\dfrac{\cos\gamma}{\lambda}$

---

① 原 6.3 的解答见例 5.1，此处为另加题。

6.4 写出题 5.38 中,在全息底版平面上光强度分布的空间频率的表达式。

解 由题 5.38 知,全息底版平面上的光强度分布为

$$I(x,y) = (A_1^2 + A_2^2)\left\{1 + \frac{2A_1A_2}{A_1^2 + A_2^2}\cos\left[\frac{2\pi}{\lambda}(\cos\alpha_1 - \cos\alpha_2)x + \frac{2\pi}{\lambda}(\cos\beta_1 - \cos\beta_2)y\right]\right\}$$

x 方向和 y 方向上的条纹间距分别为 d_x, d_y。因此,光强度分布沿 x 轴和 y 轴方向的空间频率分别为

$$u = \frac{1}{d_x} = \frac{\cos\alpha_1 - \cos\alpha_2}{\lambda}, \quad v = \frac{1}{d_y} = \frac{\cos\beta_1 - \cos\beta_2}{\lambda}$$

6.5 求下列函数的傅里叶频谱,并画出原函数及频谱的图形。

(1) $E(x) = \begin{cases} A\sin 2\pi u_0 x, & |x| \leqslant L \\ 0, & |x| > L \end{cases}$;

(2) $E(x) = \begin{cases} A\sin^2 2\pi u_0 x, & |x| \leqslant L \\ 0, & |x| > L \end{cases}$;

(3) $E(x) = \begin{cases} \exp(-\alpha x), & \alpha > 0, x > 0 \\ 0, & x < 0 \end{cases}$;

(4) 高斯函数 $E(x) = \exp(-\pi x^2)$。

解 由傅里叶变换关系式(6.4)得

(1)
$$E(u) = \int_{-\infty}^{\infty} E(x)\exp(-i2\pi ux)\,dx = \int_{-L}^{L} A\sin 2\pi u_0 x\exp(-i2\pi ux)\,dx$$
$$= iA\{\mathrm{sinc}[2L(u + u_0)] - \mathrm{sinc}[2L(u - u_0)]\}$$

原函数及频谱的图形分别如图 6.4 和图 6.5 所示。

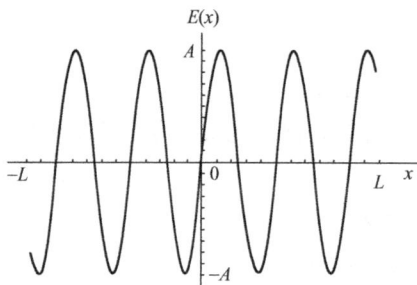

图 6.4 题 6.5(1)用图

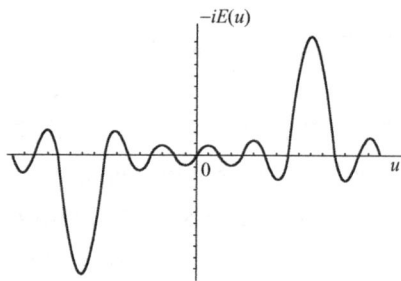

图 6.5 题 6.5(1)用图

(2)
$$E(u) = \int_{-L}^{L} A\sin^2 2\pi u_0 x\exp(-i2\pi ux)\,dx$$
$$= \frac{A}{2}\int_{-L}^{L}(1 - \cos 4\pi u_0 x)(\cos 2\pi ux - i\sin 2\pi ux)\,dx$$
$$= AL\left\{\mathrm{sinc}(2Lu) - \frac{1}{2}\mathrm{sinc}[2L(u + 2u_0)] - \frac{1}{2}\mathrm{sinc}[2L(u - 2u_0)]\right\}$$

原函数及频谱的图形分别如图 6.6 和图 6.7 所示。

(3)
$$E(u) = \int_{-\infty}^{\infty} E(x)\exp(-i2\pi ux)\,dx = \int_{0}^{\infty} \exp(-\alpha x)\exp(-i2\pi ux)\,dx$$
$$= \frac{\alpha - i2\pi u}{\sqrt{\alpha^2 + (2\pi u)^2}} = \frac{\exp\left[i\arctan\dfrac{2\pi u}{\alpha}\right]}{\sqrt{\alpha^2 + (2\pi u)^2}}$$

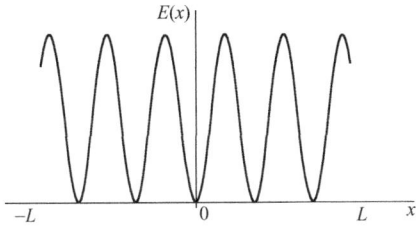

图 6.6　题 6.5(2)用图

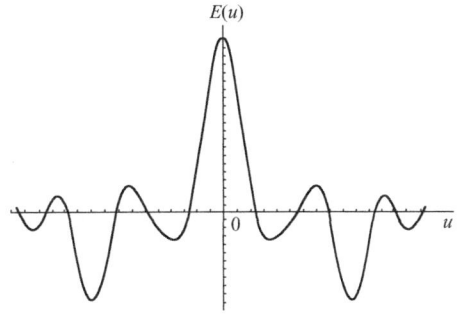

图 6.7　题 6.5(2)用图

原函数如图 6.8 所示,频谱的虚部及实部图形分别如图 6.9(a)和图 6.9(b)所示。

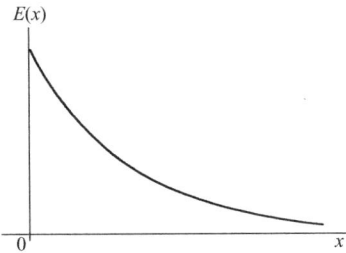

图 6.8　题 6.5(3)用图

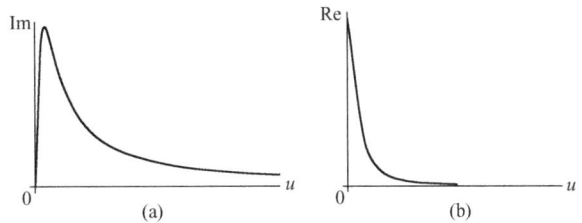

图 6.9　题 6.5(3)用图

$$(4)\qquad \widetilde{E}(u) = \int_{-\infty}^{\infty} \exp(-\pi x^2) \exp(-\mathrm{i}2\pi ux) \mathrm{d}x$$

$$= \exp(-\pi u^2) \int_{-\infty}^{\infty} \exp[-\pi(x+\mathrm{i}u)^2] \mathrm{d}(x+\mathrm{i}u) = \exp(-\pi u^2)$$

可见,谱函数仍为高斯分布。原函数及频谱的图形分别如图 6.10 和图 6.11 所示。

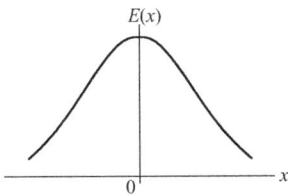

图 6.10　题 6.5(4)用图

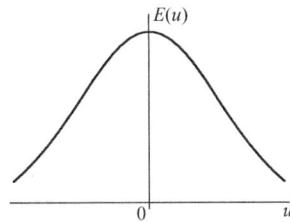

图 6.11　题 6.5(4)用图

6.6　试用傅里叶变换方法,求出单色平面波以入射角 j 斜入射到光栅上(如图 6.12 所示)时,光栅的夫琅禾费衍射图样的强度分布。

解　以角度 j 斜入射的单位振幅的单色平面波在光栅面(xy 平面)上的复振幅为

$$\widetilde{E}_1 = \exp(\mathrm{i}kx\sin j)$$

透过光栅后变为

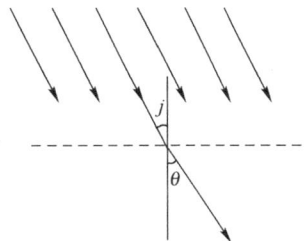

图 6.12　题 6.6用图

$$\widetilde{E}(x)=\widetilde{E}_1 t(x)=\exp(\mathrm{i}kx\sin j)\sum_{-(N-1)/2}^{(N-1)/2}\mathrm{rect}\left(\frac{x-nd}{a}\right)$$

其中,a,d 分别为缝宽和光栅常数。因此,傅里叶变换式为

$$\widetilde{E}(u)=\mathscr{F}\left\{\exp(\mathrm{i}kx\sin j)\sum_{-(N-1)/2}^{(N-1)/2}\mathrm{rect}\left(\frac{x-nd}{a}\right)\right\}$$

$$=\mathscr{F}\{\exp(\mathrm{i}kx\sin j)\}*\mathscr{F}\left\{\sum_{-(N-1)/2}^{(N-1)/2}\mathrm{rect}\left(\frac{x-nd}{a}\right)\right\}$$

$$=\delta\left\{u-\frac{\sin j}{\lambda}\right\}*a\,\mathrm{sinc}(\pi ua)\frac{\sin(N\pi ud)}{\pi ud}$$

根据卷积性质,并考虑到 $u=\dfrac{\sin\theta}{\lambda}$,上式变为

$$\widetilde{E}(u)=a\,\mathrm{sinc}\left[\pi a\left(u-\frac{\sin j}{\lambda}\right)\right]\frac{\sin\left[N\pi\left(u-\frac{\sin j}{\lambda}\right)d\right]}{\pi ud}$$

$$=a\,\mathrm{sinc}\left[\frac{\pi a}{\lambda}(\sin\theta-\sin j)\right]\frac{\sin\left[\frac{N\pi d}{\lambda}(\sin\theta-\sin j)\right]}{\frac{\pi d}{\lambda}(\sin\theta-\sin j)}$$

故夫琅禾费衍射图样的强度分布为

$$I=\left|\frac{1}{\lambda z}\widetilde{E}(u)\right|^2=\left\{\frac{a}{\lambda z}\mathrm{sinc}\left[\frac{\pi a}{\lambda}(\sin\theta-\sin j)\right]\frac{\sin\left[\frac{N\pi d}{\lambda}(\sin\theta-\sin j)\right]}{\frac{\pi d}{\lambda}(\sin\theta-\sin j)}\right\}$$

可见,与正入射的情况相比,差别只在于把正入射结果中的"$\sin\theta$"换成"$\sin\theta-\sin j$"。这表示衍射图样整个地发生了平移。

6.7 求出图 6.13 所示的衍射屏的夫琅禾费衍射图样的强度分布。设衍射屏由单位振幅的单色平面波垂直照明。

解 题给衍射屏的振幅透射率为大正方形的振幅透射率减去小正方形的振幅透射率:

$$t(x,y)=\mathrm{rect}\left(\frac{x}{L}\right)\mathrm{rect}\left(\frac{y}{L}\right)-\mathrm{rect}\left(\frac{x}{l}\right)\mathrm{rect}\left(\frac{y}{l}\right)$$

因为以单位振幅的单色平面波垂直照明,故透过衍射屏后光场为

$$\widetilde{E}(x,y)=1\times t(x,y)$$

其傅里叶变换式为 $\quad\mathscr{F}\{\widetilde{E}(x,y)\}=L^2\mathrm{sinc}(Lu)\mathrm{sinc}(Lv)-l^2\mathrm{sinc}(lu)\mathrm{sinc}(lv)$

将上述结果代入式(6.6),故夫琅禾费衍射的强度分布为

$$I(x',y')=\left(\frac{1}{\lambda z_1}\right)^2|\mathscr{F}\{\widetilde{E}(x,y)\}|^2$$

$$=\left(\frac{1}{\lambda z_1}\right)^2\left[L^2\mathrm{sinc}\left(\frac{\pi Lx'}{\lambda z_1}\right)\mathrm{sinc}\left(\frac{\pi Ly'}{\lambda z_1}\right)-l^2\mathrm{sinc}\left(\frac{\pi lx'}{\lambda z_1}\right)\mathrm{sinc}\left(\frac{\pi ly'}{\lambda z_1}\right)\right]^2$$

6.8 求出图 6.14 所示的衍射屏的夫琅禾费衍射图样的强度分布。设衍射屏由单位振幅的单色平面波垂直照明。

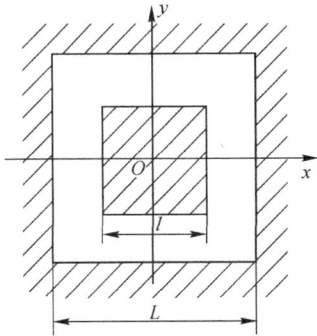

图 6.13　题 6.7 用图　　　　　　图 6.14　题 6.8 用图

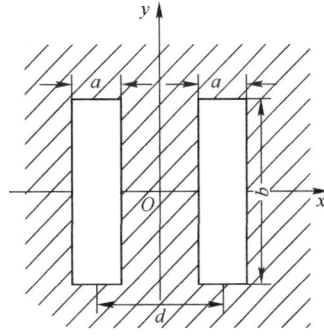

解　由题图知,衍射屏的振幅透射率为

$$t(x,y) = \mathrm{rect}\left(\dfrac{x-\dfrac{d}{2}}{a}\right)\mathrm{rect}\left(\dfrac{y}{b}\right) + \mathrm{rect}\left(\dfrac{x+\dfrac{d}{2}}{a}\right)\mathrm{rect}\left(\dfrac{y}{b}\right)$$

因为以单位振幅的单色平面波垂直照明,故透过衍射屏后光场为

$$\widetilde{E}(x,y) = 1 \times t(x,y)$$

其傅里叶变换式为

$$\mathscr{F}\{\widetilde{E}(x,y)\} = \mathscr{F}\left\{\mathrm{rect}\left(\dfrac{x-\dfrac{d}{2}}{a}\right)\mathrm{rect}\left(\dfrac{y}{b}\right) + \mathrm{rect}\left(\dfrac{x+\dfrac{d}{2}}{a}\right)\mathrm{rect}\left(\dfrac{y}{b}\right)\right\}$$

$$= ab\,\mathrm{sinc}(au)\,\mathrm{sinc}(bv) \times (\mathrm{e}^{-\mathrm{i}\pi ud} + \mathrm{e}^{\mathrm{i}\pi ud})$$

$$= 2ab\,\mathrm{sinc}\left(\dfrac{ax'}{\lambda z_1}\right)\mathrm{sinc}\left(\dfrac{by'}{\lambda z_1}\right)\cos\left(\dfrac{\pi dy'}{\lambda z_1}\right)$$

将上述结果代入式(6.6),由此得出衍射屏的夫琅禾费衍射图样的强度分布为

$$I = 4\left(\dfrac{ab}{\lambda z_1}\right)^2\mathrm{sinc}^2\left(\dfrac{ax'}{\lambda z_1}\right)\mathrm{sinc}^2\left(\dfrac{by'}{\lambda z_1}\right)\cos^2\left(\dfrac{\pi dy'}{\lambda z_1}\right)$$

6.9　将上题中的衍射屏换成两块正交叠合的光栅,它们的振幅透射系数分别为

$$t_1(x) = 1 + \cos 2\pi u_0 x, \quad |x| \leqslant L; \quad t_2(y) = 1 + \cos 2\pi v_0 y, \quad |y| \leqslant L$$

试求这一光栅组合的夫琅禾费衍射图样的强度分布。

解　叠合光栅的振幅透射率等于两块光栅振幅透射率的乘积:

$$t(x,y) = t_1(x)\,t_2(y)$$

以单位振幅的单色平面波垂直照明,透过衍射屏后光场为

$$\widetilde{E}(x,y) = 1 \times t(x,y)$$

其傅里叶变换式为

$$\mathscr{F}\{\widetilde{E}(x,y)\} = \int_{-L}^{L}\int_{-L}^{L} t_1(x)\,t_2(y)\exp[-\mathrm{i}2\pi(ux + vy)]\mathrm{d}x\mathrm{d}y$$

$$= \int_{-L}^{L}(1 + \cos 2\pi u_0 x)\exp[-\mathrm{i}2\pi ux]\mathrm{d}x\int_{-L}^{L}(1 + \cos 2\pi v_0 y)\exp[-\mathrm{i}2\pi vy]\mathrm{d}y$$

$$= 4L^2\left\{\mathrm{sinc}(2uL) + \dfrac{\mathrm{sinc}[2(u+u_0)L] + \mathrm{sinc}[2(u-u_0)L]}{2}\right\} \times$$

$$\left\{\mathrm{sinc}(2vL) + \dfrac{\mathrm{sinc}[2(v+v_0)L] + \mathrm{sinc}[2(v-v_0)L]}{2}\right\}$$

$$I = 16L^4 \left\{ \text{sinc}^2 \left(\frac{Lx}{\lambda z_1} \right) + \frac{1}{4} \text{sinc}^2 \left[L \left(\frac{x}{\lambda z_1} - u_0 \right) \right] + \frac{1}{4} \text{sinc}^2 \left[L \left(\frac{x}{\lambda z_1} + u_0 \right) \right] \right\} \times$$

$$\left\{ \text{sinc}^2 \left(\frac{Ly}{\lambda z_1} \right) + \frac{1}{4} \text{sinc}^2 \left[L \left(\frac{y}{\lambda z_1} - v_0 \right) \right] + \frac{1}{4} \text{sinc}^2 \left[L \left(\frac{y}{\lambda z_1} + v_0 \right) \right] \right\}$$

6.10 振幅透射函数为 $t(x) = \frac{1}{2} + \frac{1}{2} \cos 2\pi u_0 x$ 的正弦光栅置于透镜前焦面，以单色平面波倾斜照射，平面波的传播方向与 xz 面平行，与 z 轴夹角为 θ。求透镜后焦面上的复振幅分布。

解 单色平面波在光栅面(xy 平面)上的复振幅为

$$\widetilde{E}_1 = \exp(ikx\sin\theta)$$

透过光栅后变为

$$\widetilde{E}(x) = \widetilde{E}_1 t(x) = \exp(ikx\sin\theta)\left(\frac{1}{2} + \frac{1}{2}\cos 2\pi u_0 x \right)$$

其傅里叶变换式为

$$\widetilde{E}(u) = \mathscr{F}\{\widetilde{E}(x)\} = \mathscr{F}\left\{ \exp[ikx\sin\theta]\left(\frac{1}{2} + \frac{1}{2}\cos 2\pi u_0 x \right) \right\}$$

$$= \frac{1}{2}\mathscr{F}\left\{ \begin{aligned} &\exp\left[i\frac{2\pi x\sin\theta}{\lambda}\right] + \frac{1}{2}\left(\cos\left[2\pi x\left(\frac{\sin\theta}{\lambda} + u_0\right)\right] + \cos\left[2\pi x\left(\frac{\sin\theta}{\lambda} - u_0\right)\right]\right) \\ &+ \frac{i}{2}\left(\sin\left[2\pi x\left(\frac{\sin\theta}{\lambda} + u_0\right)\right] + \sin\left[2\pi x\left(\frac{\sin\theta}{\lambda} - u_0\right)\right]\right) \end{aligned} \right\}$$

$$= \frac{1}{2}\delta\left(u - \frac{\sin\theta}{\lambda}\right) + \frac{1}{4}\delta\left[u - \left(u_0 + \frac{\sin\theta}{\lambda}\right)\right] + \frac{1}{4}\delta\left[u + \left(u_0 - \frac{\sin\theta}{\lambda}\right)\right]$$

可见，相对垂直照射，频谱沿 u 轴平移了 $\frac{\sin\theta}{\lambda}$。

6.11 一个衍射屏具有圆对称的振幅透射函数

$$t(r) = \left(\frac{1}{2} + \frac{1}{2}\cos ar^2 \right)\text{circ}\left(\frac{r}{a}\right)$$

(1) 试说明这一衍射屏有类似透镜的性质；

(2) 给出此屏的焦距的表达式。

解 题给的透射函数如图 6.15 所示。

(1) 设以单位振幅的单色平面波垂直照明该衍射屏，则透过衍射屏后的复振幅为

图 6.15　题 6.11 用图

$$t(r) = \left(\frac{1}{2} + \frac{1}{2}\cos ar^2 \right)\text{circ}\left(\frac{r}{a}\right)$$

$$= \left(\frac{1}{2} + \frac{1}{4}\exp(iar^2) + \frac{1}{4}\exp(-iar^2) \right)\text{circ}\left(\frac{r}{a}\right)$$

或用直角坐标表示为

$$t(x,y) = \left\{ \frac{1}{2} + \frac{1}{4}\exp[ia(x^2+y^2)] + \frac{1}{4}\exp[-ia(x^2+y^2)] \right\}\text{circ}\left(\frac{\sqrt{x^2+y^2}}{a}\right)$$

其中，第二个因子表示该屏是半径为 a 的圆孔；第一个因子的第一项的作用是仅仅使透射光振幅衰减，而第二项和第三项均为指数项，与透镜位相变换因子 $e^{-i\frac{k}{2f}(x^2+y^2)}$ 比较，形式相同，当用平面波垂直照射时，这两项的作用是分别产生会聚球面波和发散球面波。因此，在成像性质

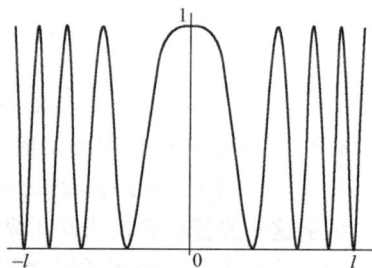

和傅里叶变换性质上该衍射屏都有类似透镜的性质。

（2）把衍射屏振幅透射函数中的指数项与透镜位相变换因子比较，就得到等效的焦距。对 $\frac{1}{4}\exp[\mathrm{i}a(x^2+y^2)]$ 项，令 $a=\dfrac{-k}{2f_1}$，则有

$$f_1=-\frac{k}{2a}=-\frac{\pi}{\lambda a}$$

因为 $a>0$，故 $f_1<0$，其作用相当于一个发散的透镜。

同样，对 $\frac{1}{4}\exp[-\mathrm{i}a(x^2+y^2)]$ 项，令 $a=\dfrac{k}{2f_2}$，则

$$f_2=\frac{k}{2a}=\frac{\pi}{\lambda a}$$

其作用相当于一个会聚的透镜。

最后讨论透射函数中的非指数项 $1/2$，由于仅对透过的光波的振幅起衰减作用，因此把该项等效地可看作 $f_3=\infty$。

6.12 将一个受直径 $d=2\mathrm{cm}$ 的圆孔限制的物体置于透镜的前焦面上（如图 6.16 所示），透镜的直径 $D=4\mathrm{cm}$，焦距 $f=50\mathrm{cm}$。照明光波波长 $\lambda=600\mathrm{nm}$。问：

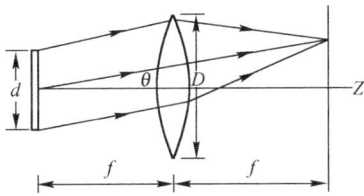

图 6.16　题 6.12 用图　　　　图 6.17　题 6.12 用图

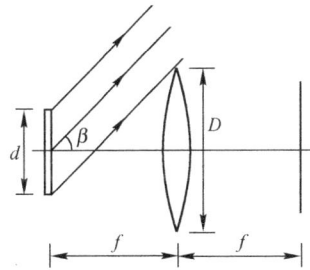

（1）在透镜后焦面上，强度准确代表物体的傅里叶频谱的模的平方的最大空间频率是多少？

（2）在多大的空间频率以上，其频谱为零？尽管物体可以在更高的空间频率上有不为零的傅里叶分量。

解（1）由于透镜的孔径有限，故限制了物面中较高的空间频率成分的传播，即所谓的渐晕效应。渐晕效应的存在，使透镜后焦面上得不到完全的物体频谱。仅当某个空间频率成分不受拦阻地通过透镜时，在后焦面上相应的会聚点得到的强度才准确代表该空间频率的傅里叶频谱的模的平方。由题给的图 6.16 得，在小角度的情况下，即 $D\ll f,d\ll f$，满足这一要求的传播方向 θ 角的最大值约为

$$\theta_{\max}\approx\frac{D/2-d/2}{f}=\frac{D-d}{2f}$$

因为透镜是圆对称的孔径，所以在圆周各方向上都有相应的最大空间频率，因此

$$\xi_{\max}=(\sqrt{u^2+v^2})_{\max}=\frac{\sin\theta_{\max}}{\lambda}\approx\frac{\theta_{\max}}{\lambda}=\frac{D-d}{2\lambda f}=\frac{(4-2)\times10}{2\times600\times10^{-6}\times500}=33.3(\mathrm{mm}^{-1})$$

（2）当某一空间频率成分完全被透镜拦阻时，在后焦面上就没有该频率成分。由图 6.17 得，当传播方向的倾角大于 β 时，就是这种情况。

因此,在小角度的情况下:
$$\beta \approx \frac{D/2 + d/2}{f} = \frac{D+d}{2f}$$

相应的空间频率为 $\xi = \dfrac{\sin\beta}{\lambda} \approx \dfrac{\beta}{\lambda} = \dfrac{D+d}{2\lambda f} = \dfrac{(4+2)\times 10}{2\times 600 \times 10^{-6} \times 500} = 100(\mathrm{mm}^{-1})$

综上所述,得出如下结论:

① 当空间频率小于 $\dfrac{D-d}{2\lambda f}$ 时,透镜后焦面上得到的是相应空间频率范围的物的准确的傅里叶频谱;

② 当空间频率在 $\dfrac{D-d}{2\lambda f}\sim\dfrac{D+d}{2\lambda f}$ 的范围内时,透镜后焦面上得到的并非准确的物的傅里叶频谱,各空间频率成分受到不同程度的拦阻;

③ 当空间频率大于 $\dfrac{D+d}{2\lambda f}$ 时,虽然物有更高的空间频率成分,但因这些分量全部被透镜的有限孔径拦阻,在透镜后焦面上完全得不到物的傅里叶频谱中的这些高频成分,因此透镜是低通滤波器,这就是渐晕效应对物的频谱传播的影响。从上述各式可知,增大透镜孔径或缩短物与透镜的距离,就可以削弱这种效应。

6.13 假定透过一个衍射物体的光场分布的最低空间频率是 $20\mathrm{mm}^{-1}$,最高空间频率是 $200\mathrm{mm}^{-1}$。采用单个透镜作为空间频谱分析系统,要使最高频和最低频的 1 级频谱分量在频谱平面上相距 90mm,问透镜的焦距需要多大?设工作波长为 500nm。

解 如图 6.18 所示,最高空间频率和最低空间频率的 1 级频谱

分别为 $u_1 = \dfrac{x_1}{\lambda f}$,$u_2 = \dfrac{x_2}{\lambda f}$,因此

$$f = \frac{x_1 - x_2}{\lambda(u_1 - u_2)} = \frac{90}{500 \times 10^{-6} \times (200 - 20)} = 1000(\mathrm{mm})$$

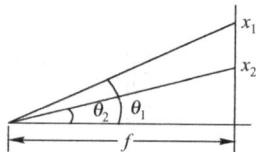

图 6.18 题 6.13 用图

6.14 用一架镜头直径 $D=2\mathrm{cm}$、焦距 $f=7\mathrm{cm}$ 的照相机拍摄 2m 远、受相干光照明的物体的照片,求照相机的相干传递函数,以及像和物的截止空间频率。设照明光波长 $\lambda = 600\mathrm{nm}$。

解 因为照相机镜头是圆形光瞳,其光瞳函数可用圆域函数表示:

$$P(\xi,\eta) = \mathrm{circ}\left(\frac{\sqrt{\xi^2 + \eta^2}}{D/2}\right) = \begin{cases} 1, & \sqrt{\xi^2 + \eta^2} < D/2 \\ 0, & \sqrt{\xi^2 + \eta^2} > D/2 \end{cases}$$

因此,相干传递函数为
$$H(u,v) = \mathrm{circ}\left(\frac{\sqrt{u^2 + v^2}}{D/(2\lambda l')}\right)$$

按圆域函数的定义,当 $\sqrt{u^2 + v^2} > D/(2\lambda l')$ 时,$H(u,v) = 0$,因此像的截止频率为

$$\rho_{imax} = (\sqrt{u^2 + v^2})_{max} = \frac{D}{2\lambda l'}$$

另一方面,由物像关系
$$\frac{1}{l} + \frac{1}{l'} = \frac{1}{f}$$

得
$$l' = \frac{f \times l}{l - f} = \frac{7 \times 200}{200 - 7} = 7.25(\mathrm{cm})$$

因此
$$\rho_{imax} = \frac{D}{2\lambda l'} = \frac{20}{2 \times 6 \times 10^{-4} \times 72.5} = 229.9 (\text{mm})^{-1}$$

由于物的大小是像的 l/l' 倍,因而物的截止频率为
$$\rho_{omax} = \rho_{imax} \frac{l'}{l} = \frac{D}{2\lambda l} = \frac{20}{2 \times 6 \times 10^{-4} \times 2000} = 8.3 (\text{mm}^{-1})$$

6.15 在上题中,若被成像的物是周期为 d 的矩形光栅,问当 d 分别为 0.4mm,0.2mm 和 0.1mm 时,像的强度分布的大致情形是怎样的?

解 周期为 d 的矩形光栅的基频为 $1/d$,n 级频率分量的频率为 n/d。只有当频率小于物的截止频率时,该频率分量才能传递到像面,即必须满足
$$n \leq \rho_{omax} d$$

才能传递到像面,因此,利用上题的结果,$\rho_{omax} = 8.3\text{mm}^{-1}$。

(1) 当 $d = 0.4\text{mm}$ 时 $\rho_{omax} d = 8.3\text{mm}^{-1} \times 0.4\text{mm} = 3.32$

显然,只有 $0,\pm1,\pm2,\pm3$ 级的频率分量参与成像。这时,因缺少高频成分,故像面上的光栅像不再如原物光栅那样具有尖锐的边缘。

(2) 当 $d = 0.2\text{mm}$ 时 $\rho_{omax} d = 8.3\text{mm}^{-1} \times 0.2\text{mm} = 1.66$

这时只有 $0,\pm1$ 级的频率分量参与成像,强度分布如正弦光栅。

(3) 当 $d = 0.1\text{mm}$ 时 $\rho_{omax} d = 8.3\text{mm}^{-1} \times 0.1\text{mm} = 0.83$

这时只有 0 级的频率分量通过,像面是一片均匀亮度的分布。

6.16 一个单透镜成像系统,对 1m 远的矩形光栅成像,光栅的基频为 100cm^{-1}。若分别用相干光和非相干光照明,要使像面出现光强度的变化,则透镜的直径至少应有多大?设照明光波的波长为 500nm,成像系统的放大率 $M = -1$。

解 要使像面出现光强度的变化,至少让物函数的基频成分通过光学系统成像,即系统的截止频率应大于物函数的基频。

用相干光照明时,系统的相干传递函数为 $H(u,v) = \text{circ}\left(\dfrac{\sqrt{u^2+v^2}}{l/2\lambda d_i}\right)$,截止频率为 $\dfrac{l}{2\lambda d_i}$。

若采用单位振幅单色平面波垂直照射,则物的光场分布等于其振幅透射率函数,所以物的基频为 100cm^{-1}。由上述分析得
$$\frac{l}{2\lambda d_i} > 100\text{cm}^{-1}$$

像系统的放大率 $M = -1$,物距为 -1m,所以 $d_i = 1\text{m} = 100\text{cm}$。故
$$l > 2\lambda d_i \times 100 = 2 \times 500 \times 10^{-7} \times 100 \times 100 = 1 (\text{cm})$$

即透镜的直径必须大于 1cm,像面才能出现光强度的变化。

用非相干光照明时,系统的频率分析是对强度而言的。由于矩形光栅的振幅透射率为 0 或 1,而强度透射率为振幅透射率的平方,因而也为相同的函数。所以,当单位振幅单色平面波垂直照射时,物强度分布的基频同样也是 100cm^{-1}。

圆形透镜出瞳的非相干成像系统的截止频率为 $\dfrac{l}{\lambda d_i}$,它应大于物强度分布的基频,即
$$\frac{l}{\lambda d_i} > 100\text{cm}^{-1}$$

所以 $l > \lambda d_i \times 100 = 500 \times 10^{-7} \times 100 \times 100 = 0.5 (\text{cm})$

即透镜的直径至少应为 0.5cm。

6.17 一个非相干成像系统的出瞳是直径为 D 的半圆孔,如图 6.19 所示。求沿 v 轴和 u 轴的光学传递函数的表达式。

解 求沿 v 轴的光学传递函数时,需要计算在 ξ 轴上彼此分开 $\lambda l'v$ 两个瞳的重叠面积,如图 6.20 所示,显然有

$$S=\left(\frac{D}{2}\right)^2(\theta-\sin\theta\cos\theta)$$

而

$$\cos\theta=\frac{\lambda l'v}{D}$$

故

$$S=\left(\frac{D}{2}\right)^2\left\{\arccos\left(\frac{\lambda l'v}{D}\right)-\left(\frac{\lambda l'v}{D}\right)\sqrt{1-\left(\frac{\lambda l'v}{D}\right)^2}\right\}$$

光瞳的面积为

$$S_0=\frac{\pi}{2}\left(\frac{D}{2}\right)^2$$

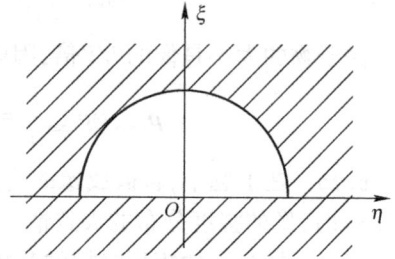

图 6.19 题 6.17 用图

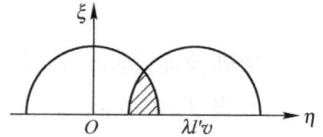

图 6.20 题 6.17 用图

因此,沿 v 轴的光学传递函数为

$$H(0,v)=\begin{cases}\dfrac{2}{\pi}\left[\arccos\left(\dfrac{v}{D/\lambda l'}\right)-\left(\dfrac{v}{D/\lambda l'}\right)\sqrt{1-\left(\dfrac{v}{D/\lambda l'}\right)^2}\right], & v<D/\lambda l' \\ 0, & v\geqslant D/\lambda l'\end{cases}$$

可见,沿 v 轴的截止频率为

$$|v_{\max}|=\frac{D}{\lambda l'}$$

求沿 u 轴的光学传递函数时则需要计算在 η 轴上彼此分开 $\lambda l'u$ 两个瞳的重叠面积,如图 6.21 所示,则该面积为

$$S=S_{\text{扇形}OAB}-S_{\text{三角形}OAB}=\left(\frac{D}{2}\right)^2(\phi-\sin\theta\cos\theta)$$

其中,ϕ 是 θ 对应的弧度。由于 $\cos\theta=\dfrac{\lambda l'u}{D/2}$,因此

$$S=\left(\frac{D}{2}\right)^2\left[\arccos\left(\frac{\lambda l'u}{D/2}\right)-\left(\frac{\lambda l'u}{D/2}\right)\sqrt{1-\left(\frac{\lambda l'u}{D/2}\right)^2}\right]$$

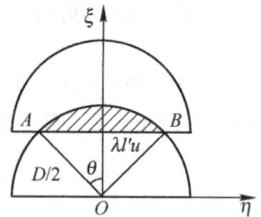

图 6.21 题 6.17 用图

把 S 除以光瞳面积 S_0,得到沿 u 轴的光学传递函数为

$$H(u,0)=\begin{cases}\dfrac{2}{\pi}\left[\arccos\left(\dfrac{u}{D/2\lambda l'}\right)-\left(\dfrac{u}{D/2\lambda l'}\right)\sqrt{1-\left(\dfrac{u}{D/2\lambda l'}\right)^2}\right], & u<D/2\lambda l' \\ 0, & u\geqslant D/2\lambda l'\end{cases}$$

沿 u 轴的截止频率为

$$|u_{\max}|=\frac{D}{2\lambda l'}$$

它是沿 v 轴的截止频率的一半。

6.18 一个非相干成像系统的光瞳如图 6.22 所示,它包含两个直径为 D 的圆孔,两圆孔的中心距离为 $3D$。试求这一光瞳沿 v 轴的光学传递函数的表达式。

解 假设这是一个衍射受限系统,则根据式(6.25),光学传递函数为

$$H_1(u,v) = \frac{两个错开出瞳的重叠面积}{出瞳总面积}$$

图 6.23 表示中心在 $(0,\lambda l'v/2)$ 和 $(0,-\lambda l'v/2)$ 的两个错开的光瞳。相对单个圆孔径,重叠面积和总面积同时增加一倍,比值不变。因此,$H(0,v)$ 与单个圆形光瞳情况下沿 v 轴的光学传递函数相同,参考教材中例 6.10 的结果,得到

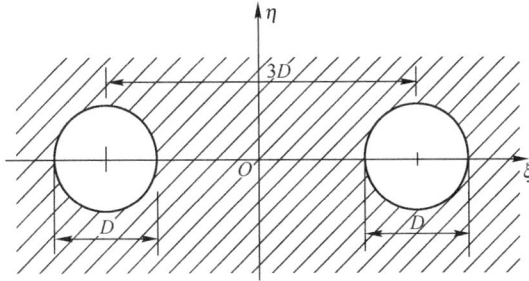

图 6.22　题 6.18 用图　　　　　　图 6.23　题 6.18 用图

$$H(0,v) = \begin{cases} \dfrac{2}{\pi}\left[\arccos\left(\dfrac{|v|}{D/\lambda l'}\right) - \left(\dfrac{|v|}{D/\lambda l'}\right)\sqrt{1-\left(\dfrac{|v|}{D/\lambda l'}\right)^2}\right], & |v| < D/\lambda l' \\ 0, & |v| \geq D/\lambda l' \end{cases}$$

在 u 轴上,$v=0$。根据不同的重叠情况,分四个区间讨论。

(1)图 6.24(a)表示重叠情况为 $0 \leq \lambda l'|u| \leq D$。不难看出,这种情况与上述在 v 轴上的情况一样,因此

$$H(u,0) = \begin{cases} \dfrac{2}{\pi}\left[\arccos\left(\dfrac{|u|}{D/\lambda l'}\right) - \left(\dfrac{|u|}{D/\lambda l'}\right)\sqrt{1-\left(\dfrac{|u|}{D/\lambda l'}\right)^2}\right], & |u| < D/\lambda l' \\ 0, & |u| \geq D/\lambda l' \end{cases}$$

(2)当 $D \leq \lambda l'|u| \leq 2D$ 时,两个错开光瞳重叠面积为零,所以

$$H(u,0) = 0, \qquad D/\lambda l' \leq |u| \leq 2D/\lambda l'$$

(3)图 6.24(b)表示重叠情况为 $2D \leq \lambda l'|u| \leq 4D$。不难看出,这种情况与一般圆形光瞳相同,但总面积是两个圆孔的面积,而重叠面积只是一对错开圆孔径。所以,光学传递函数只是原来的一半大小,即

$$H(u,0) = \frac{1}{\pi}\left[\arccos\left(\frac{|u \mp 3D/\lambda l'|}{D/\lambda l'}\right) - \left(\frac{|u \mp 3D/\lambda l'|}{D/\lambda l'}\right)\sqrt{1-\left(\frac{|u \mp 3D/\lambda l'|}{D/\lambda l'}\right)^2}\right]$$

其中,$2D/\lambda l' \leq |u| \leq 4D/\lambda l'$。

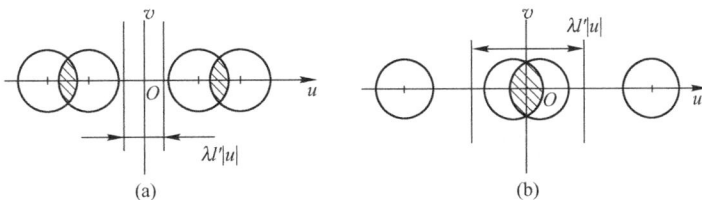

图 6.24　题 6.18 用图

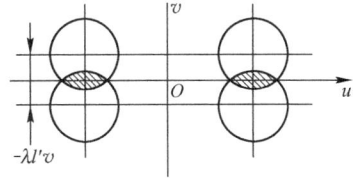

（4）当两个光瞳错开的中心距离 $\lambda l' |u| \geqslant 4D$ 时,两光瞳完全分离,无重叠部分,因此

$$H(u,0)=0, \qquad |u| \geqslant 4D/\lambda l'$$

可见,系统包含三个通频区,如图 6.25 所示。

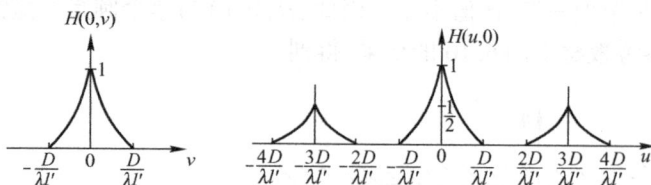

图 6.25　题 6.18 用图

6.19　一个非相干成像系统的光瞳包含两个边长为 1cm 的正方形开孔,开孔中心距离为 3cm(见图 6.26)。试求这一光瞳的光学传递函数。若入射光的波长为 500nm,光瞳面与像面的距离为 10cm。在 u 方向和 v 方向的截止频率是多少?

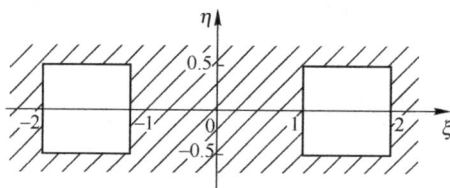

图 6.26　题 6.19 用图

解　题给光瞳的光瞳函数可写为

$$P(\xi,\eta) = \mathrm{rect}(\xi)\,\mathrm{rect}(\eta-\eta_0) + \mathrm{rect}(\xi)\,\mathrm{rect}(\eta+\eta_0)$$

由傅里叶变换的自相关定理得,光瞳函数的自相关函数的傅里叶变换为

$$\begin{aligned}
\mathscr{F}\{P(\xi,\eta)\,\text{☆}\,P(\xi,\eta)\} &= \mathscr{F}\{P(\xi,\eta)\}\,\overline{\mathscr{F}\{P(\xi,\eta)\}} \\
&= \{\mathrm{sinc}(u)\,\mathrm{sinc}(v)[\mathrm{e}^{-\mathrm{i}2\pi v\eta_0}+\mathrm{e}^{\mathrm{i}2\pi v\eta_0}]\}^2 \\
&= \mathrm{sinc}^2(u)\,\mathrm{sinc}^2(v)[2+\mathrm{e}^{-\mathrm{i}4\pi v\eta_0}+\mathrm{e}^{\mathrm{i}4\pi v\eta_0}]
\end{aligned}$$

因此　　　　　$$P(\xi,\eta)\,\text{☆}\,P(\xi,\eta) = \Lambda(\xi)[2\Lambda(\eta)+\Lambda(\eta-2\eta_0)+\Lambda(\eta+2\eta_0)]$$

光学传递函数为

$$H(u,v) = \frac{P(\lambda l'u,\lambda l'v)\,\text{☆}\,P(\lambda l'u,\lambda l'v)}{\displaystyle\iint_{-\infty}^{\infty}|P(\xi,\eta)|^2\mathrm{d}\xi\,\mathrm{d}\eta}$$

$$= \Lambda(\lambda l'u)\Lambda(\lambda l'v) + \frac{1}{2}\Lambda(\lambda l'u)\Lambda(\lambda l'v-2\eta_0) + \frac{1}{2}\Lambda(\lambda l'u)\Lambda(\lambda l'v+2\eta_0)$$

可见,系统包含三个通频区,如图 6.27 所示。

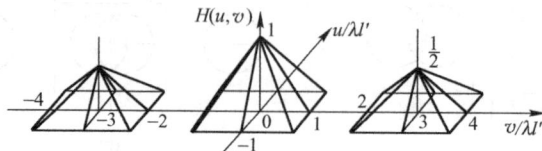

图 6.27　题 6.19 用图

因此,ξ 方向的截止频率为

$$|u_{max}| = \frac{1}{\lambda l'} = \frac{1\mathrm{cm}}{5 \times 10^{-3}\mathrm{cm} \times 10\mathrm{cm}} = 2000\mathrm{cm}^{-1}$$

由 $\lambda l' |v_{max}| - 2\eta_0 = 1$ 得 η 方向的截止频率为

$$|v_{max}| = \frac{1+2\eta_0}{\lambda l'} = \frac{4\mathrm{cm}}{5 \times 10^{-3}\mathrm{cm} \times 10\mathrm{cm}} = 8000\mathrm{cm}^{-1}$$

6.20 在相干光学处理系统中(见图 6.2),输入图像是一块空间频率为 u 的矩形光栅。如果在频谱面上放置一个滤波器,把光栅的奇数级频谱滤去,试证明在像面上将得到空间频率为 $2u$ 的光栅像。

解 设光栅常数为 $d = 1/u$,缝宽为 a,光栅总宽度为 L,则透射率函数为

$$t(x) = \left[\mathrm{rect}\left(\frac{x}{a}\right) * \frac{1}{d}\mathrm{comb}\left(\frac{x}{d}\right)\right]\mathrm{rect}\left(\frac{x}{L}\right)$$

在频谱面上
$$T(u) = \frac{aL}{d}\sum_{-\infty}^{\infty}\mathrm{sinc}\left(\frac{am}{d}\right)\mathrm{sinc}\left[L\left(u - \frac{m}{d}\right)\right]$$

在像面上
$$E(x') = \mathscr{F}\{T(u)\} = \left[\mathrm{rect}\left(\frac{x'}{a}\right) * \frac{1}{d}\mathrm{comb}\left(\frac{x'}{d}\right)\right]\mathrm{rect}\left(\frac{x'}{L}\right)$$

若在频谱面上放置一个滤波器把光栅的奇数级频谱滤去,则谱函数变为

$$T'(u) = \frac{aL}{d}\sum_{-\infty}^{\infty}\mathrm{sinc}\left(\frac{2am}{d}\right)\mathrm{sinc}\left[L\left(u - \frac{2m}{d}\right)\right]$$

$$= \frac{aL}{2h}\sum_{-\infty}^{\infty}\mathrm{sinc}\left(\frac{am}{h}\right)\mathrm{sinc}\left[L\left(u - \frac{m}{h}\right)\right]$$

其中 $h = d/2$。对该谱函数作傅里叶变换,则像面上的分布为

$$E'(x') = \mathscr{F}\{T(u)\} = \frac{1}{2}\left[\mathrm{rect}\left(\frac{x'}{a}\right) * \frac{1}{h}\mathrm{comb}\left(\frac{x'}{h}\right)\right]\mathrm{rect}\left(\frac{x'}{L}\right)$$

因此,空间频率为
$$u' = 1/h = 2/d = 2u$$

6.21 利用阿贝成像理论证明,当物体受相干光倾斜照明时,显微镜的最小分辨距离可以达到 $d = \dfrac{0.5\lambda}{n\sin u}$。(提示:显微镜能够分辨周期为 d 的物体结构,至少其衍射的 0 级和 1 级谱进入显微镜物镜。)

证明 (1)先考虑垂直照射的情况。根据阿贝成像理论,周期为 d 的光栅在单色平面波垂直照射下,在系统焦平面上得到 0 级、± 1 级($\pm u_0$)、± 2 级$\left(\pm 2u_0 = \pm \dfrac{2}{d}\right)$……谱。如果系统允许 0 级和 1 级谱进入显微镜物镜,则可以形成周期为 d 的结构像,又因为系统的截止频率为 $\dfrac{D}{2\lambda f}$(其中,D 和 f 分别为物镜的孔径和焦距),$u_0 = \dfrac{1}{d}$,所以

$$\frac{1}{d} \leqslant \frac{D}{2\lambda f}$$

即显微镜能够分辨的最小周期为

$$d = \frac{2\lambda f}{D} \tag{a}$$

从图 6.28 得物镜孔径角满足关系

$$\sin u = \frac{D}{2f} \qquad \text{(b)}$$

考虑到物方空间的折射率为 n，有

$$\lambda = \lambda_0 / n \qquad \text{(c)}$$

把式(b)和式(c)代入式(a)得

$$d = \frac{\lambda_0}{n\sin u} \qquad \text{(d)}$$

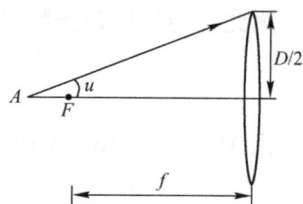

图 6.28　题 6.21 用图

(2) 下面考虑相干光倾斜照射的情况。根据习题 6.10 的结论，相干光以 θ 角倾斜照射，使频谱沿 u 轴平移了 $\frac{\sin\theta}{\lambda}$。若显微镜能够分辨周期为 d 的物体结构，则应至少允许其衍射的 0 级和 1 级谱进入显微镜物镜，因此

$$\frac{\sin\theta}{\lambda} \leqslant \frac{D}{2\lambda f} \qquad -\frac{D}{2\lambda f} \leqslant -u_0 + \frac{\sin\theta}{\lambda} \leqslant \frac{D}{2\lambda f}$$

所以

$$\lambda u_0 - \frac{D}{2f} \leqslant \sin\theta \leqslant \frac{D}{2f} \qquad \text{(e)}$$

显然，最大倾斜角为

$$\sin\theta_{\max} = \frac{D}{2f} \qquad \text{(f)}$$

当以最大倾斜角入射时，由式(e)和式(f)得

$$\lambda u_0 - \frac{D}{2f} \leqslant \frac{D}{2f}$$

因此

$$\lambda u_0 \leqslant \frac{D}{f} \text{或} \frac{1}{d} \leqslant \frac{D}{\lambda f}$$

把式(b)和式(c)代入得

$$\frac{1}{d} \leqslant \frac{2n\sin u}{\lambda_0}$$

因此，以最大倾斜角入射时，显微镜能够分辨光栅的周期 d 的最小值可以达到

$$d = \frac{0.5\lambda_0}{n\sin u}$$

6.22　一个物体有如图 6.29(a)所示的周期性振幅透射系数，如将它置于相干光学处理系统的物面位置，并在频谱面上用一小圆屏把 0 级谱挡住，试说明在像面上将得到对比度反转的物体像。

解　设以单位振幅的单色平面波垂直照射该物体，坐标如图 6.29 所示，则透过物面的光场复振幅分布为

$$\widetilde{E}(x) = 1 \cdot t(x) = \left[\text{rect}\left(\frac{x}{4}\right) * \frac{1}{5}\text{comb}\left(\frac{x}{5}\right) \right]\text{rect}\left(\frac{x}{L}\right)$$

其中，L 为物体的有效宽度。如果把透镜的孔径近似看作无限大，则根据透镜的傅里叶变换性质式(6.11)，透镜后焦面上光的复振幅分布为

$$\widetilde{E}(u) \propto \mathscr{F}\{\widetilde{E}(x)\} = \{4\text{sinc}(4u) \cdot \text{comb}(5u)\} * L\text{sinc}(Lu)$$

$$= \frac{4}{5}\sum_{m}^{\infty} \text{sinc}\left(\frac{m}{5}\right) \cdot \delta\left(u - \frac{m}{5}\right) * L\text{sinc}(Lu)$$

$$= \frac{4L}{5} \sum_{m}^{\infty} \mathrm{sinc}\left(\frac{m}{5}\right) \cdot \mathrm{sinc}\left\{L\left(u - \frac{m}{5}\right)\right\}$$

$$= \frac{4L}{5} \left\{ \begin{array}{l} \mathrm{sinc}(Lu) + \mathrm{sinc}\left(\frac{1}{5}\right) \cdot \mathrm{sinc}\left[L\left(u - \frac{1}{5}\right)\right] + \\ \mathrm{sinc}\left(\frac{1}{5}\right) \cdot \mathrm{sinc}\left[L\left(u + \frac{1}{5}\right)\right] + \cdots \end{array} \right\}$$

若在频谱面上用一小圆屏 $H(u)$ 把 0 级谱挡住,则系统透射的频谱为

$$\widetilde{E}'(u) \propto \widetilde{E}(u)H(u) = \widetilde{E}(u) - \frac{4L}{5}\mathrm{sinc}(Lu)$$

$$= \frac{4L}{5}\left\{\mathrm{sinc}\left(\frac{1}{5}\right) \cdot \mathrm{sinc}\left[L\left(u - \frac{1}{5}\right)\right] + \mathrm{sinc}\left(\frac{1}{5}\right) \cdot \mathrm{sinc}\left[L\left(u + \frac{1}{5}\right)\right] + \cdots\right\}$$

输出面上光场分布正比于

$$\widetilde{E}'(x') \propto \mathscr{F}\left\{\widetilde{E}(u) - \frac{4L}{5}\mathrm{sinc}(Lu)\right\}$$

$$= \widetilde{E}(x') - \frac{4}{5}\mathrm{rect}\left(\frac{x'}{L}\right)$$

$$= \left[\mathrm{rect}\left(\frac{x'}{4}\right)\frac{1}{5}\mathrm{comb}\left(\frac{x'}{5}\right)\right]\mathrm{rect}\left(\frac{x'}{L}\right) - \frac{4}{5}\mathrm{rect}\left(\frac{x'}{L}\right)$$

结果如图 6.29 所示。比较图 6.29(a)和(d),图(a)中亮的部分,在图(d)中变暗,反之,暗的部分变亮。因此,挡掉零频能实现对比度反转。

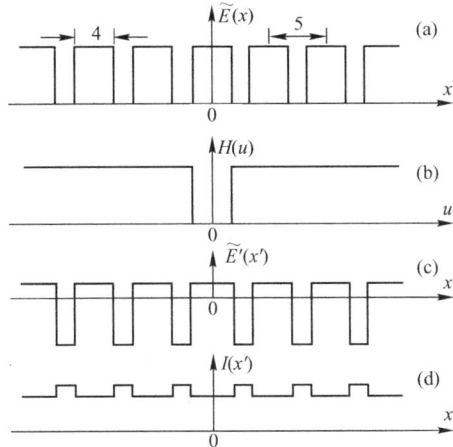

图 6.29 题 6.22 用图

6.23 用相衬法来检测一块玻璃片的不平度时,若用波长 $\lambda = 500\mathrm{nm}$ 的光照明,并且分别使用:(1) 完全透明的位相板;(2) 光强透射率减小到 1/25 的位相板。试求两种情况能检测玻璃片的最小不平度。设能够观测的最小对比度为 0.03,玻璃的折射率为 1.5。

解 设玻璃片上复振幅分布为 $\exp[\mathrm{i}\phi(x,y)]$。由于玻璃片很薄,$\phi(x,y) \ll 1\mathrm{rad}$,因此,单色光波透过玻璃片后复振幅分布近似为

$$\widetilde{E}(x,y) = \exp[\mathrm{i}\phi(x,y)] \approx 1 + \mathrm{i}\phi(x,y)$$

其频谱为 $\widetilde{E}(u,v) = \mathscr{F}\{1 + \mathrm{i}\phi(x,y)\} = \delta(u,v) + \mathrm{i}\Phi(u,v)$

这里，$\Phi(u,v)=\mathscr{F}\{\phi(x,y)\}$。

则透过空间滤波器的频谱函数为

$$\widetilde{E}'(u,v)=\widetilde{E}(u,v)\widetilde{t}(u,v)$$

$$\widetilde{t}(u,v)=\begin{cases}\pm\mathrm{i}t, & u=v=0\\ 1, & \text{其他}\end{cases}$$

则

$$\widetilde{E}'(u,v)=\pm\mathrm{i}\delta(u,v)+\mathrm{i}\Phi(u,v)$$

因此，像面上的复振幅分布为

$$\widetilde{E}''(x'',y'')=\pm\mathrm{i}t+\mathrm{i}\phi(x'',y'')$$

光强分布为 $\quad I(x'',y'')=\left|\widetilde{E}''(x'',y'')\right|^2=t^2\pm2t\phi(x'',y'')+\phi^2(x'',y'')\approx t^2\pm2t\phi(x'',y'')$

因此，对比度为

$$K=\frac{I_{\max}-I_{\min}}{I_{\max}+I_{\min}}=\frac{2\phi(x'',y'')}{t}$$

（1）若采用完全透明的位相板，$t=1$ 且 $K_{\min}=0.03$，则可观察到的最小位相变化为

$$\phi_{\min}(x'',y'')=K_{\min}/2=0.015(\mathrm{rad})$$

相应的最小不平度为 $\quad\mathscr{D}_{\min}=\dfrac{\lambda}{2\pi n}\phi_{\min}=\dfrac{500}{2\pi\times1.5}\times0.015=0.8(\mathrm{nm})$

（2）若光强透射率减小到 1/25，即 $t=\sqrt{1/25}$，且 $K_{\min}=0.03$，则

$$K=\frac{I_{\max}-I_{\min}}{I_{\max}+I_{\min}}=\frac{2\phi(x'',y'')}{1/5}$$

$$\phi_{\min}(x'',y'')=\frac{K_{\min}}{2\times5}=0.003(\mathrm{rad})$$

$$\mathscr{D}_{\min}=\frac{\lambda}{2\pi n}\phi_{\min}=\frac{500}{2\pi\times1.5}\times0.003=0.16(\mathrm{nm})$$

6.24 在阿贝–波特实验中，若物体是图 6.30（a）所示的图形，经过空间滤波后，在像面得到的输出图像变为图 6.30（b）所示的图形，试描述空间滤波器的形状，并解释它是怎样产生这个输出图像的。

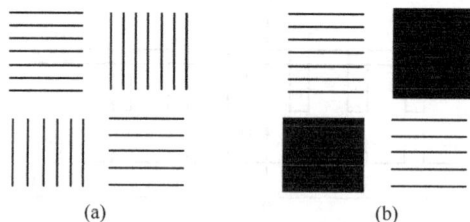

图 6.30　题 6.24 用图

解　依题意，经过滤波后，竖着的条纹消失，像面上只剩下横纹。因此，根据阿贝成像理论，应该在频谱面上放置一个滤波器，只让中央一列垂直方向的频谱分量通过，即要求该滤波器能遮掉中央一纵列以外的衍射斑即可。

6.25　用全息法将图 6.31 所示的房顶、墙壁和天空三部分制成互成 120° 的余弦光栅置于一块玻璃片上，把此片放在 4f 系统的物平面上。试用白光信息处理方法使原来没有颜

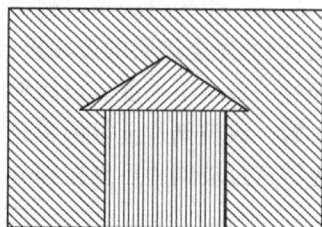

图 6.31　题 6.25 用图

色的房顶、墙壁和天空分别变成红色、黄色和蓝色。

解 如图 6.32 所示,把光栅波片放置在物面上,用白光照射,在频谱面上三个方向与光栅的一级频谱对应的位置放上红、黄、蓝滤波片,则在输出像面上得到红房顶、黄墙壁和蓝天空的图片。

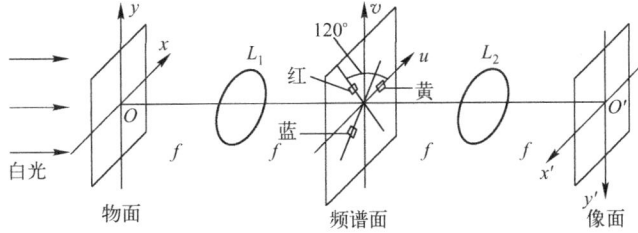

图 6.32 题 6.25 用图

6.5 自 测 题

6.1 简述阿贝成像原理。

6.2 用振幅为 A 的平面波垂直照射振幅透射系数为 $t(x) = \dfrac{1}{2} + \dfrac{1}{2}\cos\left(\dfrac{2\pi x}{a}\right)$ 的透明片,则紧靠透明片的复振幅分布为_____。

6.3 在傍轴条件下,焦距为 f 的透镜的透射率函数为_____。

6.4 通常把既能记录光波_____信息,又能记录光波_____信息的摄影称为全息照相。

6.5 沿 z 方向传播的平面光波在 x、y 方向上的空间频率_____。

A. 不相等   B. 都等于 0   C. 都趋于无限大   D. 随空间变化

6.6 在 x,y,z 坐标系的 $(0,0,-D)$ 处有一个单色点光源,求该点光源发出的球面波在 x,y 平面上的复振幅分布。

*6.7 何谓等相面和等幅面?何谓均匀波?光波(1) $E(x,y) = A\exp\{i[\omega t - k(\cos\alpha \cdot x + \cos\beta \cdot y)]\}$ 和光波(2) $E(x,y) = \dfrac{A}{r}\exp[i(\omega t - k \cdot r)]$(其中,$r = \sqrt{x^2+y^2+z^2}$,$\cos\alpha$,$\cos\beta$ 为光传播方向上单位矢量的方向余弦)各代表什么类型的波?各具有什么特点?分别写出两波的等相面方程和光波(2)的等幅面方程。

6.8 一透明片函数为 $f(x,y)$,放在一透镜的前焦平面,用平行光照明,在透镜的后焦平面的场分布如何?若透明片未严格在前焦平面,则其场分布有何变化?

6.9 什么是全息照相,它主要有什么特点?

6.10 两列波长相同的单色平面波照射在 xy 平面上,两波的振幅分别为 A_1,A_2,传播方向的方向余弦分别为 $(\cos\alpha_1,\cos\beta_1,\cos\gamma_1)$ 和 $(\cos\alpha_2,\cos\beta_2,\cos\gamma_2)$,试求 xy 平面上的光强分布和空间频率。

6.11 如果在物平面上出现的是一个一维光栅和画有小鸟的图画重叠在一起,那么用什么样的空间滤波器使像平面上去掉栅网后,只剩下小鸟的像?

6.12 在成像光学系统中,透镜的作用是什么?

6.6 自测题解答

6.2 $E(x)=A\left[\dfrac{1}{2}+\dfrac{1}{2}\cos\left(\dfrac{2\pi x}{a}\right)\right]$

6.3 $\tilde{t}(x,y)=P(x,y)\exp\left(-\mathrm{i}k\dfrac{x^2+y^2}{2f}\right)$

6.4   振幅,位相

6.5   B

6.6   (1) 球面波在 x,y 平面上的复振幅为

$$\widetilde{E}(x,y)=\frac{A}{\sqrt{x^2+y^2+D^2}}\exp\left[\mathrm{i}k\sqrt{x^2+y^2+D^2}\right]$$

若 $D\gg x,y$,则对于位相项,可进一步做近似:

$$\sqrt{x^2+y^2+D^2}=D\left(1+\frac{x^2}{D^2}+\frac{y^2}{D^2}\right)^{\frac{1}{2}}\approx D+\frac{x^2+y^2}{2D}$$

对振幅项,则 $\sqrt{x^2+y^2+D^2}\approx D$

因此 $\widetilde{E}(x,y)=\dfrac{A}{D}\exp\left[\mathrm{i}k\left(D+\dfrac{x^2+y^2}{2D}\right)\right]$

*6.7   等相面:扰动的位相时刻相等的空间各点的轨迹。

       等幅面:扰动的振幅时刻相等的空间各点的轨迹。

       均匀波:等相面和等幅面重合的波。

       波(1)代表一个沿方向余弦 $\left(\cos\alpha,\cos\beta,\sqrt{1-\cos^2\alpha-\cos^2\beta}\right)$ 传播的均匀平面波。其特点是,振幅为常数,且有线性位相因子(对直角坐标 x,y,z 而言),其等相面方程为 $\cos\alpha\cdot x+\cos\beta\cdot y=$ 常数。

       波(2)代表一个球心在光轴上、坐标为 $(0,0,z)$ 的均匀发散球面波。其特点为,振幅随距离的增大而变小,且位相因子不是 x,y,z 的线性函数,等相面方程 $r=$ 常数,等幅面方程为 $r=$ 常数。

6.8   设平行光的振幅为 A,则后焦平面的场分布为

$$E(\xi,\eta)=A\mathscr{F}\{f(x,y)\}=A\iint_{-\infty}^{\infty}f(x,y)\exp\left[-\mathrm{i}k\frac{x\xi+y\eta}{f}\right]\mathrm{d}x\mathrm{d}y$$

若透明片与透镜的距离为 d_0,因透明片未严格在前焦平面,$d_0\neq f$,故后焦平面的场分布为

$$E(\xi,\eta)=A\exp\left[\mathrm{i}k\frac{(f-d_0)(\xi^2+\eta^2)}{2f^2}\right]\iint_{-\infty}^{\infty}f(x,y)\exp\left[-\mathrm{i}k\frac{f(x\xi+y\eta)}{f^2}\right]\mathrm{d}x\mathrm{d}y$$

6.9   既能记录光波振幅信息,又能记录光波位相信息的摄影称为全息照相。

       其主要特点如下。

       (1) 它是一个十分逼真的立体像。它和观察到的实物完全一样,具有相同的视觉效应。

       (2) 可以把全息照片分成若干小块,每一块都可以完整地再现原来的物像。

       (3) 同一张底片上,经过多次曝光后,可以重叠许多像,而且每一个像又能不受其他像的

干扰而单独地显示出来,即一张底板能同时记录许多景物。

（4）全息照片易于复制等。

6.10 $\widetilde{E}_1(x,y,z) = A_1 \exp\left[\mathrm{i}k(x\cos\alpha_1 + y\cos\beta_1 + z\cos\gamma_1)\right]$

$\widetilde{E}_2(x,y,z) = A_2 \exp\left[\mathrm{i}k(x\cos\alpha_2 + y\cos\beta_2 + z\cos\gamma_2)\right]$

xy 平面上 $z=0$,因此光强分布为

$$I = |\widetilde{E}_1(x,y) + \widetilde{E}_2(x,y)|^2 = A_1^2 + A_2^2 + 2A_1 A_2 \cos\delta$$

其中

$$\delta = k[x\cos\alpha_2 + y\cos\beta_2 - x\cos\alpha_1 - y\cos\beta_1]$$

$$= \frac{2\pi}{\lambda}[(\cos\alpha_2 - \cos\alpha_1)x + (\cos\beta_2 - \cos\beta_1)y]$$

因此,光强分布沿 x 和 y 方向的空间频率为

$$u = \frac{\cos\alpha_2 - \cos\alpha_1}{\lambda}, \quad v = \frac{\cos\beta_2 - \cos\beta_1}{\lambda}$$

6.11 只让中心 0 级空间频谱通过即可达到目的,因此,在频谱面放置一个与物平面上一维光栅图形具有相同频率的一维光栅,作为滤波器。

由于一维光栅结构密,衍射角 θ 大,空间频率高,而小鸟结构疏,衍射角 θ 小,空间频率主要是 0 级,只让 0 级通过,光栅形成的高频成分通不过,仅剩下小鸟的低频成分,所以在像面上就只剩下小鸟的像。

6.12 在成像光学系统中,透镜的作用有如下三点。

（1）它是光瞳,起到限制入射光波阵面的作用。

（2）起变换波阵面的作用,例如,可以使（平行光）平面波变为球面波,也可以使球面波变为平面波。

（3）它具有二维傅里叶变换性质,当衍射屏在透镜的后焦面时：

$$E(\xi,\eta) = A\mathscr{F}\{f(x,y)\} = A\iint\limits_{-\infty}^{\infty} f(x,y)\exp\left[-\mathrm{i}k\frac{x\xi + y\eta}{f}\right]\mathrm{d}x\mathrm{d}y$$

第 7 章 光的偏振与晶体光学基础

7.1 学习目的和要求

1. 掌握偏振光和自然光的特点和联系,熟悉获得偏振光及检验偏振光的方法。

2. 熟悉双折射的电磁理论、单轴晶体的光学性质及图形表示。了解折射率椭球、波矢面、法线面、光线面,了解斯涅耳作图法和补偿器。

3. 熟悉偏振器件和补偿器的工作原理和应用;掌握偏振光的琼斯矢量和偏振器件的琼斯矩阵表示。

4. 熟悉偏振光的干涉现象及计算。

5. 了解旋光现象、磁光效应、电光效应及晶体的非线性光学效应的规律及应用。

7.2 基本概念和基本公式

1. 晶体的双折射、寻常光(o 光)和非常光(e 光)

一束单色光在各向异性晶体的界面折射时,产生两束折射光的现象称为晶体的双折射。这两束折射光中其中一束遵守折射定律,称为寻常光(o 光);另一束在一般情况下不遵守折射定律,称为非常光(e 光)。o 光的波面是球面,e 光的波面是椭球面。o 光和 e 光均为线偏振光。晶体对 o 光和 e 光有不同的吸收,这种现象称为晶体的二向色性。

2. 晶体光轴、单轴晶体和双轴晶体

晶体内存在一个特殊的方向,当光沿这个方向传播时,不发生双折射现象,o 光和 e 光的传播速度相等,这个特殊方向称为晶体光轴。

只有一个光轴方向的晶体称为单轴晶体,如方解石、石英和红宝石等。同时有两个光轴方向的晶体称为双轴晶体,如云母和蓝宝石等。

单轴正晶体——$n_o < n_e$,$v_o > v_e$。

单轴负晶体——$n_o > n_e$,$v_o < v_e$。

在单轴晶体中,o 光波面是球面,e 光波面是以光轴为轴的旋转椭球面。

3. 主平面、主截面

包含晶体光轴和光线的平面称为主平面。由 o 光线和晶体光轴组成的平面是 o 主平面,由 e 光线和晶体光轴组成的平面是 e 主平面。一般情况下,o 主平面和 e 主平面不重合。

晶体光轴和晶体表面法线组成的平面叫主截面。

当主截面与入射面重合时,o 主平面与 e 主平面重合。

4. 波晶片(位相延迟片)

使光矢互相垂直的 o 光和 e 光之间产生位相延迟的单轴晶片,即波晶片。

（1）1/4 波片：产生的光程差为 $\left(m+\dfrac{1}{4}\right)\lambda$ 的波晶片，即 $|n_o-n_e|d=\left(m+\dfrac{1}{4}\right)\lambda$。

（2）半波片：产生的光程差为 $\left(m+\dfrac{1}{2}\right)\lambda$ 的波晶片。

（3）全波片：产生的光程差为 $m\lambda$ 的波晶片。

说明：① d 为波晶片的厚度，m 为正整数。

② 所谓的 1/4 波片、半波片和全波片，均只针对某一特定波长而言。

5. 补偿器

可以连续改变 o 光和 e 光之间的位相差的晶体器件，如巴俾涅补偿器。

6. 旋光性

旋光性，即线偏振光通过某些介质时，其振动面发生了旋转的现象。旋转的角度与光在该介质中传播的距离成正比。

7. 磁致旋光效应

外加磁场后，本来不具有旋光性的各向同性物质也能使光矢发生旋转，这种现象称为磁致旋光效应或法拉第效应。

8. 电光效应

外加电场后，本来各向同性的物质变成了类似单轴晶体那样的物质，称为克尔效应；在强外电场作用下，单轴晶体变为双轴晶体的现象称为泡克耳斯效应。

9. 光测弹性效应

在应力作用下，本来各向同性的物质表现出各向异性的光学性质的现象叫光测弹性效应或应力双折射效应。

10. 马吕斯定律

$$I=I_0\cos^2\theta \tag{7.1}$$

11. 偏振度

$$P=\frac{I_P}{I}=\frac{I_{\max}-I_{\min}}{I_{\max}+I_{\min}} \tag{7.2}$$

12. 主折射率

$$n_o=c/v_o, \quad n_e=c/v_e \tag{7.3}$$

o 光的折射率恒为 n_o。一般地，e 光的折射率随传播方向改变，当 e 光波法线方向与光轴的夹角为 θ 时，其折射率介于 n_o 和 n_e 之间。

$$n_\theta=\frac{n_o n_e}{\sqrt{n_o^2\sin^2\theta+n_e^2\cos^2\theta}} \tag{7.4}$$

13. 离散角

光波法线方向与光线方向的夹角 α 称为离散角。对于 o 光，离散角恒为零；对于 e 光，由于 e 光线与光轴的夹角 θ' 和 e 光波法线与光轴的夹角 θ 的关系为

$$\tan\theta'=\frac{n_o^2}{n_e^2}\tan\theta \tag{7.5}$$

定义离散角 $\alpha \equiv \theta - \theta'$，则

$$\tan\alpha = \left(1 - \frac{n_o^2}{n_e^2}\right)\frac{\tan\theta}{1 + \dfrac{n_o^2}{n_e^2}\tan^2\theta} \tag{7.6}$$

14. 偏振光和偏振器的矩阵表示(见表 7-1、表 7-2)

表 7-1　常见偏振态的琼斯矢量

偏　振　态		琼斯矩阵
线偏振光	光矢沿 x 轴	$\begin{bmatrix} 1 \\ 0 \end{bmatrix}$
	光矢沿 y 轴	$\begin{bmatrix} 0 \\ 1 \end{bmatrix}$
	光矢与 x 轴成 $\pm 45°$ 角	$\dfrac{1}{\sqrt{2}}\begin{bmatrix} 1 \\ \pm 1 \end{bmatrix}$
	光矢与 x 成 θ 角	$\begin{bmatrix} \cos\theta \\ \pm\sin\theta \end{bmatrix}$
圆偏振光	右旋	$\dfrac{1}{\sqrt{2}}\begin{bmatrix} 1 \\ -\mathrm{i} \end{bmatrix}$
	左旋	$\dfrac{1}{\sqrt{2}}\begin{bmatrix} 1 \\ \mathrm{i} \end{bmatrix}$

表 7-2　常见偏振器的琼斯矩阵

偏　振　器		琼斯矩阵
线偏振器	透光轴沿 x 方向	$\begin{bmatrix} 1 & 0 \\ 0 & 0 \end{bmatrix}$
	透光轴沿 y 方向	$\begin{bmatrix} 0 & 0 \\ 0 & 1 \end{bmatrix}$
	透光轴与 x 轴成 $\pm 45°$ 角	$\dfrac{1}{2}\begin{bmatrix} 1 & \pm 1 \\ \pm 1 & 1 \end{bmatrix}$
	透光轴与 x 轴成 θ 角	$\begin{bmatrix} \cos^2\theta & \dfrac{1}{2}\sin 2\theta \\ \dfrac{1}{2}\sin 2\theta & \sin^2\theta \end{bmatrix}$
1/4 波片	快轴在 x 轴	$\begin{bmatrix} 1 & 0 \\ 0 & \mathrm{i} \end{bmatrix}$
	快轴在 y 轴	$\begin{bmatrix} 1 & 0 \\ 0 & -\mathrm{i} \end{bmatrix}$
	快轴与 x 轴成 $\pm 45°$	$\dfrac{1}{\sqrt{2}}\begin{bmatrix} 1 & \mp\mathrm{i} \\ \mp\mathrm{i} & 1 \end{bmatrix}$
半波片	快轴在 x 或 y 方向	$\begin{bmatrix} 1 & 0 \\ 0 & -1 \end{bmatrix}$
	快轴与 x 轴成 $\pm 45°$ 角	$\begin{bmatrix} 0 & 1 \\ 1 & 0 \end{bmatrix}$
一般波片 (产生位相差 δ)	快轴在 x 方向	$\begin{bmatrix} 1 & 0 \\ 0 & \exp(\mathrm{i}\delta) \end{bmatrix}$
	快轴在 y 方向	$\begin{bmatrix} 1 & 0 \\ 0 & \exp(-\mathrm{i}\delta) \end{bmatrix}$
	快轴与 x 轴成 $\pm 45°$ 角	$\cos\dfrac{\delta}{2}\begin{bmatrix} 1 & \mp\mathrm{i}\tan\dfrac{\delta}{2} \\ \mp\mathrm{i}\tan\dfrac{\delta}{2} & 1 \end{bmatrix}$
各向同性位相延迟片(相延 φ)		$\begin{bmatrix} \exp(\mathrm{i}\varphi) & 0 \\ 0 & \exp(\mathrm{i}\varphi) \end{bmatrix}$
反射元件		$\begin{bmatrix} -r_p & 0 \\ 0 & r_s \end{bmatrix}$
圆偏振器	右旋	$\dfrac{1}{2}\begin{bmatrix} 1 & \mathrm{i} \\ -\mathrm{i} & 1 \end{bmatrix}$
	左旋	$\dfrac{1}{2}\begin{bmatrix} 1 & -\mathrm{i} \\ \mathrm{i} & 1 \end{bmatrix}$

15. 偏振光的干涉

如图 7.1 所示,在两个线偏振片 P_1 和 P_2 间放置一波片 W(坐标轴为快、慢轴)。让一束自然光从 P_1 入射该系统,在 P_2 出射,则会发生干涉,干涉强度分布为

$$I = A^2\cos(\alpha-\beta) - A^2\sin2\alpha\sin2\beta\sin^2\frac{\pi(n_o-n_e)d}{\lambda} \tag{7.7}$$

特别当 $P_1 \perp P_2$ 时，$\alpha=\dfrac{\pi}{4}$，$\beta=\dfrac{\pi}{4}$，则

$$I = A^2\sin^2\frac{\pi(n_o-n_e)d}{\lambda} \tag{7.8}$$

当 $P_1 /\!/ P_2$ 时，$\alpha=\dfrac{\pi}{4}$，$\beta=-\dfrac{\pi}{4}$，则

$$I = A^2\left\{1 - \sin^2\frac{\pi(n_o-n_e)d}{\lambda}\right\} \tag{7.9}$$

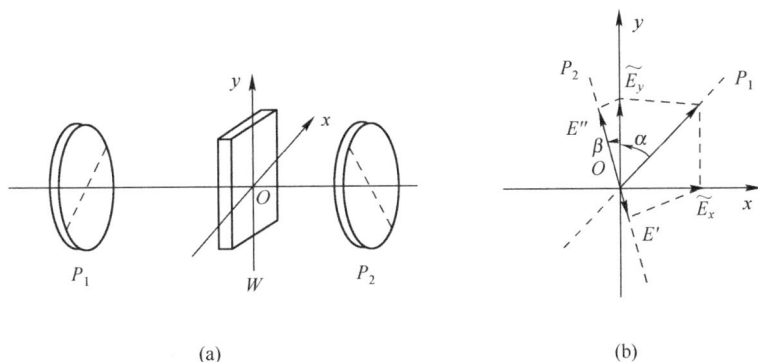

图 7.1   偏振光的干涉

7.3   常见习题分类及典型例题分析

题型一　有关求光强的问题。

基本解题思路　1. 自然光通过起偏器后光强为原来的一半；

2. 利用马吕斯定律，求光通过晶片时 o 光和 e 光的相对光强，求光通过偏振器的光强；

3. 偏振光干涉的光强分布，先求相干光束的振幅、位相差，再利用干涉公式求之。

例 7.1　由自然光和圆偏振光组成的部分偏振光，通过一块 1/4 波片和一块旋转的检偏器，已知得到的最大光强是最小光强的 7 倍，求自然光强占部分偏振光强的百分比。

解：设自然光和圆偏振光的光强分别为 I_1 和 I_2，则部分偏振光的光强为

$$I = I_1 + I_2$$

圆偏振光通过 1/4 波片后成为线偏振光，光强仍为 I_2。当线偏振光光矢的振动方向与检偏器的透光方向一致时，从检偏器出射的光强最大，其值为 I_2，当其振动方向与透光方向互相垂直时其值为零。自然光通过 1/4 波片后还是自然光，通过检偏器后光强为 $\dfrac{1}{2}I_1$。因此，透过旋转的检偏器出射的最大光强和最小光强分别为

$$I_{max} = \frac{1}{2}I_1 + I_2, \quad I_{min} = \frac{1}{2}I_1$$

又，题给 $I_{max} = 7I_{min}$，因此 $I_2 = 3I_1$，所以，自然光强占部分偏振光强的百分比为

$$\frac{I_1}{I} = \frac{I_1}{I_1+I_2} = \frac{I_1}{I_1+3I_1} = 25\%$$

题型二 晶体内 o 光和 e 光的传播方向。

基本解题思路：1. 用惠更斯/斯涅耳作图法；

2. 利用折射率椭球和折射率曲面的性质，或利用反射定律、折射定律、离散角公式、折射率公式进行计算。但要注意，o 光遵守折射定律，而对于 e 光，一般不能用折射定律，e 光波法线与光线方向一般不一致，因此光线和光轴的夹角与光波法线与光轴的夹角不相等。

例 7.2 如图 7.2 所示，设入射面与主截面重合，求光轴斜入射时，e 光在晶体中的传播方向。

解 见图 7.2，设入射角为 i，光轴与入射光线位于晶体表面法线的同侧，光轴与晶体表面的夹角为 β。光束斜入射到达晶体，光束两边与晶体表面的交点为 Q 和 O，以 O 点为次波源作次波椭圆，同时以 O 点为坐标原点建立坐标系 xOy，选取 y 轴沿光轴方向。从 Q 点向椭圆作切线，切点为 $P(x_0,y_0)$，则点 O 和点 P 的连线便是 e 光在晶体的传播方向 S，它与光轴的夹角为 θ'，与晶体表面法线的夹角为 θ_{2e}（题目所求的角）。从 O 点作点 Q 和点 P 连线的法线 N，即 e 光波法线，它与光轴的夹角为 θ，与晶体表面法线的夹角为 θ_N。

设次波椭圆方程可写为

$$\frac{x^2}{a^2}+\frac{y^2}{b^2}=1 \qquad (a)$$

其长、短轴分别为 $\quad a=v_e t=\dfrac{c}{n_e}t, \quad b=v_o t=\dfrac{c}{n_o}t$

作辅助线 OQ'，则 $t=\dfrac{\overline{QQ'}}{c}=\dfrac{\overline{OQ}\sin i}{c}$，因此

$$a=\frac{\overline{OQ}\sin i}{n_e}, \quad b=\frac{\overline{OQ}\sin i}{n_o} \qquad (b)$$

与椭圆方程在 $P(x_0,y_0)$ 点对应的切线方程为

$$\frac{x_0 x}{a^2}+\frac{y_0 y}{b^2}=1 \qquad (c)$$

利用解析几何的有关定义及公式，得切线斜率为

$$k=-\frac{b^2 x_0}{a^2 y_0}$$

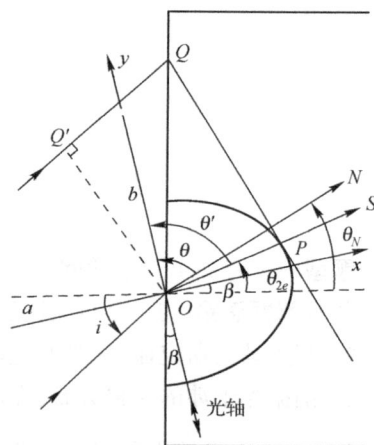

图 7.2 例 7.2 用图

截距 h 满足 $\qquad\qquad\qquad h^2=a^2 k^2+b^2 \qquad\qquad\qquad (d)$

另一方面，点 Q 和点 P 的连线应该与切线方程（c）重合，设 Q 点坐标为 $Q(x_Q,y_Q)$，据图 7.2 得

$$x_Q=\overline{OQ}\sin\beta, \quad y_Q=\overline{OQ}\cos\beta \qquad (e)$$

而过 $Q(x_Q,y_Q)$ 点、斜率为 k 的切线为

$$k=\frac{y-y_Q}{x-x_Q}$$

即 $\qquad\qquad\qquad\qquad y=kx+y_Q-kx_Q$

截距为 $\qquad\qquad\qquad\qquad h=y_Q-kx_Q \qquad\qquad\qquad\qquad (f)$

方程(e)及(f)联立,并考虑到式(b)及式(c),解得

$$k = \frac{-x_Q y_Q \pm \sqrt{a^2 y_Q^2 + b^2 x_Q^2 - a^2 b^2}}{a^2 - x_Q^2}$$

$$= \frac{-\sin\beta\cos\beta \pm \sqrt{\left(\frac{\sin i\cos\beta}{n_e}\right)^2 + \left(\frac{\sin i\sin\beta}{n_o}\right)^2 - \left(\frac{\sin i}{n_e n_o}\right)^4 (n_e n_o)^2}}{\left(\frac{\sin i}{n_e}\right)^2 - \sin^2\beta} \quad (g)$$

据图7.2及式(7.5)有
$$\tan\theta = -k \quad (h)$$

$$\tan\theta' = \frac{n_o^2}{n_e^2}\tan\theta \quad (i)$$

方程(g)、(h)和(i)联立,根号前取正号,得

$$\tan\theta' = n_o^2 \frac{\sin\beta\cos\beta + \sqrt{\left(\frac{\sin i\cos\beta}{n_e}\right)^2 + \left(\frac{\sin i\sin\beta}{n_o}\right)^2 - \left(\frac{\sin i}{n_e n_o}\right)^4 (n_e n_o)^2}}{\sin^2 i - (n_e\sin\beta)^2} \quad (j)$$

由图7.2得
$$\theta_{2e} = \left(\frac{\pi}{2} + \beta\right) - \theta' \quad (k)$$

因此,e 光的传播方向 S 与晶体表面法线的夹角 θ_{2e} 由式(k)和式(j)给出。

若光轴与入射光线位于晶体表面法线的异侧,如图7.3所示,则式(k)和式(j)应改为

$$\tan\theta' = n_o^2 \frac{-\sin\beta\cos\beta + \sqrt{\left(\frac{\sin i\cos\beta}{n_e}\right)^2 + \left(\frac{\sin i\sin\beta}{n_o}\right)^2 - \left(\frac{\sin i}{n_e n_o}\right)^4 (n_e n_o)^2}}{\sin^2 i - (n_e\sin\beta)^2} \quad (l)$$

$$\theta_{2e} = \frac{\pi}{2} - \beta - \theta' \quad (m)$$

题型三 偏振光的产生与检验,左旋、右旋圆(椭圆)偏振光的判断。

基本解题思路: 1. 利用反射产生线偏振光,以布儒斯特角入射时反射光为线偏振光;

2. 利用二向色性产生线偏振光;

3. 用起偏器或尼科耳棱镜、格兰棱镜、渥拉斯顿棱镜产生线偏振光;

4. 用线偏振光和波片产生圆(椭圆)偏振光;

5. 利用检偏器、波片等检验或区分各种偏振态的光。

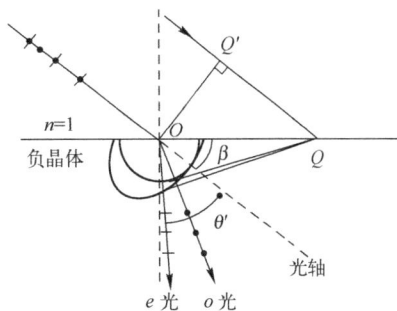

图7.3 例7.2用图

例7.3 光强为 I_0 的左旋圆偏振光垂直入射到由 $2\lambda/3$ 石英波晶片 D 和偏振片 P 组成的偏振光干涉装置上,波晶片的光轴与偏振片 P 的透振方向的夹角为图7.4所示的45°。忽略反射吸收等光损耗,分别求光束从波晶片和偏振片出射后的偏振态和光强(画出偏振态图)。

解 入射到波晶片上的光强为圆偏振光,分解成振幅相等的 o 光和 e 光。

从波晶片出射后的光强仍为
$$I_2 = E_{o1}^2 + E_{e1}^2 = E_0^2 = I_0$$

o 光和 e 光的位相差为

$$\delta = \frac{\pi}{2} + \frac{2\pi}{\lambda}(n_o - n_e)d = -\frac{5\pi}{6}$$

通过波晶片后的出射光为图 7.5(a)所示的右旋椭圆偏振光。

从偏振片 P 出射的是平行 P 透振方向的图 7.5(b)所示的线偏振光。

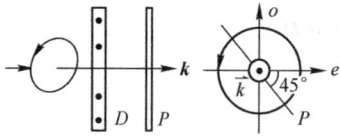

图 7.4　例 7.3 用图　　　　　　　图 7.5　例 7.3 用图

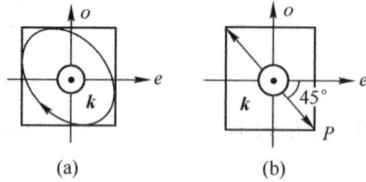

两平行振动的振幅分别为

$$E_{o2} = E_{o1}\sin 45° = \frac{\sqrt{2}}{2}E_0, \quad E_{e2} = E_{o1}\cos 45° = \frac{\sqrt{2}}{2}E_0$$

两平行光束的总位相差为

$$\delta = \pi - \frac{5\pi}{6} = \frac{\pi}{6}$$

两个光束相干叠加的光强为

$$I_2 = E_{o2}^2 + E_{e2}^2 + 2E_{o2}E_{e2}\cos\delta = 0.93I_0$$

7.4　教材习题解答

7.1　一束自然光以 30°入射到空气–玻璃界面,玻璃的折射率 $n = 1.54$,试计算反射光的偏振度。

解　设入射的自然光的光强为 I_0,将自然光分解成 p 方向和 s 方向的两束线偏振光,两束光的强度相等。

$$I_{0p} = I_{0s} = I_0/2, \quad I_p = I_{0p}R_p = \frac{I_0}{2}R_p, \quad I_s = I_{0s}R_s = \frac{I_0}{2}R_s$$

根据式(1.19),反射系数为

$$r_s = \frac{n_1\cos\theta_1 - n_2\cos\theta_2}{n_1\cos\theta_1 + n_2\cos\theta_2} = \frac{1\times\cos 30° - 1.54\times\sqrt{1-\left(\dfrac{n_1\sin 30°}{n_2}\right)^2}}{1\times\cos 30° + 1.54\times\sqrt{1-\left(\dfrac{n_1\sin 30°}{n_2}\right)^2}} = -0.25$$

$$r_p = \frac{n_2\cos\theta_1 - n_1\cos\theta_2}{n_2\cos\theta_1 + n_1\cos\theta_2} = \frac{1.54\times\cos 30° - \sqrt{1-\left(\dfrac{n_1\sin 30°}{n_2}\right)^2}}{1.54\times\cos 30° + \sqrt{1-\left(\dfrac{n_1\sin 30°}{n_2}\right)^2}} = 0.169$$

故偏振度为　$P = \dfrac{I_{max} - I_{min}}{I_{max} + I_{min}} = \dfrac{I_p - I_s}{I_p + I_s} = \dfrac{\dfrac{I_0}{2}R_p - \dfrac{I_0}{2}R_s}{\dfrac{I_0}{2}R_p + \dfrac{I_0}{2}R_s} = \dfrac{|r_p|^2 - |r_s|^2}{|r_p|^2 + |r_s|^2} = \dfrac{0.169^2 - 0.25^2}{0.169^2 + 0.25^2} = 38.3\%$

7.2 一束自然光以 30° 入射到玻璃-空气界面,玻璃的折射率 $n = 1.54$,试计算:

(1) 反射光的偏振度;

(2) 玻璃-空气界面的布儒斯特角;

(3) 在布儒斯特角下入射时透射光的偏振度。

解 根据折射定律,与 30° 入射角对应的折射角为

$$\theta_2 = \arcsin(1.54\sin 30°) = 50°21'$$

(1) 同上题,把自然光分解为振动方向互相垂直的 s 波和 p 波,相应的反射率分别为

$$R_s = \left[-\frac{\sin(\theta_1 - \theta_2)}{\sin(\theta_1 + \theta_2)}\right]^2 = \left[-\frac{\sin(30° - 50°21')}{\sin(30° + 50°21')}\right]^2 = 0.1245$$

$$R_p = \left[\frac{\tan(\theta_1 - \theta_2)}{\tan(\theta_1 + \theta_2)}\right]^2 = \left[\frac{\tan(30° - 50°21')}{\tan(30° + 50°21')}\right]^2 = 0.00398$$

仍设入射光强度为 I_0,则反射波中 s 波和 p 波的强度分别为

$$I_s^R = 0.1245\frac{I_0}{2} = 0.06225I_0, \quad I_p^R = 0.00398\frac{I_0}{2} = 0.00199I_0$$

于是,反射光的偏振度为

$$p = \frac{I_{\max} - I_{\min}}{I_{\max} + I_{\min}} = \frac{I_p^R - I_s^R}{I_p^R + I_s^R} = \frac{0.06225I_0 - 0.00199I_0}{0.06225I_0 + 0.00199I_0} = 93.8\%$$

(2) 玻璃-空气界面的布儒斯特角为

$$\theta_B = \arctan\frac{1}{n} = \arctan\frac{1}{1.54} \approx 33°$$

(3) 在布儒斯特角下入射,$\theta_2 + \theta_1 = \frac{\pi}{2}$。由菲涅耳公式(1.19)可知,s 波的透射系数为

$$t_s = \frac{2\sin\theta_2\cos\theta_1}{\sin(\theta_1 + \theta_2)} = 2\cos^2\theta_1 = 2\cos^2 33° = 1.41$$

因此,透射光中 s 波的光强为

$$I_s' = (t_s)^2 nI_0 = 1.99nI_0$$

而 p 波的透射系数为 $\quad t_p = \frac{2\sin\theta_2\cos\theta_1}{\sin(\theta_1 + \theta_2)\cos(\theta_1 - \theta_2)} = \frac{2\cos^2\theta_1}{\sin(2\theta_1)} = 1.54$

透射光中 p 波的光强为 $\quad I_p' = (t_p)^2 nI_0 = 2.37nI_0$

于是,透射光的偏振度为 $\quad P = \frac{2.37nI_0 - 1.99nI_0}{2.37nI_0 + 1.99nI_0} = 8.7\%$

7.3 让自然光在布儒斯特角下通过由 10 块玻璃片叠成的玻璃片堆,试计算透射光的偏振度(设玻璃的折射率 $n = 1.54$)。

解 光波经空气-玻璃界面透射,空气-玻璃界面的布儒斯特角为 $\theta_B = \arctan 1.54 \approx 57°$,且 $\theta_1 + \theta_2 = 90°$,$\theta_1 = \theta_B$。

设入射的自然光的光强为 $2I_0$,将自然光分解成 p 方向和 s 方向的两束线偏振光,两束光的强度相等,均为 I_0。

根据菲涅耳公式(1.19),在玻璃的上表面,即空气-玻璃界面,s 波的透射系数为

$$t_s = \frac{2\sin\theta_2\cos\theta_1}{\sin(\theta_1 + \theta_2)} = 2\cos^2\theta_B = 2\cos^2 57° = 0.593$$

则 s 波的光强为 $\quad I_s^t = (t_s)^2 nI_0$

在玻璃的下表面,即玻璃-空气界面,s 波的透射系数为

$$t'_s = \frac{2\sin\theta'_2\cos\theta'_1}{\sin(\theta'_1+\theta'_2)} = 2\cos^2\theta'_1 = 2\cos^233° = 1.4067$$

因此,透过第 1 块玻璃,s 波的光强为

$$[I^t_s]_1 = (t'_s)^2\frac{1}{n}I^t_s = (t_s)^2\frac{1}{n}(t_s)^2 nI_0 = (t'_s t_s)^2 I_0 = (1.4067×0.593)^2 I_0 = 0.696I_0$$

同理可得,透过第 10 块玻璃,s 波的光强为

$$[I^t_s]_{10} = [(t'_s t_s)^2]^{10} I_0 = [(1.4067×0.593)^2]^{10} I_0 = 0.0266I_0$$

另外,因为自然光以布儒斯特角入射,p 波在玻璃的上、下表面均无反射,所以,经过 10 块玻璃片后,p 波的光强仍为 I_0。因此,透射光的偏振度为

$$P = \frac{I_0-0.0266I_0}{I_0+0.0266I_0} = 94.8\%$$

7.4 选用折射率为 2.38 的硫化锌和折射率为 1.38 的氟化镁作镀膜材料,制造适用于氦-氖激光($\lambda = 632.8\text{nm}$)的偏振分光镜。问:(1)分光棱镜的折射率应为多少?(2)膜层的厚度应为多少?

解 偏振分光镜的光路图如图 7.6(a)所示,其工作原理与玻璃片堆相同。

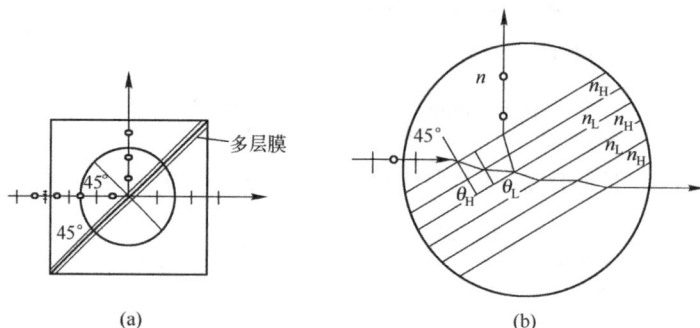

图 7.6 题 7.4 用图

(1)为使反射光和透射光获得最大的偏振度,光线在硫化锌和氟化镁间膜层界面上的入射角应等于布儒斯特角。由图 7.6(b)可知:

$$n\sin45° = n_H\sin\theta_H = n_L\sin\theta_L$$
$$\theta_H + \theta_L = 90°$$

其中,n, n_H, n_L 分别为分光棱镜、硫化锌和氟化镁的折射率;θ_H 和 θ_L 为光线在硫化锌和氟化镁膜中的折射角。由上两式得到

$$n = \frac{\sqrt{2}\,n_H n_L}{\sqrt{n_H^2+n_L^2}}$$

因此

$$n = \frac{\sqrt{2}×2.38×1.38}{\sqrt{2.38^2+1.38^2}} = 1.69$$

(2)膜层厚度的选择应该使膜层上下表面反射的光束满足干涉加强条件,从而使透射光中 s 波的成分最大限度地减少。因此硫化锌和氟化镁膜分别满足

$$2n_H h_H\cos\theta_H + \frac{\lambda}{2} = \lambda$$

$$2n_\mathrm{L}h_\mathrm{L}\cos\theta_\mathrm{L}+\frac{\lambda}{2}=\lambda$$

式中, h_H, h_L 分别为硫化锌和氟化镁膜的厚度。根据折射定律:

$$\sin\theta_\mathrm{H}=\frac{n}{n_\mathrm{H}}\sin45°=\frac{1.69}{2.38}\times0.7071=0.502$$

$$\sin\theta_\mathrm{L}=\frac{n}{n_\mathrm{L}}\sin45°=\frac{1.69}{1.38}\times0.7071=0.866$$

于是

$$h_\mathrm{H}=\frac{\lambda}{4n_\mathrm{H}\cos\theta_\mathrm{H}}=\frac{\lambda}{4n_\mathrm{H}\sqrt{1-\sin^2\theta_\mathrm{H}}}=76.9(\mathrm{nm})$$

$$h_\mathrm{L}=\frac{\lambda}{4n_\mathrm{L}\cos\theta_\mathrm{L}}=\frac{\lambda}{4n_\mathrm{L}\sqrt{1-\sin^2\theta_\mathrm{L}}}=228.4(\mathrm{nm})$$

7.5 证明马吕斯定律 $I=I_0\cos^2\theta$。

证明 一束光强为 I_0 的线偏振光,透过检偏器以后,透射光的光强为 $I=I_0\cos^2\theta$。式中, θ 是线偏振光的光振动方向与检偏器透振方向间的夹角,该式称为马吕斯定律。证明如下。

设线偏振光的光矢量振幅为 A_0,方向沿 P_1,检偏器的透光方向为 P_2, P_1 与 P_2 的夹角为 θ,如图 7.7 所示。

把沿 P_1 方向振动的光矢量振幅 A_0 分解为平行于 P_2 的分量 $A_{/\!/}$ 和垂直于 P_2 的分量 $A_\perp$。显然,只有分量 $A_{/\!/}$ 能通过检偏器,其振幅为

$$A_{/\!/}=A_0\cos\theta$$

由于光强与光振幅平方成正比,因此透过检偏器后,光强为

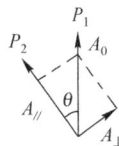

图 7.7 题 7.5 用图

$$I=I_0\cos^2\theta$$

7.6 线偏振光垂直入射到一块光轴平行于界面的方解石晶体上,若光矢量的方向与晶体主截面分别成(1)30°,(2)45°,(3)60°的夹角,问 o 光和 e 光从晶体透射出来后的强度比是多少?

解 o 光和 e 光的振动方向分别垂直和平行于主截面。设光矢量的方向与晶体主截面的夹角为 θ,根据马吕斯定律,晶体透射出来后的光强为, $I_o=I\sin^2\theta$, $I_e=I\cos^2\theta$。o 光和 e 光的强度比是 $I_o/I_e=\tan^2\theta$。

当 $\theta=30°$ 时, $I_o/I_e=\tan^230°=1:3$;当 $\theta=45°$ 时, $I_o/I_e=\tan^245°=1:1$;当 $\theta=60°$ 时, $I_o/I_e=\tan^260°=3:1$。

7.7 证明在晶体中,与给定的波法线方向 $\boldsymbol{k}_0$ 对应的两个允许的线偏振波的 $\boldsymbol{D}$ 矢量是互相正交的。

证明 由麦克斯韦方程组和物质方程,并利用平面波的表达式得到

$$\boldsymbol{D}=\varepsilon_0 n^2[\boldsymbol{E}-\boldsymbol{k}_0(\boldsymbol{k}_0\cdot\boldsymbol{E})]\tag{a}$$

因为 $\boldsymbol{D}\perp\boldsymbol{k}_0$,即 $\boldsymbol{D}\cdot\boldsymbol{k}_0=0$,所以得菲涅耳方程

$$\sum_{i=x,y,z}\frac{k_{0i}^2}{\dfrac{1}{\varepsilon_{ri}}-\dfrac{1}{n^2}}=0\tag{b}$$

由菲涅耳方程可解得 n^2 的两个解 n' 和 n'',即与 $\boldsymbol{k}_0$ 对应有 n', $\boldsymbol{D}'$, $\boldsymbol{E}'$ 和 n'', $\boldsymbol{D}''$, $\boldsymbol{E}''$。

题目要求证明 $\boldsymbol{D}'\perp\boldsymbol{D}''$,即要证明 $\boldsymbol{D}'\cdot\boldsymbol{D}''=0$。证明如下:

在主轴坐标系中,由式(a)得

$$D_i = \frac{\varepsilon_0 k_{0i}(\boldsymbol{k}_0 \cdot \boldsymbol{E})}{\dfrac{1}{\varepsilon_{ri}} - \dfrac{1}{n^2}}$$

式中,$i = x, y, z$。主介电常数 $\varepsilon_i = \varepsilon_0 \varepsilon_{ri}$。

而 $\quad \boldsymbol{D}' \cdot \boldsymbol{D}'' = \sum_i D_i' D_i'' = \varepsilon_0^2 (\boldsymbol{k}_0 \cdot \boldsymbol{E})(\boldsymbol{k}_0 \cdot \boldsymbol{E}'') \sum_i k_{0i}^2 \left\{ \dfrac{1}{\dfrac{1}{\varepsilon_{ri}} - \dfrac{1}{n'^2}} \right\} \left\{ \dfrac{1}{\dfrac{1}{\varepsilon_{ri}} - \dfrac{1}{n''^2}} \right\}$ (c)

由于 $n' \neq n''$,则 $\quad \left\{ \dfrac{1}{\dfrac{1}{\varepsilon_{ri}} - \dfrac{1}{n'^2}} \right\} \left\{ \dfrac{1}{\dfrac{1}{\varepsilon_{ri}} - \dfrac{1}{n''^2}} \right\} = \dfrac{n'^2 n''^2}{n''^2 - n'^2} \cdot \left\{ \dfrac{1}{\dfrac{1}{\varepsilon_{ri}} - \dfrac{1}{n'^2}} - \dfrac{1}{\dfrac{1}{\varepsilon_{ri}} - \dfrac{1}{n''^2}} \right\}$

式(c)变为 $\quad \boldsymbol{D}' \cdot \boldsymbol{D}'' = \varepsilon_0^2 (\boldsymbol{k}_0 \cdot \boldsymbol{E}')(\boldsymbol{k}_0 \cdot \boldsymbol{E}'') \dfrac{n'^2 n''^2}{n''^2 - n'^2} \sum_i k_{0i}^2 \left\{ \dfrac{1}{\dfrac{1}{\varepsilon_{ri}} - \dfrac{1}{n'^2}} - \dfrac{1}{\dfrac{1}{\varepsilon_{ri}} - \dfrac{1}{n''^2}} \right\}$

因为 n' 和 n'' 是式(b)的两个不相等的解,所以

$$\sum_i k_{0i}^2 \left\{ \dfrac{1}{\dfrac{1}{\varepsilon_{ri}} - \dfrac{1}{n'^2}} - \dfrac{1}{\dfrac{1}{\varepsilon_{ri}} - \dfrac{1}{n''^2}} \right\} = \sum_i \dfrac{k_{0i}^2}{\dfrac{1}{\varepsilon_{ri}} - \dfrac{1}{n'^2}} - \sum_i \dfrac{k_{0i}^2}{\dfrac{1}{\varepsilon_{ri}} - \dfrac{1}{n''^2}} = 0$$

即

$$\boldsymbol{D}' \cdot \boldsymbol{D}'' = 0$$

因而 $\boldsymbol{D}' \perp \boldsymbol{D}''$。

7.8 钠黄光正入射到一块石英晶片,石英晶片的 $n_o = 1.544$,$n_e = 1.553$,要使 e 光的偏向角为最大,求:(1) 晶片表面应与光轴成多大的角度?(2) e 光的最大偏向角是多少?

解 (1)因为光束正入射,所以 o 光不发生偏折,据式(7.6),e 光的偏向角 α 与 e 光波法线和光轴的夹角 θ 的关系为

$$\tan\alpha = \left(1 - \dfrac{n_o^2}{n_e^2} \right) \dfrac{\tan\theta}{1 + \dfrac{n_o^2}{n_e^2}\tan^2\theta}$$

为求最大偏向角,令 $\dfrac{\mathrm{d}\tan\alpha}{\mathrm{d}\theta} = 0$,得

$$\left(1 - \dfrac{n_o^2}{n_e^2} \right) \dfrac{\sec^2\theta \left(1 - \dfrac{n_o^2}{n_e^2}\tan^2\theta \right)}{\left(1 + \dfrac{n_o^2}{n_e^2}\tan^2\theta \right)^2} = 0$$

解之得 $\tan\theta = \dfrac{n_e}{n_o}$,$\theta = \arctan\left(\dfrac{n_e}{n_o} \right) = 45°9'59''$。

所以,当晶片表面与光轴成 $90° - 45°9'59'' = 44°50'1''$ 的角度时,e 光的偏向角最大。

(2)e 光的最大偏向角为

$$\alpha = \arctan\left\{ \left(1 - \dfrac{n_o^2}{n_e^2} \right) \dfrac{\tan\theta}{1 + \dfrac{n_o^2}{n_e^2}\tan^2\theta} \right\} = \arctan\left\{ \dfrac{1}{2}\left(\dfrac{n_e}{n_o} - \dfrac{n_o}{n_e} \right) \right\} = 19'58''$$

7.9 证明折射率椭球的矢径长度等于 D 矢量沿矢径方向振动的光波的折射率。

证明： 光波中电能密度的表达式可以写为

$$w_e = \frac{1}{2} E \cdot D = \frac{1}{2\varepsilon_0}\left(\frac{D_1^2}{\varepsilon_1} + \frac{D_2^2}{\varepsilon_2} + \frac{D_3^2}{\varepsilon_3}\right)$$

若不考虑光波在晶体中传播的吸收，则 w_e 是恒定的，故有

$$\frac{D_1^2}{\varepsilon_1} + \frac{D_2^2}{\varepsilon_2} + \frac{D_3^2}{\varepsilon_3} = A$$

设 $x = \dfrac{D_1}{\sqrt{A}}, y = \dfrac{D_2}{\sqrt{A}}, z = \dfrac{D_3}{\sqrt{A}}$，则

$$\frac{x_1^2}{\varepsilon_1} + \frac{x_2^2}{\varepsilon_2} + \frac{x_3^2}{\varepsilon_3} = 1 \qquad (\text{a})$$

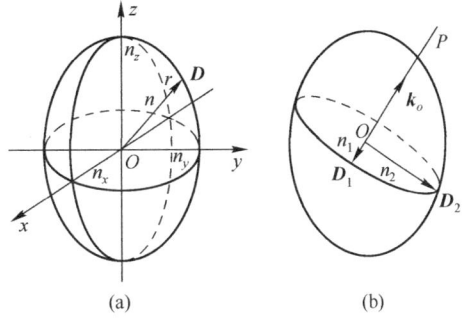

图 7.8　题 7.9 用图

式（a）代表一个椭球，如图 7.8（a）所示。

由空间解析几何理论，如图 7.8（b）所示，与波法线 k 垂直的中心截面上的椭圆，还应满足如下方程：

$$x_1 k_1 + x_2 k_2 + x_3 k_3 = 0 \qquad (\text{b})$$

同时，该椭圆的矢径

$$r^2 = x_1^2 + x_2^2 + x_3^2 \qquad (\text{c})$$

由于椭圆的长半轴和短半轴是椭圆矢量的两个极值，所以可通过求极值来确定长半轴和短半轴的矢径。根据拉格朗日待定系数法，引入两个乘数 $2\lambda_1$ 和 λ_2，构成一个函数：

$$F = x_1^2 + x_2^2 + x_3^2 + 2\lambda_1(x_1 k_1 + x_2 k_2 + x_3 k_3) + \lambda_2\left(\frac{x_1^2}{\varepsilon_1} + \frac{x_2^2}{\varepsilon_2} + \frac{x_3^2}{\varepsilon_3}\right) \qquad (\text{d})$$

将式（a）~式（c）代入上式，求解长、短半轴矢径的问题就变成了对 F 求极值的问题。而 F 取极值的必要条件是它对 x_1, x_2, x_3 的一阶导数为零，即

$$x_i + \lambda_1 k_i + \frac{\lambda_2 x_i}{\varepsilon_i} = 0, \quad i = 1, 2, 3 \qquad (\text{e})$$

将式（e）的三个式子分别乘以 x_1, x_2, x_3，然后相加，利用式（a）~式（c）的关系，得

$$r^2 + \lambda_2 = 0 \qquad (\text{f})$$

再将式（e）的三个式子分别乘以 k_1, k_2, k_3，然后相加，并利用式（b）及 $k_1^2 + k_2^2 + k_3^2 = 1$，得

$$\lambda_1 + \lambda_2\left(\frac{x_1 k_1}{\varepsilon_1} + \frac{x_2 k_2}{\varepsilon_2} + \frac{x_3 k_3}{\varepsilon_3}\right) = 0 \qquad (\text{g})$$

将式（f）及式（g）代入式（e），可得

$$x_i\left(1 - \frac{r^2}{\varepsilon_i}\right) + k_i r^2\left(\frac{x_1 k_1}{\varepsilon_1} + \frac{x_2 k_2}{\varepsilon_2} + \frac{x_3 k_3}{\varepsilon_3}\right) = 0 \quad i = 1, 2, 3 \qquad (\text{h})$$

式（f）~式（h）就是与 k 垂直的椭圆截线矢径 r 为极值时所满足的条件，也就是椭圆两个主轴方向的矢径所满足的条件。

将式（h）与下式所表示的与 k 相应的两个特许线偏振光的 D 矢量和折射率所遵从的关系（见《物理光学》的式（7.12b））进行比较：

$$D_i = \varepsilon_0 n^2 [E_i - k_i(k \cdot E)] \quad i = 1, 2, 3 \qquad (\text{i})$$

可见，二式的差别只是符号不同。

因此可进行如下的代换：

$$x_i = \frac{D_i}{D}n \quad i = 1,2,3$$

并注意到 $D_i / \varepsilon_0 \varepsilon_i = E_i$，则式(h)可以写成

$$D_i = \varepsilon_0 r^2 \left[E_i - k_i (k \cdot E) \right] \quad i = 1,2,3 \tag{j}$$

可见，式(j)和式(i)表示的关系是一致的。考虑到 $x_1 : x_2 : x_3 = D_1 : D_2 : D_3$ 和 $r = n$，r 的方向就是满足式(j)的 D 方向，r 的长度就是满足式(j)的 n。

7.10 KDP 是负单轴晶体，它对于波长为 546nm 的光波的主折射率分别为 $n_o = 1.512$ 和 $n_e = 1.470$。试求光波在晶体内沿着与光轴成 30°角的方向传播时两个许可的折射率。

解 一个许可的折射率为 $n_o = 1.512$；另一个由式(7.4)得

$$n_e = \frac{n_0 n_e}{\sqrt{n_0^2 \sin^2 \theta + n_e^2 \cos^2 \theta}} = \frac{1.512 \times 1.470}{\sqrt{1.512^2 \times \sin^2 30° + 1.470^2 \times \cos^2 30°}} = 1.501$$

7.11 平行光以 60°角入射 KDP 晶体，晶体主折射率为 $n_o = 1.512$，$n_e = 1.470$，光轴与晶体表面平行，并垂直于入射面。求晶体内 o 光和 e 光的夹角。

解 对于 o 光，由折射定律得 $\sin \theta_i = n_o \sin \theta_o$，解得 $\theta_o = 34.943°$。

光轴垂直于入射面，故 $n_e' = n_e = 1.470$，由折射定律 $\sin \theta_i = n_e' \sin \theta_e$，解得 $\theta_e = 36.096°$。

o 光和 e 光的夹角为 $\Delta \theta = |\theta_o - \theta_e| = 1.153°$。

7.12 波长 $\lambda = 632.3$nm 的氦氖激光垂直入射到方解石晶片，晶片厚度 $d = 0.013$mm，晶片表面与光轴成 60°角(如图 7.9 所示)。求：

(1) 晶片内 o 光线和 e 光线的夹角；

(2) o 光线和 e 光线的振动方向；

(3) o 光线和 e 光线通过晶片后的位相差。

解 (1) o 光遵守折射定律，因此它将不偏折地通过晶片。此外由图 7.9 所示的惠更斯作图法可知，e 光波法线的方向与 o 光的相同，因此

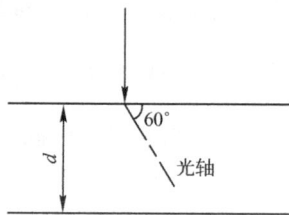

图 7.9 题 7.12 用图   图 7.10 题 7.12 用图

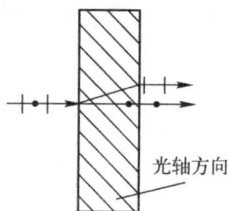

$$\beta = 90° - 60° = 30°$$

由《物理光学》中式(7.18)得 $\theta = \arctan\left(\frac{n_o^2}{n_e^2}\tan\beta\right) = \arctan\left[\frac{(1.658)^2}{(1.486)^2}\tan 30°\right] = 35°42'$

因此得到 o 光线和 e 光线的夹角为

$$\varphi = \theta - \beta = 35°42' - 30° = 5°42'$$

(2) 如图 7.10 所示。由于 o 光线和 e 光线都在图面内，所以图面是 o 光线和 e 光线的共同主平面。o 光的振动方向垂直于图面，以黑点表示；e 光的振动方向在图面内，以线条表示。

(3) e 光在法波线沿 β 方向传播时的折射率由式(7.4)给出：

$$n(\beta) = \frac{c}{v_N} = \frac{n_0 n_e}{\sqrt{n_e^2 \cos^2 \beta + n_o^2 \sin^2 \beta}}$$

于是 $$n(30°) = \frac{1.658 \times 1.486}{\sqrt{(1.486)^2 \cos^2 30° + (1.658)^2 \sin^2 30°}} = 1.6095$$

因此，o 光和 e 光通过晶片后的位相差为

$$\delta = \frac{2\pi}{\lambda}(n_o - n_e)d = \frac{2\pi}{632.8 \times 10^{-6}\text{mm}}(1.658 - 1.6095) \times 0.013\text{mm} \approx 2\pi$$

7.13 一束汞绿光以 60° 入射到 KDP 晶体表面,晶体的 $n_o = 1.512, n_e = 1.470$。设光轴与晶体表面平行,并垂直于入射面,求晶体中 o 光和 e 光的夹角。

解 如图 7.11 所示,由于光轴垂直于入射面,所以 e 光和 o 光的波面与入射面的截线均为圆形。从图中容易看出,对于任意的入射角 θ_1,存在相应的 e 光的折射角 θ_{2e},且有

$$\frac{\sin\theta_1}{\sin\theta_{2e}} = \frac{BC}{R} = \frac{c}{v_e} = n_e$$

式中,R 是 e 光波面的圆截线的半径。由于 c/v_e 是一常数,即在本题目描述的特殊情形下,e 光遵守普通的折射定律(实际上,对于 e 光,只有当光轴垂直于主截面时才能运用折射定律),其折射方向由上式给出,因此,当 $\theta_1 = 60°$ 时,e 光的折射角为

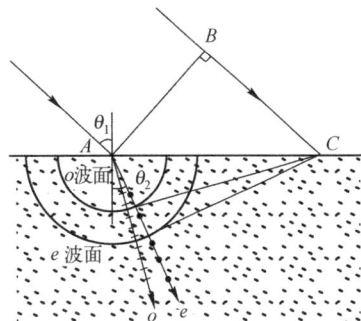

图 7.11 题 7.13 用图

$$\theta_{2e} = \arcsin\left(\frac{\sin 60°}{1.470}\right) = 36°6'$$

而 o 光的折射角为

$$\theta_{2o} = \arcsin\left(\frac{\sin 60°}{1.512}\right) = 34°56'$$

因此,o 光和 e 光的夹角为

$$\varphi = \theta_{2e} - \theta_{2o} = 36°6' - 34°56' = 1°10'$$

7.14 一块晶片的光轴与表面平行,且平行于入射面,证明晶片内 o 光和 e 光的折射角之间有如下关系:$\frac{\tan\theta_{2o}}{\tan\theta_{2e}} = \frac{n_o}{n_e}$。对于 ADP(磷酸二氢铵)晶片,$n_o = 1.5265, n_e = 1.4808$(对波长 546nm),若光波入射角为 50°,则晶片内 o 光线和 e 光线的夹角是多少?

解 (1)入射面与主截面重合,光轴与晶片表面平行,$\beta = 0$,根据例 7.2 的结果得 e 光线的折射角 θ_{2e} 为

$$\tan\theta_{2e} = \tan\left(\frac{\pi}{2} - \theta'\right) = \frac{\sin^2 i}{n_o^2\sqrt{\left(\frac{\sin i}{n_e}\right)^2 - \left(\frac{\sin i}{n_e n_0}\right)^4 (n_e n_0)^2}} = \frac{n_e \sin i}{n_o^2\sqrt{1 - \left(\frac{\sin i}{n_0}\right)^2}}$$

对于 o 光线,若折射角为 θ_{2o},则根据式(1.16)有 $\sin i = n_o \sin\theta_{2o}$。将其代入上式得

$$\tan\theta_{2e} = \frac{n_e \sin\theta_{2o}}{n_0\sqrt{1 - \sin^2\theta_{2o}}} = \frac{n_e \tan\theta_{2o}}{n_0}$$

因此

$$\frac{\tan\theta_{2o}}{\tan\theta_{2e}} = \frac{n_o}{n_e}$$

(2)根据式(1.16),o 光线的折射角为

$$\theta_{2o} = \arcsin\left(\frac{n_1}{n_o}\sin i\right) = \arcsin\left(\frac{1}{1.5265}\sin 50°\right) = 30°7'16''$$

则 e 光线的折射角为

$$\theta_{2e} = \arctan\left(\frac{n_e}{n_o}\tan\theta_{2o}\right) = \arctan\left(\frac{1.4808}{1.5265}\tan 30°7'16''\right) = 29°22'15''$$

所以 o 光线和 e 光线的夹角为 $\theta_{2o} - \theta_{2e} = 45'1''$。

7.15 石英晶体切成如图 7.12 所示,问钠黄光以 30° 角入射到晶体时晶体内 o 光线和 e

光线的夹角是多少?

解 对于石英晶体，$n_o=1.54424$，$n_e=1.55335$。

根据式(1.16)，o 光波的折射角为

$$\theta_{2o}=\arcsin\left(\frac{\sin30°}{1.54424}\right)=18°53'31''$$

又根据例7.2的结果，且 $\beta=\pi/2$，$i=30°$，则 e 光波的折射角为

$$\theta_{2e}=\left(\frac{\pi}{2}+\frac{\pi}{2}\right)-\theta'$$

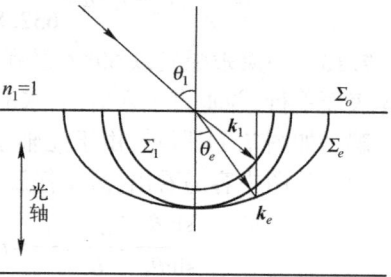

图 7.12　题 7.15 用图

其中　$\tan\theta'=n_o\dfrac{\sin i\sqrt{1-\left(\dfrac{\sin i}{n_e}\right)^2}}{\sin^2 i-(n_e)^2}=-0.351472$

$$\theta'=161°19'31''，\theta_{2e}=18°40'29''$$

因此，o 光线和 e 光线的夹角为 $\alpha=\theta_{2o}-\theta_{2e}=13'2''$。

7.16 钠黄光以45°角入射到方解石晶体表面。晶体光轴与表面成30°角，并且方向与入射面平行，如图7.13所示。试求晶体中 e 光线的折射角。

解 方解石对钠黄光的主折射率为 $n_o=1.6584$，$n_e=1.4864$。根据例7.2的结果，e 光线与光轴的夹角为

$$\tan\theta'=n_o^2\frac{\sin\beta\cos\beta+\sqrt{\left(\dfrac{\sin i\cos\beta}{n_e}\right)^2+\left(\dfrac{\sin i\sin\beta}{n_0}\right)^2-\left(\dfrac{\sin i}{n_e n_0}\right)^4(n_e n_0)^2}}{\sin^2 i-(n_e\sin\beta)^2}$$

$$=(1.6584)^2\frac{-\sin30°\cos30°+\sqrt{\left(\dfrac{\sin45°\cos30°}{1.4864}\right)^2+\left(\dfrac{\sin45°\sin30°}{1.6584}\right)^2-\left(\dfrac{\sin45°}{1.4864\times1.6584}\right)^4(1.4864\times1.6584)^2}}{\sin^2 45°-(1.4864\times\sin30°)^2}$$

$$=0.831941$$

因此 $\theta'=39°45'30''$。

所以，e 光线的折射角为

$$\theta_{2e}=\frac{\pi}{2}-\beta-\theta'=90°-30°-39°45'30''=20°14'30''$$

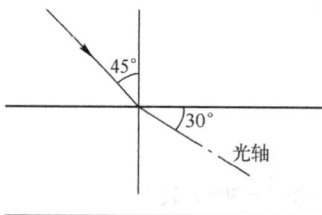

图 7.13　题 7.16 用图

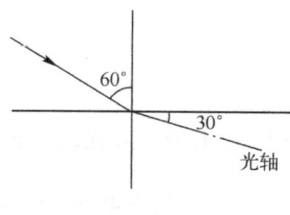

图 7.14　题 7.17 用图

7.17 将上题中入射角改变为60°，即入射光正对着晶体光轴方向(如图7.14所示)，这时晶体内 e 光线的折射角是多少? 在晶体内发生双折射吗?

解 把上一题中的入射角改变为60°，则 e 光线与光轴的夹角为

$$\tan\theta' = n_o^2 \frac{\sin\beta\cos\beta + \sqrt{\left(\frac{\sin i\cos\beta}{n_e}\right)^2 + \left(\frac{\sin i\sin\beta}{n_0}\right)^2 - \left(\frac{\sin i}{n_e n_0}\right)^4 (n_e n_0)^2}}{\sin^2 i - (n_e\sin\beta)^2}$$

$$= (1.6584)^2 \frac{\sin30°\cos30° + \sqrt{\left(\frac{\sin60°\cos30°}{1.4864}\right)^2 + \left(\frac{\sin60°\sin30°}{1.6584}\right)^2 - \left(\frac{\sin60°}{1.4864\times1.6584}\right)^4 (1.4864\times1.6584)^2}}{\sin^2 60° - (1.4864\times\sin30°)^2}$$

$$= 0.650912$$

因此 $\theta' = 33°3'38''$。

所以，e 光线的折射角为

$$\theta_{2e} = \frac{\pi}{2} - \beta - \theta' = 90° - 30° - 33°3'38'' = 26°56'22''$$

而 o 光线的折射角为

$$\theta_{2o} = \arcsin\left(\frac{\sin i}{n_o}\right) = \arcsin\left(\frac{\sin60°}{1.6584}\right) = 31°28'49''$$

可见，虽然入射光正对着晶体光轴方向，但 $\theta_{2o} \neq \theta_{2e}$，所以在晶体内会发生双折射。

7.18 一块负单轴晶体制成的棱镜如图 7.15(a)所示，自然光从左方正入射到棱镜。试证明 e 光线在棱镜斜面上反射后与光轴夹角 θ_e' 由下式决定：

$$\tan\theta_e' = \frac{n_o^2 - n_e^2}{2n_e^2}$$

并画出 o 光和 e 光的光路，确定它们的振动方向。

解 见图 7.15(b)，自然光正入射到棱镜 A 前，o 光和 e 光不分开；o 光经反射后以平行光轴的方向出射；设 e 光波法线（沿 AD 方向）与光轴的夹角为 θ_e，则 e 光波法线与界面法线 AN 的夹角，即反射角为($45° - \theta_e$)。由反射定律得

$$n_e^i(90°)\sin45° = n_e^r(\theta_e)\sin(45° - \theta_e)$$

而

$$n_e^r(\theta_e) = \frac{n_o n_e}{\sqrt{n_o^2\sin^2\theta_e + n_e^2\cos^2\theta_e}}$$

考虑到 $n_e^i(90°) = n_e$，上述两式消去 $n_e^r(\theta_e)$ 后整理得

$$\tan\theta_e = \frac{n_o^2 - n_e^2}{2n_o^2}$$

因此，e 光线与光轴的夹角 θ_e' 为

$$\tan\theta_e' = \frac{n_o^2}{n_e^2}\tan\theta_e = \frac{n_o^2 - n_e^2}{2n_e^2}$$

o 光和 e 光的光路及其振动方向见图 7.15(b)。

7.19 图 7.16 所示的渥拉斯顿棱镜若用方解石制成，并且顶角 $\theta = 30°$，则试求当一束自然光垂直入射时，从棱镜出射的两束光的夹角。

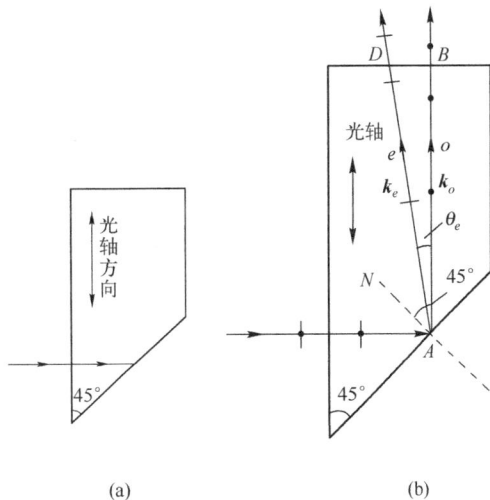

图 7.15 题 7.18 用图

解 （1）**方法一**

当自然光垂直入射时,在第一块棱镜产生的 o 光和 e 光不分开,但 o 光振动垂直于图面,e 光振动平行于图面,o 光与 e 光的传播速度不同。由于两块棱镜的光轴互相垂直,所以在第一块棱镜的 o 光和 e 光在第二块棱镜分别变为 e 光和 o 光,传播速度发生了相应的变化,因而在界面上发生折射,如图 7.16 所示。由于第二块棱镜的光轴垂直于入射面,所以,折射角可以用折射定律求出:

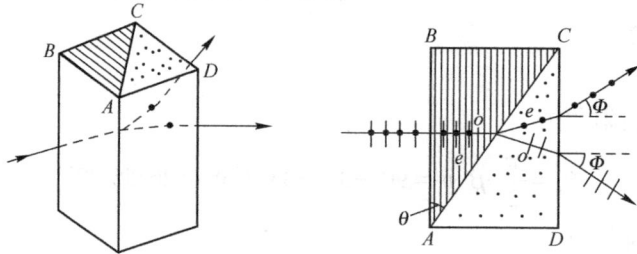

图 7.16 题 7.19 用图

$$\frac{\sin i_1}{\sin i_{2e}} = \frac{n_e}{n_o}$$

得到
$$i_{2e} = \arcsin\left(\frac{n_o \sin i_1}{n_e}\right) = \arcsin\left(\frac{1.658 \times \sin 30°}{1.486}\right) = 33°54'32''$$

这束光在棱镜后表面以角度 $\Phi_1 = i_{2e} - i_1 = 3°54'32''$ 入射,空气的折射率 $n_{air} = 1$,则折射角为

$$\Phi_2 = \arcsin\left(\frac{n_e \sin\Phi_1}{n_{air}}\right) = \arcsin(1.486 \times \sin 3°54'32'') = 5°48'50''$$

同理,另一支光在第一块棱镜内是 e 光,进入第二块棱镜内是 o 光,在两块棱镜界面上的折射角为

$$i_{2o} = \arcsin\left(\frac{n_e \sin i_1}{n_o}\right) = \arcsin\left(\frac{1.486 \times \sin 30°}{1.658}\right) = 26°37'26''$$

这支光在棱镜后表面的折射角为

$$\Phi_2' = \arcsin\left(\frac{n_o \sin\Phi_1'}{n_{air}}\right) = \arcsin\left(\frac{n_o \sin(i_1 - i_{2o})}{n_{air}}\right) = \arcsin(1.658 \times \sin 3°22'34'') = 5°36'12''$$

因此,两支光的夹角为
$$\Phi = \Phi_2 + \Phi_2' = 11°25'2''$$

（2）**方法二**

直接用《物理光学》第 4 版中的式(7.42)计算
$$\Phi = \arcsin[(n_o - n_e)\tan\theta] = \arcsin[(1.6584 - 1.4864)\tan 30°]$$

两支光的夹角为
$$2\Phi = 11°23'53''$$

7.20 图 7.17 所示是偏振光度计的光路图。从光源 S_1 和 S_2 射来的光都被渥拉斯顿棱镜 W 分为两束线偏振光,但其中一束被挡住,进入视场的只有一束。来自 S_1 的这束光的振动在图面内,来自 S_2 的这束光的振动垂直于图面。转动检偏器 N,直到视场两半的亮度相等。设这时检偏器的透光轴与图面的夹角为 θ,试证明光源 S_1 与 S_2 的强度比是 $\tan^2\theta$。

证明 设来自 S_1 光源的光振幅为 A_1,经棱镜后成为 e 光,再经偏振器 N 后,其强度为

$$I_e = \frac{1}{2}A_1^2\cos^2\theta$$

设来自 S_2 光源的光振幅为 A_2,经棱镜后成为 o 光,再经偏振器 N 后,其强度为

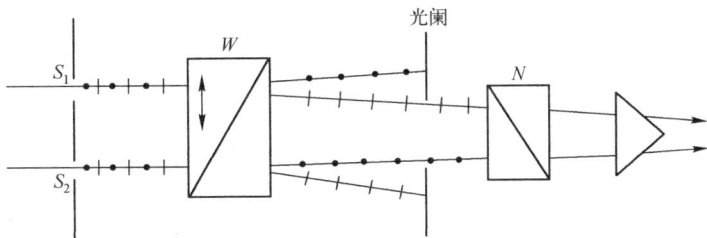

图 7.17 题 7.20 用图

$$I_o = \frac{1}{2}A_2^2\sin^2\theta$$

依题意可知,当视场两半的亮度相等,即 $I_e = I_o$ 时,光源 S_1 与 S_2 的强度比为

$$\frac{A_1^2}{A_2^2} = \frac{2I_e/\cos^2\theta}{2I_o/\sin^2\theta} = \tan^2\theta$$

7.21 图 7.18 所示是用石英晶体制成的塞拿蒙棱镜,每块棱镜的顶角是 20°,光束正入射。求光束从棱镜出射后,o 光线和 e 光线之间的夹角。

解 光束垂直入射在第一块晶体时,o 光和 e 光以同一速度传播且不分开。经过两棱镜的界面时,对于 o 光,由于界面左右两棱镜的折射相同,所以不发生偏折;到达棱镜-空气界面时是正入射,故 o 光仍不发生折射。因此,o 光沿水平方向穿过塞拿蒙棱镜。对于 e 光,在两棱镜的界面,入射角为 20°,由折射定律得

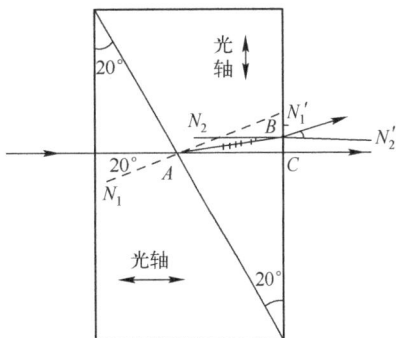

图 7.18 题 7.21 用图

$$n_o\sin20° = n(\theta)\sin\theta_t \qquad (\text{a})$$

$$n(\theta) = \frac{n_o n_e}{\sqrt{n_o^2\sin^2\theta + n_e^2\cos^2\theta}} \qquad (\text{b})$$

其中,θ 是 e 光波法线与光轴的夹角($\overline{AB}$ 与 $\overline{BC}$ 的夹角);θ_t 是 e 光波法线与界面法线的夹角($\overline{AB}$ 与 $\overline{N_1N_1'}$ 的夹角),且

$$\theta = 90° - (20° - \theta_t) = 70° + \theta_t \qquad (\text{c})$$

联合式(a)、式(b)和式(c),得

$$\tan\theta = \frac{-n_e^2\sin40° - n_e\sqrt{n_e^2\sin^240° - 4(n_o^2 - n_e^2)\sin^220°\cos40°}}{2(n_o^2 - n_e^2)\sin^220°} = 475.768$$

其中 $\qquad\qquad n_o = 1.544, n_e = 1.553$

因此 $\qquad\qquad \theta = 89°52'46'', \quad n(\theta) = 1.553$

在棱镜-空气界面,法线为 N_2N_2',入射角为 $\frac{\pi}{2} - \theta$,并设空气折射率为 1,折射角为 θ_t',则

$$n(\theta)\sin\left(\frac{\pi}{2} - \theta\right) = \sin\theta_t'$$

由于在空气中波法线与光线重合,且 o 光沿水平方向出射,所以 o 光线和 e 光线之间的夹角为 $\theta_t' = 11'13''$。

7.22 如图 7.19 所示,一束光从方解石三棱镜的左边入射。方解石的光轴可以有三种取向,分别与图中直角坐标系平行。试分析每一种情形下出射光束的偏振情况,以及如何测定

n_o 和 n_e。

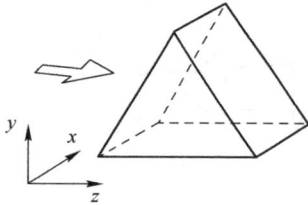

图 7.19 题 7.22 用图

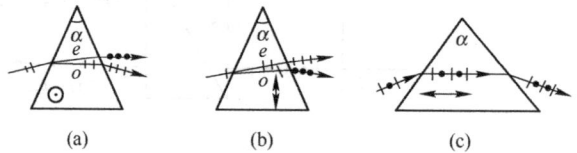

图 7.20 题 7.22 用图

解 (1) 先讨论方解石的光轴沿 x 轴方向。光束的偏振情况如图 7.20(a)所示。

测出 o 光和 e 光的最小偏向角 δ_{mine}、δ_{mino} 及三棱镜的顶角 α，已知公式

$$n = \sin\left(\frac{\alpha+\delta_{\min}}{2}\right)\bigg/\sin\frac{\alpha}{2}$$

分别代入 δ_{mine}、δ_{mino}，将得到 o 光和 e 光在方解石中的 n_e、n_o。

(2) 光轴沿 y 轴方向。光束的偏振情况如图 7.20(b)所示。

与(1)类似，测出 o 光和 e 光的最小偏向角 δ_{mine}、δ_{mino} 及三棱镜的顶角 α，代入最小偏向角与折射率的公式即可求出 n_e、n_o。

(3) 光轴沿 z 轴方向(与三棱镜底边平行)。光束以最小偏向角入射，则光线经第一界面后将平行三棱镜底边传播，o 光和 e 光不分开，且速度一样。光束的偏振情况如图 7.20(c)所示。

与上述(1)、(2)一样，测出光束的最小偏向角，则可求出光沿光轴方向传播的折射率 $n=n_o=n_e$。

7.23 一束线偏振的钠黄光($\lambda = 589.3\mathrm{nm}$)垂直通过一块厚度为 $8.0859\times10^{-2}\mathrm{mm}$ 的石英晶片。晶片折射率为 $n_0 = 1.54424$, $n_e = 1.55335$，光轴沿 y 轴方向(如图 7.21 所示)。试对于以下三种情况，确定出射光的偏振态：

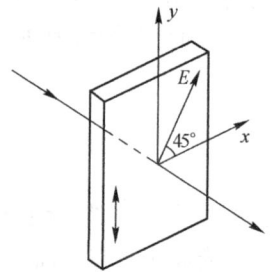

图 7.21 题 7.23 用图

(1) 入射线偏振光的振动方向与 x 轴成 45°角；

(2) 入射线偏振光的振动方向与 x 轴成 −45°角；

(3) 入射线偏振光的振动方向与 x 轴成 30°角。

解 入射线偏振光在波片内产生的 o 光和 e 光出射波片时的位相延迟角为

$$\delta = \frac{2\pi}{\lambda}(n_e-n_o)d = \frac{2\pi\times(1.55335-1.54424)\times8.0859\times10^{-2}\mathrm{mm}}{589.3\times10^{-6}\mathrm{mm}} = \frac{5}{2}\pi$$

(1) 当 $\alpha=45°$时(见图 7.21)，设入射光振幅为 A，则 o 光和 e 光的振幅为

$$A_o = A\cos45° = \frac{\sqrt{2}}{2}A, \quad A_e = A\sin45° = \frac{\sqrt{2}}{2}A$$

因此，在波片后表面，o 光和 e 光的合成为

$$E = E_o+E_e = \boldsymbol{e}_x\frac{\sqrt{2}}{2}A\cos\left(k_e d-\omega t-\frac{5}{2}\pi\right)+\boldsymbol{e}_y\frac{\sqrt{2}}{2}A\cos(k_e d-\omega t)$$

$$= \frac{\sqrt{2}}{2}A\left[\boldsymbol{e}_x\cos\left(k_e d-\omega t-\frac{\pi}{2}\right)+\boldsymbol{e}_y\cos(k_e d-\omega t)\right]$$

x、y 方向振动的振幅相同，位相差为 $\pi/2$，因此，是左旋圆偏振光。

（2）当 $\alpha = -45°$ 时，则 o 光和 e 光的振幅为

$$A_e = A\sin(-45°) = -\frac{\sqrt{2}}{2}A, \quad A_o = A\cos(-45°) = \frac{\sqrt{2}}{2}A$$

在波片后表面 o 光和 e 光的合成为

$$E = E_o + E_e = e_x\frac{\sqrt{2}}{2}A\cos\left(k_e d - \omega t - \frac{5}{2}\pi\right) - e_y\frac{\sqrt{2}}{2}A\cos(k_e d - \omega t)$$

$$= \frac{\sqrt{2}}{2}A\left[e_x\cos\left(k_e d - \omega t - \frac{\pi}{2}\right) + e_y\cos(k_e d - \omega t - \pi)\right]$$

因此，是右旋圆偏振光。

（3）当 $\alpha = 30°$ 时，则 o 光和 e 光的振幅为

$$A_o = A\cos 30° = \frac{\sqrt{3}}{2}A, \quad A_e = A\sin 30° = \frac{1}{2}A$$

在波片后表面 o 光和 e 光的合成为

$$E = E_o + E_e = e_x\frac{1}{2}A\cos\left(k_e d - \omega t - \frac{\pi}{2}\right) + e_y\frac{\sqrt{3}}{2}A\cos(k_e d - \omega t)$$

因此，是左旋椭圆偏振光。

7.24 当通过尼科耳棱镜观察一束椭圆偏振光时，强度随着尼科耳棱镜的旋转而改变。当强度极小时，在尼科耳棱镜（检偏器）前插入一块 1/4 波片，转动 1/4 波片使它的快轴平行于检偏器的透光轴，再把检偏器沿顺时针方向转动 20° 就完全消光。

（1）该椭圆偏振光是右旋的还是左旋的？

（2）椭圆长、短轴之比是多少？

解（1）椭圆偏振光可视为两个位相差 $\pi/2$ 的光矢量分别沿长、短轴方向的线偏振光的合成。如图 7.22 所示，设长、短轴方向分别为 y 轴和 x 轴。

依题意，插入快轴平行于 x 轴的 1/4 波片后，透射光为线偏振光，其振动方向与 x 轴成 70° 角，因而光矢量沿 y 方向振动和光矢量沿 x 方向振动的位相差变为零。由于快轴沿 x 轴的 1/4 波片产生 y 方向振动相对 x 方向振动有 $-\pi/2$ 的位相延迟角，所以椭圆偏振光的 y 方向振动相对 x 方向振动有 $\pi/2$ 的位相差。这是左旋椭圆偏振光。

图 7.22 题 7.24 用图

（2）由图 7.22 可见，椭圆长、短轴之比为 $A_y/A_x = \tan 70° = 2.747$。

7.25 为了确定一束圆偏振光的旋转方向，可将 1/4 波片置于检偏器之前，再将后者转到消光位置。这时发现 1/4 波片快轴的方位是这样的：它须沿着逆时针方向转 45° 才能与检偏器的透光轴重合。问该圆偏振光是右旋的还是左旋的？

答 是右旋圆偏振光。因为在以 1/4 波片快轴为 y 轴的直角坐标系中，偏振片位于 Ⅱ、Ⅳ 象限时消光，说明圆偏振光经 1/4 波片后，成为位于 Ⅰ、Ⅲ 象限的线偏振光，此线偏振光由 y 方向振动相对 x 方向振动有 2π 位相差的两线偏振光合成。而 1/4 波片使 e 光、o 光的位相差增加 $\pi/2$，成为 2π，所以，进入 1/4 波片前 y 方向振动相对 x 方向振动就已有 $3\pi/2$ 的位相差，所以是右旋圆偏振光。

7.26 给出下面四组光学元件：(1) 两个线偏振器；(2) 一个 1/4 波片；(3) 一个半波片；

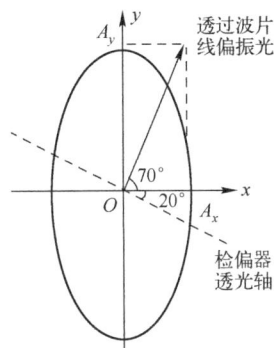

（4）一个圆偏振器。

问在只用一灯（自然光光源）和一观察屏的情形下如何鉴别上述元件。如果在（1）中只有一个线偏振器，又如何鉴别？

答：（1）鉴别步骤如下。

① 把其中两个光学元件放在光源和光屏之间，一个不动，另一个对着自然光光源绕光线旋转一周，直到调换至光屏上会出现两次消光为止，这时的两个光学元件便是线偏振器。

② 找出波片光轴方向，再把透振方向与波片光轴成45°的偏振器 P_1 放置在待测波片之前，另一偏振器 P_2 放置在待测波片之后，自然光经偏振器 P_1 后成为线偏振光，且光矢量与波片光轴成45°，再入射到待测波片然后到 P_2，绕光线传播方向旋转 P_2 一周。若光强出现两明两零的变化，则说明从待测波片出射的是线偏振光，因而待测波片是半波片；若光强没有变化，则说明从待测波片出射的是圆偏振光，因而待测波片是1/4 波片。

③ 最后剩下的一个就是圆偏振器。

（2）如果只有一个线偏振器，则先把自然光光源射入某界面，如空气-水界面，调整入射角度为布儒斯特角，则反射光为线偏振光，光矢振动方向与光线和入射面均垂直。在题给元件中的一个垂直于反射光光束的方向上并旋转一周，直到调换至旋转一周时光屏上会出现两次消光现象为止，这个光学元件便是线偏振器。

找出波片光轴方向，让线偏振光的光矢振动方向与波片光轴成45°，再入射到线偏振器上，旋转线偏振器一周，光强出现两明两零的变化对应的波片是半波片；光强没有变化的是1/4 波片；最后剩下一个就是圆偏振器。

7.27 一束自然光通过偏振片后再通过1/4 波片入射到反射镜上，要使反射光不能透过偏振片，则波片的快、慢轴与偏振片的透光轴应该成多少角度？试用琼斯计算法给以解释。

解 强度为 I_0 的自然光通过偏振片 P 后成为强度为 $I_0/2$ 的线偏振光，设波片的快轴与偏振片的透光轴的夹角为 θ，则从1/4 波片出射的是左旋椭圆偏振光，它沿快轴、慢轴方向的振幅分别为 $\sqrt{\dfrac{I_0}{2}}\cos\theta$ 和 $\sqrt{\dfrac{I_0}{2}}\sin\theta$，且沿快轴方向的振动比沿慢轴方向的振动超前 $\pi/2$，经平面镜反射后，上述两个方向的振动均有位相跃变，故两者的位相差仍为 $\pi/2$。当光束再次穿过1/4 波片后，位相差变为 $\pi/2+\pi/2=\pi$，因此两振动合成为线偏振光，其振动方向与快轴夹角为 θ，与偏振片 P 的夹角为 2θ。如果 $2\theta=90°$，即波片的快轴、慢轴与偏振片的透光轴夹角为45°，则反射光不能透过偏振片。

下面用琼斯计算法给以解释。

自然光通过偏振片后成为线偏振光，设线偏振光光矢量沿 x 轴，则其琼斯矢量为

$$\begin{bmatrix} A_1 \\ B_1 \end{bmatrix} = \begin{bmatrix} 1 \\ 0 \end{bmatrix}$$

若1/4 波片的快轴与 x 轴（偏振片的透光轴）的夹角矩阵为 θ，则其琼斯矩阵为

$$G_{1/4}=\cos\frac{\delta}{2}\begin{bmatrix} 1-i\tan\dfrac{\delta}{2}\cos2\theta & -i\tan\dfrac{\delta}{2}\sin2\theta \\ -i\tan\dfrac{\delta}{2}\sin2\theta & 1+i\tan\dfrac{\delta}{2}\cos2\theta \end{bmatrix}=\frac{\sqrt{2}}{2}\begin{bmatrix} 1-i\cos2\theta & -i\sin2\theta \\ -i\sin2\theta & 1+i\cos2\theta \end{bmatrix}$$

穿过1/4 波片后，透射光的琼斯矢量为

$$\begin{bmatrix} A_2 \\ B_2 \end{bmatrix} = G_{1/4} \begin{bmatrix} A_1 \\ B_1 \end{bmatrix} = \frac{\sqrt{2}}{2} \begin{bmatrix} 1-\mathrm{i}\cos2\theta & -\mathrm{i}\sin2\theta \\ -\mathrm{i}\sin2\theta & 1+\mathrm{i}\cos2\theta \end{bmatrix} \begin{bmatrix} 1 \\ 0 \end{bmatrix} = \frac{\sqrt{2}}{2} \begin{bmatrix} 1-\mathrm{i}\cos2\theta \\ -\mathrm{i}\sin2\theta \end{bmatrix}$$

经反射镜后,反射光的琼斯矢量为

$$\begin{bmatrix} A_3 \\ B_3 \end{bmatrix} = G_M \begin{bmatrix} A_2 \\ B_2 \end{bmatrix} = \frac{\sqrt{2}}{2} \begin{bmatrix} -1 & 0 \\ 0 & -1 \end{bmatrix} \begin{bmatrix} 1-\mathrm{i}\cos2\theta \\ -\mathrm{i}\sin2\theta \end{bmatrix} = \frac{\sqrt{2}}{2} \begin{bmatrix} -1+\mathrm{i}\cos2\theta \\ \mathrm{i}\sin2\theta \end{bmatrix}$$

再次通过 1/4 波片后,透射光的琼斯矢量为

$$\begin{bmatrix} A_4 \\ B_4 \end{bmatrix} = G_{1/4} \begin{bmatrix} A_3 \\ B_3 \end{bmatrix} = \frac{1}{2} \begin{bmatrix} 1-\mathrm{i}\cos2\theta & -\mathrm{i}\sin2\theta \\ -\mathrm{i}\sin2\theta & 1+\mathrm{i}\cos2\theta \end{bmatrix} \begin{bmatrix} -1+\mathrm{i}\cos2\theta \\ \mathrm{i}\sin2\theta \end{bmatrix} = \mathrm{i} \begin{bmatrix} \cos2\theta \\ \sin2\theta \end{bmatrix}$$

如果此光束入射偏振片 P,则出射光应为

$$\begin{bmatrix} A_5 \\ B_5 \end{bmatrix} = G_P \begin{bmatrix} A_4 \\ B_4 \end{bmatrix} = \mathrm{i} \begin{bmatrix} 1 & 0 \\ 0 & 0 \end{bmatrix} \begin{bmatrix} \cos2\theta \\ \sin2\theta \end{bmatrix} = \mathrm{i} \begin{bmatrix} \cos2\theta \\ 0 \end{bmatrix}$$

若 $\theta = 45°$,则 $\begin{bmatrix} A_5 \\ B_5 \end{bmatrix} = \begin{bmatrix} 0 \\ 0 \end{bmatrix}$。

所以当波片的快、慢轴与偏振片的透光轴成 45°时,反射光不能透过偏振片。

7.28 导出长、短轴之比为 2:1,长轴沿 x 轴的右旋和左旋椭圆偏振光的琼斯矢量,并计算这两个偏振光叠加的结果。

解 对于长、短轴之比为 2:1,长轴沿 x 轴的右旋椭圆偏振光:

$$\widetilde{E}_x = A_x \exp(\mathrm{i}kz) = 2a\exp(\mathrm{i}kz)$$

$$\widetilde{E}_y = A_y \exp[\mathrm{i}(kz+\delta)] = a\exp\left[\mathrm{i}\left(kz-\frac{\pi}{2}\right)\right]$$

因此

$$\sqrt{A_x^2+A_y^2} = \sqrt{(2a)^2+a^2} = \sqrt{5}\,a$$

由

$$E = \frac{A_x}{\sqrt{A_x^2+A_y^2}} \begin{bmatrix} 1 \\ \dfrac{A_y}{A_x}\exp(\mathrm{i}\delta) \end{bmatrix}$$

得归一化琼斯矢量为

$$E_R = \frac{a}{\sqrt{5}\,a} \begin{bmatrix} 2 \\ \exp\left(-\mathrm{i}\dfrac{\pi}{2}\right) \end{bmatrix} = \frac{1}{\sqrt{5}} \begin{bmatrix} 2 \\ -\mathrm{i} \end{bmatrix}$$

如果所求偏振光是左旋的,$\delta = \pi/2$,则其琼斯矢量为

$$E_L = \frac{1}{\sqrt{5}} \begin{bmatrix} 2 \\ \exp\left(\mathrm{i}\dfrac{\pi}{2}\right) \end{bmatrix} = \frac{1}{\sqrt{5}} \begin{bmatrix} 2 \\ \mathrm{i} \end{bmatrix}$$

两偏振光相加的结果为

$$E = E_R + E_L = \frac{1}{\sqrt{5}} \begin{bmatrix} 2 \\ -\mathrm{i} \end{bmatrix} + \frac{1}{\sqrt{5}} \begin{bmatrix} 2 \\ \mathrm{i} \end{bmatrix} = \frac{4}{\sqrt{5}} \begin{bmatrix} 1 \\ 0 \end{bmatrix}$$

合成波是光矢量沿 x 轴的线偏振光,其振幅是椭圆偏振光 x 分量振幅的 2 倍。

7.29 为测定波片的位相延迟角 δ,可利用图 7.23 所示的实验装置使一束自然光相继通过起偏器、待测波片、1/4 波片和检偏器。当起偏器的透光轴和 1/4 波片的快轴沿 x 轴,待测波片的快轴与 x 轴成 45°角时,从 1/4 波片透出的是线偏振光,用检偏器确定它的振动方向便可得到待测波片的位相延迟角。试用琼斯计算法说明这一测量原理。

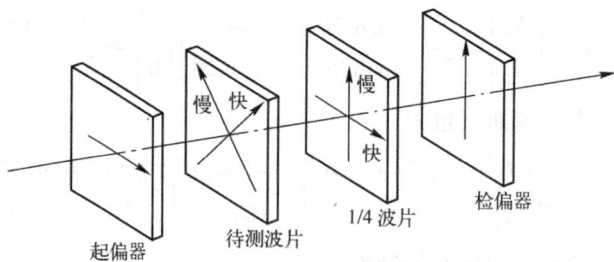

图7.23　题7.29用图

解　根据题设条件,从起偏器透出的线偏振光的琼斯矢量为$\begin{bmatrix} 1 \\ 0 \end{bmatrix}$,而1/4波片和待测波片的琼斯矢量分别为

$$\begin{bmatrix} 1 & 0 \\ 0 & i \end{bmatrix} \text{ 和 } \cos\delta \begin{bmatrix} 1 & -i\tan\dfrac{\delta}{2} \\ -i\tan\dfrac{\delta}{2} & 1 \end{bmatrix}$$

因此,线偏振光通过待测波片和1/4波片后的偏振态由下面的矩阵表示:

$$\begin{bmatrix} A_2 \\ B_2 \end{bmatrix} = \cos\frac{\delta}{2} \begin{bmatrix} 1 & 0 \\ 0 & i \end{bmatrix} \begin{bmatrix} 1 & -i\tan\dfrac{\delta}{2} \\ -i\tan\dfrac{\delta}{2} & 1 \end{bmatrix} \begin{bmatrix} 1 \\ 0 \end{bmatrix} = \cos\frac{\delta}{2} \begin{bmatrix} 1 \\ \tan\dfrac{\delta}{2} \end{bmatrix}$$

这是一个线偏振光,其振动方向与x轴的夹角$\theta = \delta/2$,因此,如利用检偏器确定夹角θ,便可得到波片的位相延迟角δ。

7.30　一种右旋圆偏振器的琼斯矩阵为$\dfrac{1}{2}\begin{bmatrix} 1 & i \\ -i & 1 \end{bmatrix}$,试求出它的本征矢量。

解　设$\begin{bmatrix} A \\ B \end{bmatrix}$为其本征矢量,则

$$\frac{1}{2}\begin{bmatrix} 1 & i \\ -i & 1 \end{bmatrix}\begin{bmatrix} A \\ B \end{bmatrix} = \eta \begin{bmatrix} A \\ B \end{bmatrix}$$

其中,η为本征值;$\begin{bmatrix} A \\ B \end{bmatrix}$有非零解的条件是

$$\begin{vmatrix} 1-\eta & i \\ -i & 1-\eta \end{vmatrix} = 0$$

即$(1-\eta)^2 - 1 = 0$,其非零解为$\eta = 2$。因此有

$$\frac{1}{2}\begin{bmatrix} 1 & i \\ -i & 1 \end{bmatrix}\begin{bmatrix} A \\ B \end{bmatrix} = 2\begin{bmatrix} A \\ B \end{bmatrix}$$

即

$$\begin{cases} (1-2)A + iB = 0 \\ -iA + (1-2)B = 0 \end{cases}$$

求得$\dfrac{B}{A} = -i$。因此$\begin{bmatrix} A \\ B \end{bmatrix} = \begin{bmatrix} 1 \\ -i \end{bmatrix}$。

结果表明,右旋圆偏振光在通过题给圆偏振器后偏振态不变。

7.31 试用矩阵方法证明:右(左)旋圆偏振光经过半波片后变成左(右)旋圆偏振光。

证 右、左旋圆偏振光的琼斯矢量分别为 $E_{右}=\begin{bmatrix}1\\-\mathrm{i}\end{bmatrix}$, $E_{左}=\begin{bmatrix}1\\\mathrm{i}\end{bmatrix}$。半波片的琼斯矩阵为

$G=\begin{bmatrix}1&0\\0&-1\end{bmatrix}$,因此右旋圆偏振光经过半波片后透射光的琼斯矢量为

$$E=GE_{右}=\begin{bmatrix}1&0\\0&-1\end{bmatrix}\begin{bmatrix}1\\-\mathrm{i}\end{bmatrix}=\begin{bmatrix}1\\\mathrm{i}\end{bmatrix}=E_{左}$$

类似地,左旋圆偏振光经过半波片后透射光的琼斯矢量为

$$E=GE_{左}=\begin{bmatrix}1&0\\0&-1\end{bmatrix}\begin{bmatrix}1\\\mathrm{i}\end{bmatrix}=\begin{bmatrix}1\\-\mathrm{i}\end{bmatrix}=E_{右}$$

7.32 将一块1/8波片插入两个前后放置的尼科耳棱镜中间,波片的光轴与前后尼科耳棱镜主截面的夹角分别为-30°和40°,问光强为 I_0 的自然光通过这一系统后的强度是多少?(略去系统的吸收和反射损失。)

解 如图7.24所示,光强为 I_0 的自然光经第一个尼科耳棱镜 N_1 后,成为线偏振光且振幅为 A_1,则

$$A_1=\sqrt{\frac{I_0}{2}}=\frac{1}{\sqrt{2}}A$$

从波片出射的 o 光和 e 光的振幅分别为

$$A_{1o}=\frac{A}{\sqrt{2}}\sin(-30°),\quad A_{1e}=\frac{A}{\sqrt{2}}\cos(-30°)$$

经第二个尼科耳棱镜 N_2 后,o 光和 e 光的振幅分别为

$$A_{2e}=A_{1e}\cos40°=0.469A,\quad A_{2o}=A_{1o}\cos50°=-0.228A$$

因插入了1/8波片,两相干线偏振光的位相差 $\phi=\frac{2\pi}{\lambda}\frac{\lambda}{8}=\frac{\pi}{4}$。

所以,系统出射的强度为

$$I=A_{2e}^2+A_{2o}^2+2A_{2e}A_{2o}\cos\phi$$
$$=A^2\left[0.469^2+(-0.228)^2-2\times0.469\times0.228\times\cos\frac{\pi}{4}\right]=0.12I_0$$

图 7.24　题 7.32 用图

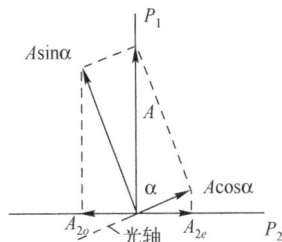

7.33 一块厚度为0.05mm的方解石波片放在两个正交的线偏振器中间,波片的光轴方向与两线偏振器透光轴的夹角为45°。问在可见光范围内,哪些波长的光不能透过这一系统?

解 如图7.25所示,此系统会产生偏振干涉。

设入射光光强为 I_0,经 P_2 后光强为

$$I=A_{2e}^2+A_{2o}^2+2A_{2e}A_{2o}\cos\phi=\frac{1}{2}I_0\sin^2 2\alpha\cos^2\frac{\phi}{2}=\frac{1}{2}I_0\cos^2\frac{\phi}{2}$$

其中 $\alpha=45°$,两相干线偏振光的位相差是

$$\phi=\frac{2\pi}{\lambda}(n_o-n_e)d+\pi$$

图 7.25　题 7.31 用图

又,当 $\phi=(2m+1)\pi(m=0,1,2,\cdots)$ 时,干涉相消,对应波长的光不能透过这一系统。

对方解石 $n_o=1.6584$, $n_e=1.486$,因此,不能透过这一系统的光波波长为

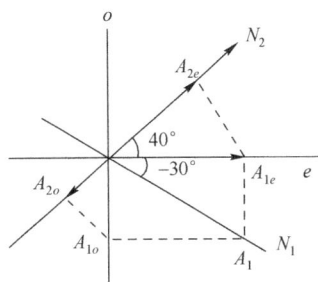

$$\lambda = \frac{(n_o - n_e)d}{m} = \frac{(1.658 - 1.486) \times 0.05 \times 10^6}{m} \text{nm} = \frac{8600}{m} \text{nm}$$

可见光范围为 390~780nm,所以下列波长的光不能透过这一系统:

$m = 11, \lambda = 782\text{nm};\quad m = 12, \lambda = 717\text{nm};\quad m = 13, \lambda = 662\text{nm}$

$m = 14, \lambda = 614\text{nm};\quad m = 15, \lambda = 573\text{nm};\quad m = 16, \lambda = 538\text{nm}$

$m = 17, \lambda = 506\text{nm};\quad m = 18, \lambda = 478\text{nm};\quad m = 19, \lambda = 453\text{nm}$

$m = 20, \lambda = 430\text{nm};\quad m = 21, \lambda = 410\text{nm};\quad m = 22, \lambda = 391\text{nm}$

7.34 在两个正交的偏振器之间插入一块 1/2 波片,让强度为 I_0 的单色光通过这一系统。如果将波片绕光的传播方向旋转一周,问:

(1) 将看到几个光强极大值和极小值? 求出光强极大值和极小值的数值和对应的波片方位;

(2) 用全波片和 1/4 波片代替 1/2 波片,结果又如何?

解 (1) 设经第一个偏振器 P_1 后,线偏振光的振幅为 A,则 $A^2 = I_0/2$。由图 7.25 可知,经过波片时:

$$A_o = A\sin\alpha, \quad A_e = A\cos\alpha$$

其中,α 为 P_1 的起偏方向与波片光轴的夹角。

经第二个偏振器 P_2 后:

$$A_{2o} = A_o\cos\alpha = A\cos\alpha\sin\alpha, \quad A_{2e} = A_e\sin\alpha = A\cos\alpha\sin\alpha$$

因此,光强
$$I = A_{2e}^2 + A_{2o}^2 + 2A_{2e}A_{2o}\cos\phi = \frac{1}{2}I_0\sin^2 2\alpha\cos^2\frac{\phi}{2}$$

对于 1/2 波片,与厚度相关的位相差是 π。两相干线偏振光总的位相差是

$$\phi = \pi + \pi = 2\pi$$

因此
$$I = \frac{1}{2}I_0\sin^2 2\alpha$$

当波片绕光的传播方向旋转一周时,α 的变化为 $0\sim 2\pi$,光强出现四次最大值和四次最小值。最大值是 $I_{\max} = I_0/2$,对应波片方位为 $\alpha = \frac{\pi}{4}, \frac{3\pi}{4}, \frac{5\pi}{4}, \frac{7\pi}{4}$。

最小值是 $I_{\min} = 0$,对应波片方位为 $\alpha = 0, \frac{\pi}{2}, \pi, \frac{3\pi}{2}$。

(2) 对全波片 $\qquad\qquad \phi = 2\pi + \pi = 3\pi$

$$I = \frac{1}{2}I_0\sin^2 2\alpha\cos^2\frac{3\pi}{2} = 0$$

在波片旋转一周的过程中,出射光强为零。

对 1/4 波片 $\qquad\qquad \phi = \frac{\pi}{2} + \pi = \frac{3\pi}{2}$

$$I = \frac{1}{2}I_0\sin^2 2\alpha\cos^2\frac{3\pi}{4} = \frac{1}{4}I_0\sin^2 2\alpha$$

波片绕光的传播方向旋转一周,α 的变化为 $0\sim 2\pi$,光强出现四次最大值和四次最小值。最大值是 $I_{\max} = I_0/4$,最小值是 $I_{\min} = 0$。

光强极大值和极小值对应的波片方位与(1)的情形相同。

7.35 在两个线偏振器之间放入位相延迟角为 δ 的一块波片,波片的光轴与起偏器的透光轴成 α 角,与检偏器的透光轴成 β 角。试利用下式

$$I = A^2 \cos^2(\alpha - \beta) - A^2 \sin 2\alpha \sin 2\beta \sin^2 \frac{\delta}{2}$$

证明:当转动检偏器时,从系统输出的光强最大值对应的 β 角为

$$\tan 2\beta = (\tan 2\alpha) \cos \delta$$

证明 当转动检偏器时,β 是变量,δ 和 α 是常量。

系统输出的光强最大值对应驻点 $\dfrac{\mathrm{d}I}{\mathrm{d}\beta} = 0$,因此

$$2A^2 \cos(\alpha - \beta) \sin(\alpha - \beta) - 2A^2 \sin 2\alpha \cos 2\beta \sin^2 \frac{\delta}{2} = 0$$

整理得 $\qquad\qquad\qquad\qquad \tan 2\beta = (\tan 2\alpha) \cos \delta$

7.36 将巴俾涅补偿器放在两正交线偏振器之间,并使补偿器光轴与线偏振器透光轴成 45°。补偿器用石英晶体制成,其光楔楔角为 $2°30'$。问:

(1) 在钠黄光照射下,补偿器产生的条纹间距是多少?

(2) 当在补偿器上放一块方解石波片时(波片光轴与补偿器的光轴平行),发现条纹移动了 1/2 条纹间距,方解石波片的厚度是多少?

解 (1) 补偿器使 o 光和 e 光之间产生的位相差为

$$\delta = \frac{2\pi}{\lambda}(n_e - n_o)(d_1 - d_2)$$

由于两线偏振器正交,且补偿器光轴与线偏振器透光轴成 45°,所以透过第二块偏振器的光强为

$$I = A^2 \sin^2 \frac{\pi(n_e - n_o)(d_1 - d_2)}{\lambda}$$

因此,暗纹条件为 $\qquad \dfrac{\pi(n_e - n_o)(d_1 - d_2)}{\lambda} = m\pi, \quad m = 0, \pm 1, \pm 2, \cdots$

当 $m = 0$ 时,$d_1 = d_2$ 处有一暗纹;当 $m = 1$ 时,$d_1 - d_2 = \dfrac{\lambda}{n_e - n_o}$ 为相邻另一暗纹出现的位置。

从图 7.26 所示的几何关系得,暗纹的间距是

$$e = \frac{d_1 - d_2}{2\alpha} = \frac{\lambda}{2(n_e - n_o)\alpha} = \frac{589.3 \times 10^{-6} \mathrm{mm}}{2(1.5533 - 1.5442) \times 0.0436 \mathrm{rad}} = 0.743 \mathrm{mm}$$

(2) 设方解石波片的厚度为 x,则由于放上方解石波片,所以 o 光和 e 光之间位相差的改变为

$$\Delta\delta = \frac{2\pi}{\lambda}(n'_o - n'_e)x$$

式中,$n'_o = 1.6584$,$n'_e = 1.4864$。由于位相差的改变使条纹移动了 1/2 条纹间距,因此 $\Delta\delta = \pi$。所以

$$x = \frac{\lambda}{2(n'_o - n'_e)} = \frac{589.3 \times 10^{-6} \mathrm{mm}}{2 \times (1.6584 - 1.4864)} = 1.71 \times 10^{-3} \mathrm{mm}$$

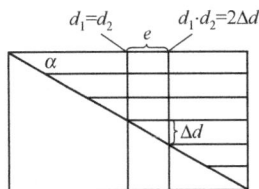

图 7.26 题 7.34 用图

7.37 ADP 晶体的电光系数 $\gamma = 8.5 \times 10^{-12} \mathrm{m/V}$,$n_0 = 1.52$,试求以这种晶体制作的泡克耳斯盒在光波长 $\lambda = 500 \mathrm{nm}$ 时的半波电压。

解 半波电压是指为了使通过晶体材料的两束线偏振光达到 π 位相差所需的外加电压。由于

$$\delta = \frac{2\pi}{\lambda} n_0^3 \gamma U$$

因此,当 $\delta = \pi$ 时,半波电压为

$$U_{\frac{\lambda}{2}} = \frac{\lambda}{2n_0^3 \gamma} = \frac{500 \times 10^{-9}\,\mathrm{m}}{2 \times (1.52)^3 \times 8.5 \times 10^{-12}\,\mathrm{m/V}} = 8.4 \times 10^3\,\mathrm{V}$$

7.38 证明在负单轴倍频晶体中,位相匹配角 θ_m 满足 $\sin^2\theta_m = \frac{n_{o1}^{-2} - n_{o2}^{-2}}{n_{e2}^{-2} - n_{o2}^{-2}}$。若负单轴倍频晶体 KDP 被用于 Nd:YAG 激光器,已知对基频光 $\lambda_1 = 1060\mathrm{nm}$, $n_{o1} = 1.4942$;对倍频光 $\lambda_2 = 530\mathrm{nm}$, $n_{o2} = 1.5131$, $n_{e2} = 1.4711$,试计算该倍频晶体的位相匹配角。

解 由于倍频晶体的位相匹配角满足关系:

$$\sin^2\theta_m = \frac{n_{o1}^{-2} - n_{o2}^{-2}}{n_{e2}^{-2} - n_{o2}^{-2}} = \frac{1.4942^{-2} - 1.5131^{-2}}{1.4711^{-2} - 1.5131^{-2}} = 0.43957$$

因此
$$\theta_m = \arcsin(\sqrt{0.43957}) = 41°31'$$

7.5 自 测 题

7.1 从自然光中获得偏振光的方法有:_____、_____、_____ 和散射方法。

7.2 光在介质中传播时,将分为 o 光和 e 光的介质属 _____。

A. 单轴晶体   B. 双轴晶体   C. 各向同性晶体   D. 均匀媒质

7.3 线偏振光通过半波片后,一定是_____。

A. 圆偏振光   B. 线偏振光   C. 椭圆偏振光   D. 自然光

7.4 线偏振光通过四分之一波片后,_____。

A. 一定是圆偏振光   B. 不一定是圆偏振光

C. 是线偏振光   D. 是振动面有旋转的线偏振光

7.5 下列器件不能作为偏振器   (   )

A. 平板玻璃   B. 狭缝   C. 双折射晶体   D. 棱镜

7.6 能用于鉴别左旋偏振光和右旋偏振光的器件(或器件组合)是_____。

A. 偏振片,补偿器   B. 偏振片,1/2 波片

C. 偏振片,1/4 波片   D. 1/2 波片,1/4 波片

7.7 单色的自然光和圆偏振光都可以视为振幅相等且振动方向垂直的两线偏振光的合成,它们之间的主要区别是_____。

A. 两线偏振光的振动方向是否一定   B. 两线偏振光的相位差是否一定

C. 两线偏振光的传播方向是否相同   D. 两线偏振光的频率是否相同

7.8 右旋圆偏振光从空气中垂直入射到玻璃表面,其反射光是_____。

A. 右旋圆偏振光   B. 左旋圆偏振光

C. 右旋椭圆偏振光   D. 左旋椭圆偏振光

7.9 一束自然光通过介质时发生散射,如果观察到的散射光为线偏振光,则观察方向与入射光束的传播方向肯定_____。

A. 相同   B. 相反   C. 相交成 $\pi/4$ D. 垂直

7.10 如果用双轴晶体制作波片,且希望用比较薄的晶片尽可能产生大的光程差,其光轴

方向_____。
    A. 为快轴   B. 为快轴或慢轴
    C. 为慢轴   D. 既不为快轴也不为慢轴

7.11　在各向异性晶体中, E、D 的方向_____。
    A. 一定相同   B. 一定相反   C. 互相垂直   D. 不一定相同

7.12　为了检验自然光、圆偏振光、部分偏振光(线偏振光+自然光)和椭圆偏振光,在检偏器前插入一块 1/4 波片。旋转检偏器 1 周,看到的光强为两亮两黑。则为(　　)
    A. 自然光   B. 圆偏振光   C. 部分偏振光   D. 椭圆偏振光

7.13　应用波片时,波矢方向一般_____。
    A. 平行于快轴   B. 平行于慢轴
    C. 平行于快轴和慢轴   D. 垂直于快轴和慢轴

7.14　一束线偏振光垂直射入半波片,该线偏振光的偏振方向与半波片的光轴之间的夹角为 30°,这束光通过半波片后为_____。
    A. 圆偏振光   B. 线偏振光   C. 椭圆偏振光   D. 自然光

7.15　自然光正入射到界面,其反射光为_____。
    A. 自然光   B. 线偏振光   C. 部分偏振光   D. 椭圆偏振光

7.16　一强度为 I_0 的右旋圆偏振光垂直通过 1/4 波片(由方解石组成),然后再经过一块主截面相对于 1/4 波片光轴向右旋 15°的起偏镜,求出射光强(忽略反射、吸收等损失)。

7.17　一束圆偏振平行光垂直照射双折射晶体做成的劈尖(光轴与劈尖的棱边平行),在劈尖后放一检偏器,如图 7.27 所示。用计算说明下列两种情况下,在屏上观察到的现象。

(1) 劈尖不动:

(2) 劈尖绕光传播方向转动。

7.18　在如图 7.28 所示的光路中,若使起偏器绕光线方向转动,试分析说明透过 1/4 波片后的光强的变化。

7.19　将一块 1/4 波片插入两个偏振器之间,波片的快轴与两偏振器透光轴的夹角分别为 -60° 和 30°,求光强为 I_0 的自然光通过这一系统后的强度是多少?

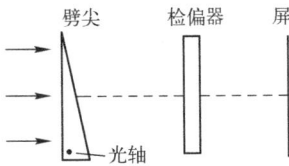

图 7.27　自测题 7.17 用图

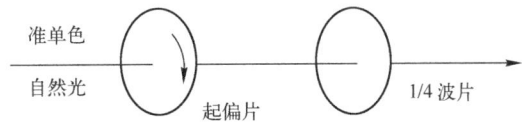

图 7.28　自测题 7.18 用图

7.20　一束光强为 I_0 的自然光垂直入射在三个叠在一起的偏振片 P_1、P_2、P_3 上,已知 P_1 与 P_3 的偏振化方向相互垂直。求 P_2 与 P_3 偏振化方向之间的夹角为多大时,穿过第三个偏振片的透射光强为 $\dfrac{I_0}{8}$?

7.21　一观察者站在水池边观看从水面反射来的太阳光,则在什么情况下观察者所看到的反射光是线偏振光、自然光或部分偏振光?

7.22　试证明:频率相同、振幅不同的右旋与左旋圆偏振光能合成一椭圆偏振光。

7.23 图 7.29 所示为一渥拉斯顿棱镜,由两个石英晶体黏合而成,光轴方向如图中所示。当自然光垂直入射时,试在图上画出光在棱镜内及透出棱镜后光的传播方向及光矢量的振动方向。

7.24 若想用石英薄片来对纳黄光($\lambda = 589.3nm$)产生一束左旋的、长短轴之比为 2:1 的椭圆偏振光,使椭圆的长轴或短轴在光轴方向。问石英片至少要多厚?如何放置?已知 $n_o = 1.5442$,$n_e = 1.5533$。

7.25 在两正交偏振片之间,有一理想偏振片以角度 ω 绕传播方向转动,证明自然光 I_0 通过这一系统之后,出射光强变化频率被调制为旋转频率的四倍;并证明:$I = \dfrac{I_0}{16}(1-\cos4\omega t)$。

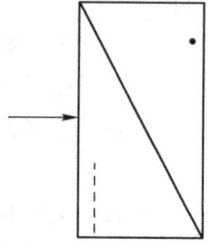

图 7.29 自测题 7.23 用图

7.26 一束波长 $\lambda_1 = 706.5nm$ 的主轴在光轴上的左旋椭圆偏振光,入射到相应于 $\lambda_2 = 404.6nm$ 的方解石 1/4 片上,试求出射光束的偏振态。已知方解石对 λ_1 的光主折射率为 $n_o = 1.6521$、$n_e = 1.4836$,对 λ_2 的光主折射率为 $n_o = 1.6813$、$n_e = 1.4969$。

7.27 如图 7.30 所示,用棱镜使光束方向改变,要求光束垂直于棱镜表面射出,入射光矢平行于纸面振动。问入射角 θ_i 等于多少时,透射光为最强?并由此计算棱镜底角 α 应磨成多少?已知棱镜材料的折射率 $n = 1.52$。

7.28 在两个正交偏振片之间放一块波晶片,单色光通过此装置后光强为 I_1,在波晶片后再放入一块半波片,其光轴与第一块波晶片的光轴平行,测得透过光强为 $I_1/3$。问光通过第一块波晶片后 o 光与 e 光的位相差。

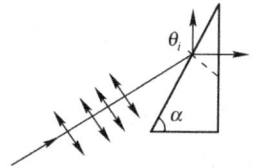

图 7.30 自测题 7.27 用图

7.29 光的传播速度是否可以用关系式 $v_e = \dfrac{c}{n_e}$ 来确定?(c 是真空中的光速,n_e 是非常光的折射率。)

7.30 尼科耳棱镜能够从自然光中获得线偏振光,其主要光学原理是什么?

7.31 利用片堆产生偏振光方法的原理是什么?

7.32 一束右旋圆偏振光正入射空气-玻璃界面,试确定反射光的偏振态。

7.33 一种介质中有电场振幅为 E 的圆偏振光和电场振幅为 E 的线偏振光,给出两束光的强度关系,并简要说明其原因。

7.34 一束右旋圆偏振光垂直入射到一块 1/4 波片,波片光轴沿 x 轴方向,求透射光的偏振状态。如果该圆偏振光垂直入射到一块 1/8 波片,透射光的偏振状态如何?

7.35 两偏振片 P_1 和 P_2 平行放置,由两束强度相同的自然光和线偏振光混合而成的光垂直入射在偏振片上。当光穿过偏振片 P_1 后,其透射光强变为入射光强的 3/8,再次穿过偏振片 P_2 后,光强又衰减了一半。若不考虑两偏振片对可透射分量的反射和吸收,试求:

(1) 入射光中线偏振光的电矢量振动方向与偏振片 P_1 透光轴方向的夹角 α 为多大?

(2) 两偏振片 P_1 和 P_2 的透光轴方向间夹角 β 为多大?

7.36 通过检偏器观察一束部分偏振光,当检偏器由对应与极大光强的方位转过 60° 时,光强减为一半,求光束的偏振度。

7.6　自测题解答

7.1　反射折射法;二向色性法;双折射法

7.2　A

7.3　B

7.4　B

7.5　B

7.6　C

7.7　B

7.8　B

7.9　D

7.10　D

7.11　D

7.12　B

7.13　D

7.14　B

7.15　A

7.16　通过 $\lambda/4$ 片后,$\delta=\dfrac{3\pi}{2}+\dfrac{\pi}{2}=2\pi$ 为线偏振光,振动方向与起偏镜透光轴方向的角度为 $45°-15°=30°$。

$$I=I_0\cos^2 30°=\frac{3}{4}I_0$$

7.17　圆偏振光可表示为
$$\begin{cases} x=a\cos\omega t \\ y=a\sin\omega t \end{cases}$$

取劈尖光轴方向为 x(垂直纸面),经劈尖后为
$$\begin{cases} x=a\cos\omega t \\ y=a\sin(\omega t+\delta) \end{cases}$$

分别对应为 o 光和 e 光。

经检偏器后合振幅为
$$a\cos\omega t\cos\alpha+a\sin(\omega t+\delta)\sin\alpha$$
$$=a\cos\omega t\cos\alpha+a\sin\omega t\cos\delta\sin\alpha+a\cos\omega t\sin\delta\sin\alpha$$
$$=a\cos\omega t(\cos\alpha+\sin\delta\sin\alpha)+a\sin\omega t\cos\delta\sin\alpha$$

因此,光强　$I=a^2\big[(\cos\alpha+\sin\delta\sin\alpha)^2+\cos^2\delta\sin^2\alpha\big]$
$$=a^2\big[\cos^2\alpha+2\cos\alpha\sin\alpha\sin\delta+\sin^2\delta\sin^2\alpha+\cos^2\delta\sin^2\alpha\big],$$

所以　　　　　　　　　　　　　$I=a^2(1+\sin 2\alpha\sin\delta)$

其中,α 为 $o(e)$ 光与 P 透光轴的夹角。

(1) 劈尖不动:当 $\sin 2\alpha>0$ 时,$\sin\delta=-1$,即 $\delta=\dfrac{3\pi}{2}$,$\dfrac{7\pi}{2}$,$\cdots$ 为 $I_{\min}$;$\sin\delta=1$,即 $\delta=\dfrac{\pi}{2}$,$\dfrac{5\pi}{2}$,$\cdots$ 为 $I_{\max}$。

当 $\sin 2\alpha<0$ 时,$I_{\max}$ 和 $I_{\min}$ 相反。

由此可见,视场中为明暗相间的平行直条纹,条纹垂直纸面,平行于棱边。

(2) 劈尖转动:α 变化。

当 $\alpha=0,\dfrac{\pi}{2},\pi,\dfrac{3\pi}{2},\cdots$ 时,$\sin 2\alpha=0$,此时无论 δ 为何值,$I\equiv a^2$,无条纹,均匀照亮。

当 $\alpha=\dfrac{\pi}{4},\dfrac{5\pi}{4},\dfrac{9\pi}{4},\cdots$ 时,$\sin 2\alpha=1$,条纹对比度最大。

当 $\alpha=\dfrac{3\pi}{2},\dfrac{7\pi}{2},\dfrac{11\pi}{2},\cdots$ 时,$\sin 2\alpha=-1$,亮纹变暗纹,暗纹变亮纹。

所以劈尖转动时,条纹时有时无,且亮暗条纹交替变化。

7.18 自然光通过起偏器后成为线偏振光,起偏器转动,相当于入射到 1/4 片上的线偏振光的振动面转动。

设某瞬时,线偏振光振动面与 1/4 片快(或慢)轴的夹角为 θ,则通过 1/4 片的光强为 $I=I_0\sin^2\theta+I_0\cos^2\theta$($I_0$ 为线偏振光的光强)。

上式说明,通过 1/4 片的光强与 θ 无关,故无论起偏器如何转动,通过波片的光强均无变化。

7.19 如图 7.31 所示,P_1 垂直于 P_2。

$$I_1=\dfrac{I_0}{2}\sin^2 2\theta\sin^2\dfrac{\delta}{2}=\dfrac{I_0}{2}\cdot\dfrac{3}{4}\cdot\dfrac{1}{2}=\dfrac{3}{16}I_0$$

7.20 透过 P_1 的光强为 $I_1=\dfrac{1}{2}I_0$。

设 P_2 与 P_1 的偏振化方向之间的夹角为 θ,则透过 P_2 的光强为

$$I_2=I_1\cos^2\theta=\dfrac{1}{2}(I_0\cos^2\theta)$$

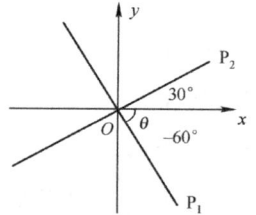

图 7.31

透过 P_3 的光强为 $I_3=I_2\cos^2(90°-\theta)=\dfrac{1}{2}(I_0\cos^2\theta\sin^2\theta)$

$$=(I_0\sin^2 2\theta)/8$$

由题意 $I_3=I_0/8$ 可知,$\theta=45°$。

故 P_2 与 P_3 的透光轴方向之间的夹角应为 $90°-\theta=45°$。

7.21 因为对于空气–水的界面,布儒斯特角 $\theta_B=\arctan\left(\dfrac{1.33}{1}\right)=53°$,所以

(1) 当入射角 $\theta_1=53°$ 时,反射光为线偏振光,此时 $R_p=0$,$R=R_s$。

(2) 当 $\theta_1\to 0$ 及 $\theta_1\to 90°$ 时,$R_p=R_s$,反射光为自然光。

(3) 当为其他角度时,反射光为部分偏振光。

7.22 令左旋圆偏振光为 $E_L=E_a\begin{bmatrix}1\\i\end{bmatrix}$,右旋圆偏振光为 $E_R=E_b\begin{bmatrix}1\\-i\end{bmatrix}$,则

$$E=E_L+E_R=\begin{bmatrix}E_a+E_b\\iE_a-iE_b\end{bmatrix}=\begin{bmatrix}E_a+E_b\\E_a-E_b\end{bmatrix}\begin{bmatrix}1\\i\end{bmatrix}$$

因 $E_x^2+E_y^2\neq E_0^2$,且 $\delta=\dfrac{\pi}{2}$,所以为左旋椭圆偏振光。

7.23 如图 7.32 所示。

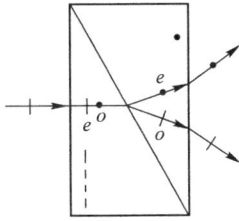

图 7.32

7.24 将石英片光轴取为 y 方向,偏振片的偏振轴置于一、三象限,与 y 成 θ 角。

$$\theta = \arctan \frac{1}{2} = 26°33'54''$$

对于石英,$n_e > n_o$。

厚度应满足:

$$\frac{2\pi}{\lambda}(n_o - n_e)d = (4m+1)\frac{\pi}{2}$$

所以

$$d = \frac{\lambda}{4 \mid n_o - n_e \mid} = 0.0161(\text{mm})$$

7.25 通过第一块、第二块和第三块偏振片后,光强分别为

$$I_1 = \frac{I_0}{2}, \quad I_2 = I_1 \cos^2 \theta, \quad I_3 = I_2 \cos^2\left(\frac{\pi}{2} - \theta\right) = I_2 \sin^2 \theta$$

由于 $t=0$ 时 P_3 的偏振化方向与 P_1 平行,因此 $\theta = \omega t$,所以透射光强为

$$I = I_3 = \frac{I_0}{2}\cos^2\theta\sin^2\theta = \frac{I_0}{16}(1 - \cos 4\omega t)$$

可见,最大光强为 $\frac{I_0}{8}$,最小光强为 0,出射光强的变化频率为 4ω。

7.26 对 λ_2,$1/4$ 波片的厚度满足:

$$(n_{2o} - n_{2e})d = \frac{\lambda_2}{4}$$

即

$$d = \frac{\lambda_2}{4(n_{2o} - n_{2e})}$$

对于 λ_1 的左旋椭圆偏振光,透过方解石后振动相互垂直的光矢增加的位相差为

$$\delta = \frac{2\pi}{\lambda_1}(n_{1o} - n_{1e})d = \frac{2\pi}{\lambda_1} \times (n_{1o} - n_{1e}) \times \frac{\lambda_2}{4(n_{2o} - n_{2e})} \approx 0.262\pi$$

相互垂直的光矢的总位相差为 $\frac{\pi}{2} + 0.262\pi = 0.762\pi$,因此出射光束仍为左旋椭圆偏振光,但主轴不在光轴上。

7.27 要使透射光最强,则要求反射光最弱,则光以布儒斯特角入射:

$$\theta_i = \theta_B = \arctan(1.52) = 56°39'3''$$

由折射定律可求出折射角 $\quad \theta_2 = \arcsin\left(\frac{n_1 \sin\theta_i}{n_2}\right) = 33°20'24''$

因为出射光垂直于棱镜表面,所以由几何关系可知 $\alpha = \theta_i = 56°39'3''$。

7.28
$$I_1 = \frac{I_0}{2}\sin^2 2\theta \sin^2 \frac{\delta}{2}$$

插入半波片后
$$\frac{1}{3}I_1 = \frac{I_0}{2}\sin^2 2\theta \sin^2 \left(\frac{\delta+\pi}{2}\right) = \frac{I_0}{2}\sin^2 2\theta \cos^2 \frac{\delta}{2}$$

解得
$$\tan^2 \frac{\delta}{2} = 3, \quad \delta = 30°$$

7.29 否。因为 n_e 仅是 e 光沿垂直光轴方向上的折射率。对 e 光而言,不同方向的折射率及光传播的速度均不同。

7.30 双折射,全反射。

7.31 它是由一组平行玻璃片叠在一起构成的,自然光以布儒斯特角入射并通过玻璃片堆,因透过片堆的折射光每通过一次界面,都从折射光中反射掉一部分垂直入射面振动的分量,所以最后使通过片堆的折射光接近一个振动方向平行于入射面的线偏振光。

7.32 迎着反射光看,为左旋圆偏振光。因为是入射光分解的两个相互垂直的光振动,即 p 振动和 s 振动,这两个方向的振动在反射过程中均有 ±π 的位相跃变,于是 p 振动与 s 振动的位相差 δ 不变,仍为 ±π/2。因此,迎着入射光看仍为右旋圆偏振光,但当迎着反射光看时,因观察方向变了,所以看起来就是左旋圆偏振光。

思考:若右旋圆偏振光以 45° 角入射,则反射波的偏振态又如何?

7.33 圆偏振光的强度为线偏振光强度的两倍。

原因:电场为 E 的圆偏振光可以分解成两个振动方向互相垂直电场振幅为 E 的线偏振光,因为这两束线偏振光的强度相等,且偏振方向互相垂直,不会发生干涉,故圆偏振光的强度就等于上述两束线偏振光的强度之和,也就是一束线偏振光强度的两倍。

7.34 当入射到 1/4 波片时: $\begin{bmatrix} 1 & 0 \\ 0 & i \end{bmatrix}$,

可得右旋偏振光为 $\frac{1}{2}\begin{bmatrix} 1 & 1 \\ -i & -i \end{bmatrix}$, $E_{出} = \frac{1}{2}\begin{bmatrix} 1 & 1 \\ -i & -i \end{bmatrix}\begin{bmatrix} 1 & 0 \\ 0 & i \end{bmatrix} = \frac{1}{2}\begin{bmatrix} 1 & 1 \\ 1 & 1 \end{bmatrix}$

当入射到 1/8 波片时: $\begin{bmatrix} 1 & 0 \\ 0 & e^{i\pi/4} \end{bmatrix}$,可得:

$$E_{出} = \frac{1}{2}\begin{bmatrix} 1 & 1 \\ -i & -i \end{bmatrix}\begin{bmatrix} 1 & 0 \\ 0 & e^{i\pi/4} \end{bmatrix} = \frac{1}{2}\begin{bmatrix} 1 & 1 \\ -e^{i\pi/4} & -e^{i\pi/4} \end{bmatrix}$$

7.35 设原自然光和线偏振光的光强为 I_0,两束光合成总光强为 $2I_0$。

(1) 自然光通过偏振片 P_1 后,光强减半为 $I_0/2$。线偏振光通过偏振片 P_1 后,根据马吕斯定律,出射光强为 $I_0(\cos\alpha)^2$。

可列出等式: $\frac{I_0}{2} + I_0(\cos\alpha)^2 = \frac{3}{8}\times 2I_0$,解得 $\alpha = 60°$

(2) 同理,通过偏振片 P_1 后的组合光是线偏振光。该束通过偏振片 P_2 前的光强为 $\frac{3}{4}I_0$,

通过 P_2 后变为 $\frac{3}{8}I_0$。设原入射光中线偏振光的电矢量振动方向与偏振片 P_2 透射方向的夹角为 θ。

可列出等式：$\dfrac{3}{4}I_0(\cos\theta)^2 = \dfrac{3}{8}I_0$，解得 $\theta = 45°$

因此，$\beta = \alpha - \theta = 15°$。

7.36 方法 1。根据题意有

$I_M\cos^2 60° + I_m\sin^2 60° = I_M/2$，解得 $I_M = 3I_m$。偏振度 $P = \dfrac{I_M - I_m}{I_M + I_m} = 0.5$。

方法 2。设该部分偏振光中，自然光的光强为 I_n、线偏振光的光强为 I_P，则最大光强 $I_M = \dfrac{1}{2}I_n + I_P$；转过 60° 后的光强 $I_M = \dfrac{1}{2}I_n + I_P\cos^2 60°$。联合以上两方程，解得 $I_n = I_P$。偏振度

$P = \dfrac{I_P}{I_n + I_P} = 0.5$

模拟试题一

一、选择和填空

1. 瑞利散射与拉曼散射的根本区别在于_____。

    A. 散射光与入射光强度之间的关系不同

    B. 散射光与入射光偏振度之间的关系不同

    C. 散射光与入射光相干性之间的关系不同

    D. 散射光与入射光波长之间的关系不同

2. 干涉现象的显著程度可用干涉条纹的_____来描述,其定义为_____。

3. 已知三束光波的振动方向、频率都相同,在某点相遇,其中 A 和 B 为同一光源发出, C 为另一光源发出,则合成光强的关系式为_____。

4. 波长为 λ 的单色平行光垂直入射到一狭缝上,若第一级暗位置对应的衍射角为 $\theta = \pm\dfrac{\pi}{6}$,则缝宽的大小为_____。

    A. $\lambda/2$ B. λ C. 2λ D. 3λ

5. 氪红线波长为 605.7nm ,谱线宽度为 $\Delta\lambda = 0.0047$nm,则它的相干长度为_____,相干时间为_____。

6. 光学仪器的分辨本领与仪器孔径 D 成_____比,与光波长成_____比。

7. 一块波带片的孔径中有 10 个半波带,其中 5 个偶数波带被挡住,则轴线上的光强比自由传播时大_____倍。

8. 当光沿着光轴方向传播时,不发生_____现象。在光轴方向, o 光、 e 光传播速度_____;在垂直光轴方向, o 光、 e 光传播速度_____。

9. 某种双折射材料,对 600nm 寻常光的折射率是 1.71,非常光的折射率是 1.74,则用这种材料做成 1/4 波片所需厚度是_____mm。

    A. 2.1×10^{-3} B. 3.0×10^{-3} C. 4.0×10^{-3} D. 5.0×10^{-3}

10. 右旋圆偏振光垂直通过 1/2 波片后,其出射光的偏振态为_____。

    A. 线偏振光   B. 右旋偏振光   C. 右旋圆偏振光

    D. 左旋椭圆偏振光   E. 左旋圆偏振光

11. 当自然光以 60°的入射角照射到某两介质分界面时,反射光为完全偏振光,则折射光为_____。

    A. 完全偏振光且折射角是 30°

    B. 部分偏振光且只是在该由真空入射到折射率为 1.73 的介质时,折射角是 30°

    C. 部分偏振光,但须知两种介质的折射率才能确定折射角

    D. 部分偏振光且折射角是 30°

12. 四个理想的偏振片相叠合,每片透光轴相对前一片顺时针转 30°,自然光入射并穿过偏振片堆后,光强为_____。

二、计算题

13. 假设迈克耳孙干涉仪由钠光发出的两种波长的光($\lambda_1 = 589.6\text{nm}$ 和 $\lambda_2 = 589.0\text{nm}$)照明。若要使干涉条纹从模糊到清晰再到模糊,问干涉仪的动镜需要移动多少距离?

14. 在一对正交的偏振片之间放一块 1/4 片,以自然光射入:

(1) 在将 1/4 片的光轴转动 360° 的过程中,出射光的强度会出现几次最大值?

(2) 当 1/4 的光轴处于什么方向时光强度有极小值?

(3) 若入射的自然光强度为 I_0,则当 1/4 片的光轴与第一偏振片的主截面成 30° 角时,出射光强度为多大?

15. 在相干成像处理系统的物面上放置了一个振幅透射系数为 $t(x) = 1 + \cos\left(\dfrac{2\pi x}{a}\right) + \cos\left(\dfrac{\pi x}{a}\right)$ 的光栅:

(1) 写出该光栅的傅里叶频谱;

(2) 为使像面上出现 $g(x) = 1 + \cos\left(\dfrac{\pi x}{a}\right)$ 的光栅,在频谱面上应放置怎样的滤波器?

16. 写出在 yOz 平面内沿与 y 轴成 θ 角的 r 方向传播的平面波的复振幅。

17. 有一方解石直角棱镜(见图 1),光轴平行于直角棱,自然光垂直入射。要使出射光只有一种线偏振光,另一种被完全反射掉,则顶角应取什么范围?出射光振动方向如何?(已知 $n_o = 1.6583, n_e = 1.4864$。)

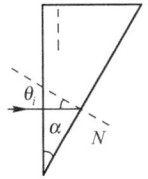

图 1

三、简答题

18. 夫琅禾费单缝衍射装置如图 2 所示。缝宽方向为 x,缝长方向为 y,首先画出屏上衍射图样(坐标取向已标出),然后讨论装置有如下变动时,衍射图样的变化情况:

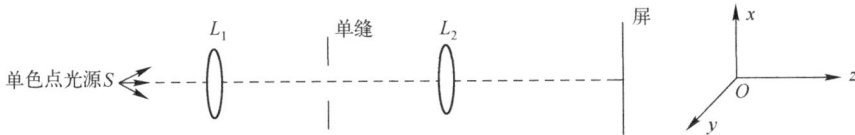

图 2

(1) 单缝沿 x 方向平移;

(2) 单缝绕 z 轴旋转 α 角度;

(3) 增大透镜 L_2 的焦距,屏仍处于焦平面上;

(4) 将单缝换为透光部分呈"Z"的组合缝(粗略画出衍射图样);

(5) 点光源从轴上沿 $+x$ 方向平移到轴外;

(6) 点光源换为与单缝平行的线光源(粗略画出衍射图样);

(7) 点光源换为与单缝有 α 角(α 很小)的线光源;

(8) 装置换为图 3;

(9) 光源换为白光照射。

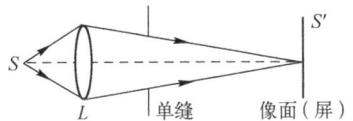

图 3

模拟试题二

一、选择和填空

1. 球面波可以视为平面波的条件是_____。

    A. 傍轴条件   B. 远场条件   C. 傍轴条件和远场条件   D. 光源为无穷大

2. 下列哪一个是朗伯定律的数学表达式？_____。

    A. $I=I_0 e^{-i\omega t}$ B. $I=I_0 e^{-\alpha l}$ C. $I=I_0 f(\lambda)\lambda^{-4}$ D. $T\lambda_m=b$

3. 光的相干性分为_____相干性和_____相干性，它们分别用_____和_____来描述，通常用_____和_____实验来测定。

4. 用单色光做双缝干涉实验，下列说法中正确的是_____。

    A. 相邻干涉条纹之间的距离相等

    B. 中央明条纹宽度是两边明条纹宽度的 2 倍

    C. 屏与双缝之间的距离减小，则屏上条纹间的距离增大

    D. 在实验装置不变的情况下，红光的条纹间距小于蓝光的条纹间距

5. 在如图 1 所示的干涉装置中，相邻两明（或暗）条纹间距用 e 表示，劈棱到金属丝间的干涉总数用 N 表示，若把金属丝向劈棱方向推进到某一位置，则_____。

    A. e 减小，N 减小   B. e 减小，N 不变

    C. e 减小，N 增大   D. e 和 N 都不变

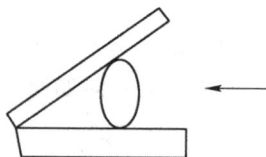

图 1

6. F-P 干涉仪的主要用途是_____。

    A. 分辨微小物体   B. 压缩光谱线宽

    C. 检测透镜曲率   D. 测量光速

7. 在单缝夫琅禾费衍射实验中，波长为 λ 的单色光垂直入射在宽度为 $a=4\lambda$ 的单缝上，对应于衍射角为 30° 的方向，单缝处波阵面可分成的半波带数目为_____。

    A. 2 个   B. 4 个   C. 6 个   D. 8 个

8. 当光栅常数为狭缝宽度的 1.5 倍，即 $(a+b)=1.5a$ 时，缺级的光谱线为_____。

9. 孔径相同的微波望远镜和光学望远镜相比较，前者的分辨率本领较小的原因是_____。

    A. 星体发出的微波能量比可见光能量小

    B. 微波更易被大气所吸收

    C. 大气对微波的折射率比较小

    D. 微波波长比可见光波长大

10. 一个半径大小可变的圆孔，放在与屏相距 L 处，波长为 λ 的单色平行光垂直照射到圆孔上。现在令圆孔半径从零开始逐渐增大，则当屏上衍射图样中心处的光强首次变为零时，圆孔的半径 $a=$ _____。

11. 左旋圆偏振光经 1/4 波片后，其出射光的偏振态为_____。

    A. 线偏振光   B. 右旋椭圆偏振光   C. 右旋圆偏振光

D. 左旋椭圆偏振光　　　　　　　E. 左旋圆偏振光

12. 在两个共轴平行放置的透振方向正交的理想偏振片之间，再等分地插入一个理想偏振片，若入射到该系统的平行自然光强为 I_0，则该系统的透射光强为_____。

A. $I_0/2$　　　B. $I_0/4$　　　C. $I_0/8$　　　　D. $I_0/16$

二、计算题

13. 按以下要求设计一块光栅：

(1) 使波长 600nm 的第二级谱线的衍射角小于 30°，并能分辨其 0.02nm 的波长差；

(2) 色散尽可能大；

(3) 第三级谱线缺级。

则该光栅的线数、光栅常量、缝宽和总宽度分别是多少？用这块光栅总共能看到 600nm 的几条谱线？

14. 将迈克耳孙干涉仪调到能看到定域在无穷远的干涉条纹，一望远镜焦距为 40cm，在焦平面处放有直径为 1.6cm 的光阑（见图 2），两反射镜到半镀银镜的距离分别为 30cm 和 32cm。问对 $\lambda = 570.0$nm 的入射光波，在望远镜中能看到几个干涉条纹？

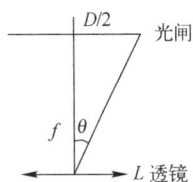

15. 已知一 F-P 标准具的空气间隔 $h = 4$cm，两镜面的反射率均为 $R = 89.1\%$；另一反射光栅的刻线面积为 3×3cm^2，光栅常数为 1200 条/毫米，取其一级光谱，试比较这两个分光元件对 $\lambda = 632.8$nm 红光的分光特性。

16. 一块石英制成的 1/4 波片，准备供钠光灯（$\lambda = 589.3$nm）使用，则此波片的厚度必须为多大？（已知石英的两个主折射率 $n_e = 1.552$，$n_o = 1.543$。）

17. 光矢量平行于入射面以布儒斯特角入射到折射率 $n = 1.5$ 的玻璃棱镜的侧面上，问此时棱镜的顶角为多大时，才能使光通过棱镜而无反射损失？

三、简答题

18. 让光从空气中垂直照射到覆盖在玻璃板上、厚度均匀的油膜上，所用光源在可见光范围内连续变化时，只观察到 500nm 与 700nm 这两个波长的光相继在反射光中消失。已知空气的折射率为 1.00，油的折射率为 1.30，试求油膜的厚度。

19. 两个不同光源发出的两个白色光束，问在空间某处相遇能否产生干涉图样？为什么？

20. 试述如图 3 所示格兰棱镜的结构原理（要求画出 o 光、e 光的传播方向及光矢量方向）、特点、用途和使用方法，并说明此棱镜的透光轴方向。

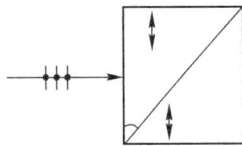

图 2

图 3

模拟试题三

一、选择和填空

1. 当两列相干波的振幅之比 $A_1/A_2 = 3$ 时，条纹的对比度为_____，当 $A_1/A_2 = $_____时，条纹最清晰。

2. 在空气中用波长为 λ 的单色光进行双缝干涉实验时,观察到干涉条纹相邻条纹间距为 1.33mm,当实验装置放在水中时(水的折射率 $n = 1.33$),则相邻明纹的间距变为_____。

3. 把一平凸透镜放在平玻璃板上,构成牛顿环装置,当平凸透镜慢慢地向上平移时,由反射光形成的牛顿环_____。

  A. 向中心收缩,条纹间隔不变   B. 向中心收缩,环心呈明暗交替变化

  C. 向外扩张,环心呈明暗交替变化   D. 向外扩张,条纹间隔变大

4. 当 F-P 腔两内腔面距离 h 增加时,其自由光谱范围 $\Delta\lambda$ _____。

  A. 恒定不变   B. 增加   C. 下降   D. $= 0$

5. 在空气中,波长为 500nm 的光波从一点 A 传到一点 B,若在 A、B 间插入一块厚度 $L = 1$mm 的玻璃平板($n = 1.5$),则 B 点光波的位相将改变_____。

6. 单色光垂直入射光栅,衍射光谱中总共出现了七条明纹,已知光栅透光和不透光部分的宽度相等,则这些明纹的级别分别是_____。

7. 对左旋圆偏振光,_____。

  A. E、H 都左旋   B. E 左旋、H 右旋   C. E 右旋、H 左旋   D. E、H 都右旋

8. 测量不透明电介质折射率的一种方法是,用一束自然光从真空入射电介质的表面,当反射光为_____时,测得此时的反射角为 60°,则电介质的折射率为_____。

9. 在相同的时间内,一束波长为 λ 的单色光在空气中和在玻璃中_____。

  A. 传播的路程相等,走过的光程相等

  B. 传播的路程不相等,走过的光程相等

  C. 传播的路程相等,走过的光程不相等

  D. 传播的路程不相等,走过的光程不相等

10. 氦-氖激光器发出 $\lambda = 632.8$nm 的平行光束,垂直照射一单缝上,在距单缝 3m 远的屏上观察夫琅禾费衍射图样,测得两个第二级暗纹间距是 10mm,则单缝的宽度 $a = $_____。

11. 在正常的照度下,人眼瞳孔的直径约为 2mm,可见光中人眼最灵敏的波长为 550nm,设人眼的折射率为 1.336,则此时人眼的最小分辨角是_____$\times 10^{-4}$rad。

  A. 1.25   B. 2.5   C. 2.05   D. 3.35

12. 在激光器谐振腔内倾斜放置一块平行平面的玻璃片,激光束来回通过时为布儒斯特角入射,入射面为竖直方向,这样的激光器输出线为偏振光束,其光振动应在_____方向。

  A. 水平   B. 竖直   C. 与水平面成 45°   D. 无法确定

二、计算题

13. 一束部分偏振光由光强比为 2:8 的线偏振光和自然光组成,求这束部分偏振光的偏振度。

14. 在真空中传播的一列平面电磁波的磁场可以表示为

$$B_x = 0, B_y = 6.67 \times 10^{-8} T\cos\{4\pi \times 10^6 \text{m}^{-1}[z - (3 \times 10^8 \text{m/s})t]\}, B_z = 0$$

(1) 试写出电场表示式;

(2) 求波的波长、频率、周期和振幅。

15. 如图 1 所示,波长为 600nm 的平行光掠入射到长度为 30cm 的劳埃德镜上,紧靠劳埃德镜的右侧放置观察屏,在观察屏上距离镜面高度为 $x = 0.1$mm 的点 P 处出现第二个干涉极小,求入射光的倾角、干涉条纹的间距和观察屏上出现的干涉极小条纹的数目。

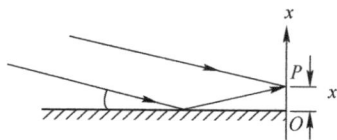

图 1

16. 线偏振光垂直入射到一块光轴平行于表面的方解石波片上，光的振动面和波片的主截面成 60°角。求

（1）透射出来的寻常光和非常光的相对强度为多少？

（2）用钠光入射时如要产生 90°的位相差，则波片的厚度至少应为多少？（$\lambda = 589.3nm$，$n_e = 1.486$，$n_o = 1.658$。）

17. 一正弦光栅的透射率函数为 $t(x) = a + b\cos 2\pi ux$，其中，a 和 b 为常数，u 为空间频率。

（1）现将正弦光栅沿 x 方向平移 Δx，写出移动后的透射率函数的表达式，并讨论其夫琅禾费衍射场上一级衍射的复振幅变化。

（2）如果光栅的透射率函数 $t(x) = a + b\cos 2\pi ux + b\cos\left(2\pi ux + \dfrac{\pi}{2}\right)$，则用计算说明这块光栅在夫琅禾费衍射场中将出现几个衍射斑？

三、简答题

18. 波带片与透镜有何区别与联系？

19. 当光栅正入射时，干涉零级和衍射的主极大重合，斜入射时能分开吗？若想分开可以采用什么办法？原理是什么？

20. 若用准单色平行光照射平行平板，将看到什么现象？为什么？若板厚逐渐变化，会观察到什么现象？

模拟试题四

一、选择和填空

1. 单色自然光从折射率 n_1 的介质射入折射率 n_2 的介质，反射光波发生 π 跃变的条件是 _____ ；发生全反射的条件是 _____ 。

2. 两束平面平行的相干光，每一束都以强度 I 照射到某一平面，彼此同相地合并在一起，则合并光照射此表面的强度为 _____ 。

    A. I B. $\sqrt{2}I$ C. $2I$ D. $4I$ E. $5I$

3. 在迈克耳孙干涉仪的一条光路中，垂直光线射入折射率为 n、厚度为 h 的透明介质片。放入后，两光束光程差的改变量为 _____ 。

    A. $2(n-1)h$ B. $2nh$ C. nh D. $(n-1)h$ E. $nh/2$

4. 双缝干涉实验装置如图 1 所示，双缝间的距离为 d，双缝到像屏的距离为 L，调整实验装置，使得像屏上可以看到清晰的干涉条纹。关于干涉条纹的情况，下列叙述正确的是 _____ 。

    A. 若将像屏向左平移一小段距离，则屏上的干涉条纹将变得不清晰

    B. 若将像屏向右平移一小段距离，则屏上仍有清晰的干涉条纹

    C. 若将双缝间的距离 d 减小，则像屏上的两个相邻明条纹间的距离变小

图 1

D. 若将双缝间的距离 d 减小,则像屏上的两个相邻暗条纹间的距离增大

5. 两波长在 650nm 附近,相差 0.001nm,要用 F-P 干涉仪($R=0.90$)将它们分辨开,则间隔 h 要大于_____。

6. 观察单色光正入射时单缝的夫琅禾费图样。用 I_0 表示中央极大值的光强,以 θ 表示中央亮纹的半角宽度,若把缝宽增大到原来的 3 倍,其他条件不变,则_____。

    A. I_0 增为原来的 3 倍,$\sin\theta$ 减为原来的 1/3

    B. I_0 增为原来的 3 倍,$\sin\theta$ 也增为原来的 3 倍

    C. I_0 不变,$\sin\theta$ 增为原来的 3 倍

    D. I_0 增为原来的 9 倍,$\sin\theta$ 减为原来的 1/3

7. 某单色光垂直入射到一个每毫米有 800 条刻线的光栅上,如果第一级谱线的衍射角为 30°,则入射光的波长应为_____。

8. 在菲涅耳圆孔衍射中,设每个半波带在 P 点引起的振动的振幅均为 a。若圆孔对轴线上的 P 点可分出 5 个半波带,则这 5 个半波带在 P 点引起的合振动的振幅为_____。

    A. a B. $2a$ C. $3a$ D. $5a$

9. 在两种电介质表面发生的全反射问题中,_____。

    A. 起偏角小于全反射临界角   B. 起偏角等于全反射临界角

    C. 起偏角大于全反射临界角   D. 起偏角不存在

10. 自然光以 58° 入射角在空气–玻璃介面上反射、折射,若反射光是完全偏振光,则玻璃的折射率为_____,折射角为_____。

11. 用旋转的理想偏振镜去检验一椭圆偏振光。在长轴方向检出最大光强 $2I_0$,在短轴方向检出最小光强 I_0。现将检偏镜透振方向放在与长、短轴都成 45° 的方向上,则检出光强为_____。

12. 渥拉斯顿棱镜的作用是_____,要使它获得较好的作用效果,应_____,依据是_____。

二、计算题

13. 如图 2 所示,两相干平面光波照射感光板 OY,两光在 O 点为同位相,问:

  (1) 感光板上离 O 为 y 的 P 处,两波的光程差是多大?

  (2) 写出 P 处相长干涉公式。

  (3) 感光板上干涉条纹的形状是什么?

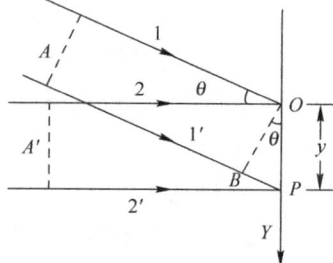

14. 一束平行白光垂直投射到置于空气中的厚度均匀的折射率 $n=1.5$ 的薄膜上(见图 3),发现反射光谱中出现波长为 400nm 和 600nm 的两条暗线,则求此薄膜的厚度。

图 2

15. 一光栅宽为 50mm,缝宽 0.001mm,不透光部分宽为 0.002mm,用波长 550nm 的光垂直照明。试求:

  (1) 光栅常数 d;

  (2) 能看到几级条纹?有没有缺级?

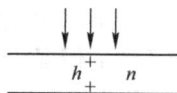

图 3

  (3) 若以 30° 角入射,则屏上呈现的实际级次为多少?

  (4) 正入射时一级条纹的角宽度为多少?分辨本领为多少?

三、简答题

16. 在牛顿环装置的透镜(n_1)与平板(n_2)之间,充入液体(n_3),且 $n_1 < n_2 < n_3$,则看到的牛顿环干涉条纹中心是亮还是暗?

17. 什么是相速度、群速度?什么情况下群速度大于、小于或等于相速度?

18. 试说明为何单缝衍射时只考虑缝宽方向的衍射而不考虑缝长方向的衍射。

19. 提高显微镜分辨率的主要途径是什么?

20. 有三束同波长的单色光,一束由自然光和线偏振光组成,一束由自然光和圆偏振光组成,另一束是椭圆偏振光,则如何利用偏振片和1/4波片鉴别它们?

21. 哪些因素决定光波的偏振态?

22. 一光学元件由一个玻璃直角棱镜(折射率为 n)和一个负单轴晶体直角棱镜(光轴垂直于纸面)组成(见图4)。试分析说明在下列几种情况下,垂直入射的自然光经棱镜后,折射光线的传播方向,并分别画出光在棱镜内和出射棱镜后的光线方向,标出在空气中每条光线的电矢量方向。

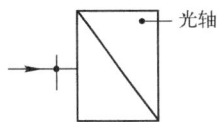

(1) $n = n_o$;(2) $n = n_e$;(3) $n > n_o$;(4) $n_o > n > n_e$。

图 4

模拟试题五

一、选择和填空

1. 自然光以 $50°19'$ 的入射角从空气射向 $n = 1.5$ 的玻璃板,反射光的偏振态为_____,折射光的偏振态为_____。

2. 单色平面波的位相分布 $\phi(p) = ux + wz + \phi_0$,则波的传播方向为_____。

3. 用单色光观察牛顿环,测得某一亮环直径为3mm,在它外边第5个亮环直径为4.6mm,所用平凸透镜的凸面曲率半径为1m,则此单色光的波长为_____。

    A. 590.3nm   B. 608.0nm   C. 760.0nm   D. 以上三个数据都不对

4. 一束波长为 $\lambda = 600nm$ 的平行单色光垂直入射到放置在空气中折射率为 $n = 1.33$ 的透明薄膜上,要使反射光得到最大限度的加强,则薄膜的最小厚度为_____。

5. 衍射光栅光谱中缺少了 $\pm 3, \pm 6, \pm 9, \cdots$ 级谱线,则缝间隔 d 与缝宽 a 的关系为_____。

6. 已知 P 点在无屏时的光强为 I_0,若圆孔对 P 点只露出第一个半波带,则 P 点的光强度为_____。

7. 地球和月亮的距离为 $3.8 \times 10^8 m$,用2.5m的天文望远镜能分辨月球表面两点的最小距离为_____(设波长为550nm)。

8. 试写出三种由晶体制成的偏振器件:_____,_____,_____。

9. 线偏振光垂直入射到方解石波片上,线偏振光的振动方向与主截面成 θ 角,则与波片中的 o 光和 e 光对应的出射光的振幅比 A_o/A_e 为_____。

    A. $\sin\theta$ B. $\cos\theta$ C. $\tan\theta$ D. $\cot\theta$

10. 波长为 λ 的右旋圆偏振光通过两个完全相同的1/4波片:(1)若两波片的光轴夹角为0°,则出射光的偏振态将是_____;(2)若两光轴夹角为45°,则出射光的偏振态将是

_____;（3）若两光轴夹角为90°,则出射光的偏振态将是_____。

11. 自然光从空气中以_____的角度入射到折射率为 1.5 的玻璃介质中时,反射光为垂直于入射面的线偏振光。

    A. 48°12′23″   B. 33°42′5″   C. 41°48′2″   D. 56°18′35″

12. 在双缝干涉实验装置中,将光源向上平移时,屏上的干涉条纹将_____。

二、计算题

13. 用某种放电管产生的隔（Cd）红光,其中心波长 $\lambda = 644nm$,相干长度 $L_c = 200mm$,试估计此镉红光的线宽 $\Delta\lambda$ 和频宽 $\Delta\nu$。

14. 给定一线偏振器和两个 1/4 波片,从左至右组合成一个光学系统,使得光从左至右出来的为右旋圆偏振光,而从右至左(逆向传播)出来的为左旋圆偏振光。给出器件的顺序并标明其轴的相对取向,最后用琼斯矩阵证明之。

15. 一平面波斜入射在一负单轴晶体表面(见图 1),晶体的光轴平行于晶体表面,且垂直于入射面,作图求出 o 光、e 光的折射方向。

16. 两相干平面波以夹角 30°相遇:

  （1）其相干条纹的形状如何?

  （2）干涉条纹的方向如何?

  （3）干涉条纹的宽度是多少?

17. 为什么厚的薄膜不能观察到干涉条纹? 如果薄膜的厚度很薄(远小于入射光的波长),则能否观察到干涉条纹?

18. 观察光栅产生的衍射光谱,若将光栅的狭缝隔缝遮盖,问光栅的分辨本领和色散本领是否变化?

19. 简要分析如图 2 所示夫琅禾费衍射装置有以下变动时,衍射图样会发生怎样的变化?

  （1）增大透镜 L_2 的焦距;

  （2）减小透镜 L_2 的孔径;

  （3）衍射屏作垂直于光轴的移动(不超出入射光束的照明范围)。

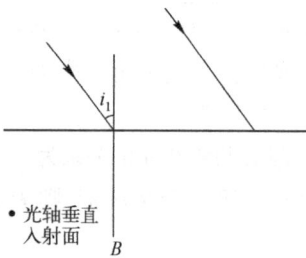

图 1

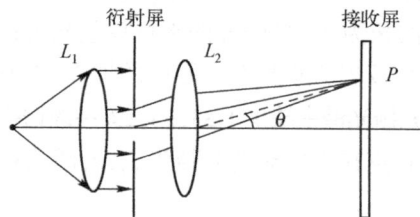

图 2

20. 如图 3 所示尖劈形薄膜,右端的厚度 $h = 5\times10^{-4}mm$,折射率为 1.5、波长为 707nm 的光以 $\theta = 30°$ 入射到尖劈的上表面:

  （1）求这个面上产生的条纹数;

  （2）若以两块玻璃片形成的空气劈代替,则产生多少条纹?

  （3）对于两块玻璃片形成的空气劈,当视线与玻璃片表面正交时,看到单色光条纹的宽度为 0.3mm,若两块玻璃之间是水,则条纹宽度是多少?

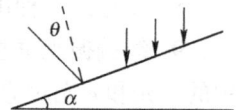

图 3

模拟试题六

一、选择和填空

1. 发光时间为 10^{-9}s 的自发辐射光波的波列长度为_____。

2. 天空出现彩虹的原因是_____。
   A. 云引起太阳光的折射
   B. 太阳相对地球在运动
   C. 空气中的水滴引起太阳光的折射
   D. 神秘的自然现象

3. 衍射可分为_____和_____两大类。

4. 在均匀平面波垂直入射的夫琅禾费多缝衍射中,相邻缝的衍射图样_____。
   A. 相同
   B. 相似,但空间位置不同
   C. 相似,但空间位置平移缝距 d
   D. 强弱互补

5. 如图 1 所示,a 和 b 都是厚度均匀的平玻璃板,它们之间的夹角为 ϕ,一细光束以入射角 θ 从 P 点射入,$\theta > \phi$。已知此光束由红光和蓝光组成,则当光束透过 b 板后_____。
   A. 传播方向相对于入射光方向向左偏转 ϕ 角
   B. 传播方向相对于入射光方向向右偏转 ϕ 角
   C. 红光在蓝光的左边
   D. 红光在蓝光的右边

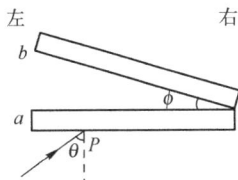

图 1

6. X 射线入射到晶格常数为 d 的晶体中,可能发生布拉格衍射的最大波长为_____。

7. 航天飞机距地面 200km,用望远镜能分辨地面上相距 10cm 的两点,则望远镜的直径至少要_____。(波长 550nm。)

8. 观察屏上得到单缝夫琅禾费衍射图样,当单缝宽度增大时,中央亮纹宽度_____。
   A. 不变
   B. 变大
   C. 变小
   D. 难以确定

9. 线偏振光分别垂直入射到 1/2 波片及 1/4 波片,当入射光光矢量的振动方向与波片光轴夹角均为 45° 角时,则上述两种情况下出射光的偏振态分别是_____。

10. 通过偏振片观看部分偏振光,若偏振片由对应于极大强度的位置转过 60° 时,透射光强减为 1/2,则部分偏振光的偏振度为_____。

11. 已测出某介质对空气的全内反射临界角 $\theta_c = 45°$,则光从空气射向这种介质界面时的布儒斯特角 θ_B 为_____。

12. 光束经渥拉斯顿棱镜后,出射光只有一束,则入射光应为_____。
    A. 自然光
    B. 部分偏振光
    C. 圆偏振光
    D. 线偏振光

13. 一束光强为 I_0 的自然光,通过偏振化方向夹角为 60° 的两偏振片,则出射光强为_____。

14. 会聚于点 $Q(x_0, 0, z_0)$ 的球面波的复振幅_____。

二、计算和简答题

15. 简述惠更斯-菲涅耳原理,推导傍轴条件下的菲涅耳-基尔霍夫衍射公式。

16. 什么是衍射光栅,其作用和种类有哪些?光谱仪的分辨率和成像系统的分辨率有何区别?

17. 有几种方法可以使线偏振光的振动方向旋转90°?试举其中两种加以说明。

18. 一束光是否有可能包括两个正交的非相干态、但不是自然光?

19. 一束线偏振光垂直于晶体面射入负单轴晶体后,分解为 o 光和 e 光,哪一束的传播速度快?为什么?

20. 在平行光的双缝衍射实验中,若挡住一缝,则原来亮条纹处的光强有何变化?为什么?

21. 分析说明并简略画出双圆孔和两个全同的双圆孔的夫琅禾费衍射花样和光强分布情况。并说明当全同双圆孔的中心距离减小时,条纹如何变化?

22. 一束光强为 I 的自然光,连续通过主截面成68°的两尼科耳偏振元件,若在它们中间插入一块 1/4 片,其主截面平分上述夹角,试问:

(1)通过 1/4 片光的偏振态?

(2)通过第二个尼科耳偏振元件的光强是入射光强的多少倍?

23. 如图2所示,用波长为 λ 的单色光照射双缝干涉实验装置,并将一折射率为 n、劈角为 α(很小)的透明劈尖 b 插入光线2中,设缝光源 S 和屏 C 上的 O 点都在双缝 S_1 和 S_2 的中垂线上,问要使 O 点的光强由最亮变为最暗,则劈尖 b 至少应向上移动多大距离 d(只遮住 S_2)?

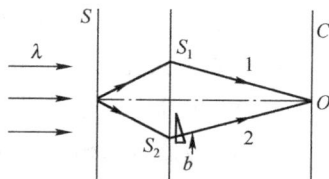

图2

24. 若菲涅耳波带片的前10个奇数半波带被遮挡,其余地方都开放,则求中心轴上相应衍射场点的光强与自由传播时此处光强的比值。

模拟试题七

一、选择、填空题

1. F-P 干涉仪中镀有高反射膜的两玻璃板内表面的反射率为 R。随着 R 的增大,_____。

    A. 干涉光强极大值的位置发生改变   B. 干涉条纹变宽

    C. 锐度系数 F 减小   D. 条纹锐度增大

2. 下面有关全息术的描述,错误的是_____。

    A. 全息术就是将物光波的全部信息(振幅和相位)都记录下来,并能把它再现出来。

    B. 全息照相的物体与全息图之间是点面对应,即全息图的每一个局部都包含了物体上各点的光信息。

    C. 全息照相实质上是一种干涉和衍射现象。

    D. 模压全息是采用白光记录,白光再现的全息图。

    E. 无论是用一块正的还是负的照相底版来制作全息图,观察者看到的总是正像。

3. 波长为 500nm 的单色点光源离光阑 1m,光阑上有一个内外半径分别为 0.5mm 和 1mm

的透光圆环,与光阑相距 1m 处放一屏幕,则正对光阑的屏幕中心点是_____。

    A. 亮点   B. 暗点   C. 既不是亮点也不是暗点   D. 条件不足,无法确定

4. 在空间滤波实验中,输入图像是一正交的网格。在频谱面上放置一滤波器,遮掉除中央一水平行外所有其余的衍射斑(如图 1 所示),则输出面上的图像为_____。

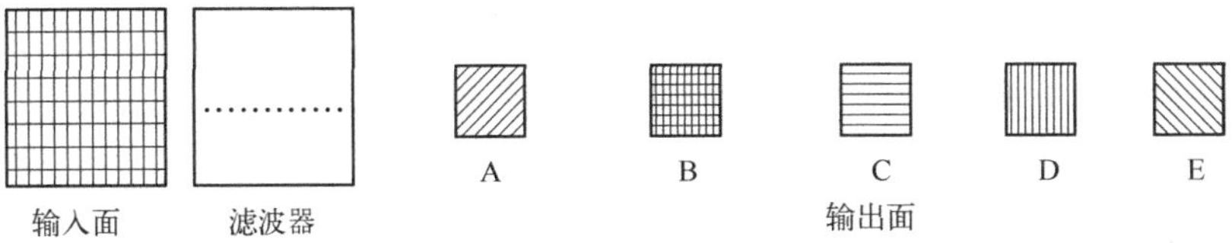

图 1

5. 两个相干点光源产生的干涉条纹总是 _____的,而扩展光源所特有的干涉条纹为 _____的干涉条纹。

6. 一平行石英晶片沿光轴方向切出,要把它切成一块黄光的四分之一波片,石英晶片厚度为_____。(石英的 $n_e = 1.552$,$n_o = 1.543$, 黄光波长为 589nm)

7. 波在介面发生全透射的条件不包括_____。

    A. 光波为线偏振光   B. 振动面在入射面内

    C. 从光密介质到光疏介质   D. 入射角为布儒斯特角

8. 对于频率为 ω,初相位为 φ_0,且沿着 z 轴负方向传播的单色平面光波,其复数形式应表示为_____。

    A. $E = E_0 \exp[-\mathrm{i}(\omega t - kz + \phi_0)]$ B. $E = E_0 \exp[-\mathrm{i}(\omega t + kz + \phi_0)]$

    C. $E = E_0 \exp[-\mathrm{i}(\omega t - kz - \phi_0)]$ D. $E = E_0 \exp[-\mathrm{i}(\omega t + kz - \phi_0)]$

二、计算题

9. 如图 2 所示,一列波长为 λ、在 xz 平面沿平行 z 轴方向传播的平面波,与源点在轴上、距坐标原点 O 分别为 $-a$ 和 a,波长也为 λ 的一列发散球面波和一列会聚球面波在傍轴条件下发生干涉。若三列波在 $z = 0$ 平面上的振幅均相等,在各自的计算起点上的初相均为零,则求 $z = 0$ 平面上的相干光强分布,以及干涉条纹的形状和间距。

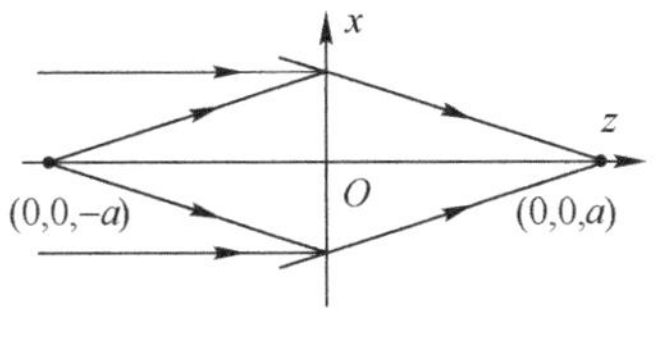

图 2

10. 在双缝干涉装置中,缝距 $D = 1\mathrm{mm}$,准单色自然光入射,波长 $\lambda = 500\mathrm{nm}$。

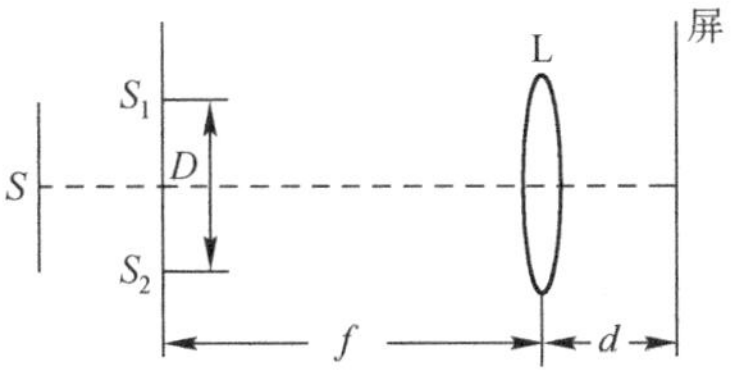

(1)若在双缝后放一焦距 $f = 12\mathrm{cm}$ 的会聚透镜 L,如图 3 所示,其中 $d = 15\mathrm{cm}$,则在观察屏上看到什么现象? 为什么?

(2)去掉 L,设屏上最大光强度为 I,对比度为 1。在双缝前分别插入偏振轴方向相互正交的偏振片 P_1 和 P_2,在屏前插入一偏振轴方向与 P_1 和 P_2 各成 $45°$的偏振片 P_3,则屏上有无干涉条纹? 为什么? 计算此时屏上的最大光强和条纹对比度。

图 3

(3)去掉 L、P_1、P_2 和 P_3,紧靠双缝前放 $\alpha = 1.5 \times 10^{-2}\mathrm{rad}$、折射率 $n = 1.5$ 的光楔,则与普通双缝干涉相比,屏上条纹如何变化? 用计算说明变化情况。

11. 如图 4 所示,轴上点光源发出的波长为 λ 的单色光入射到缝宽为 a 的单缝夫琅禾费装置上:

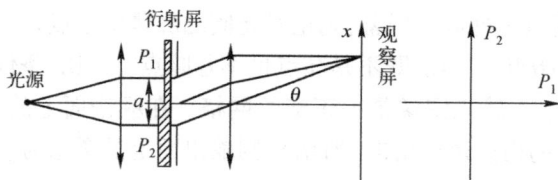

图 4

（1）写出观察屏上夫琅禾费衍射的光强分布和半角宽；

（2）若在单缝前方放置各遮挡一半缝宽的两块偏振片 P_1 和 P_2，P_1 和 P_2 偏振片的透振方向互相垂直，求此时观察屏上夫琅禾费衍射的光强分布；

（3）与无遮挡时相比较，遮挡后观察屏上夫琅禾费衍射的最大光强和半角宽有何变化？

12. 平面波函数的复振幅可写为 $\widetilde{E}(x,y,z,t)=A\exp[i(ux+vy+wz)]$，式中 u,v,w 为三个坐标轴方向的空间频率，而且它们组成空间频率矢量 $\boldsymbol{f}=u\boldsymbol{e}_x+v\boldsymbol{e}_y+w\boldsymbol{e}_z$。已知在三个坐标轴上的空间周期为 $d_x=\dfrac{1}{u},d_y=\dfrac{1}{v},d_z=\dfrac{1}{w}$，它们可否组成空间周期 $\boldsymbol{d}=d_x\boldsymbol{e}_x+d_y\boldsymbol{e}_y+d_z\boldsymbol{e}_z$？

13. 一束宽截面的自然光垂直入射到一负单轴晶体上，晶体光轴的取向如图 5 所示。经晶体出射后，光的偏振态：在 a 区为＿＿＿＿＿；在 b 区为＿＿＿＿＿；在 c 区为＿＿＿＿＿。

三、简答题

14. 如图 6 所示，M_1、M_2 为两块材料相同的平板玻璃片，背面涂黑，$M_1//M_2$。自然光 AB 以布儒斯特角入射到 M_1 上，若 M_2 以 BC 为轴旋转，简要说明 M_2 的反射光的光强变化规律．

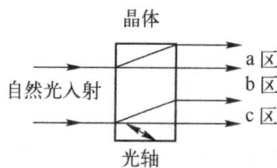

图 5

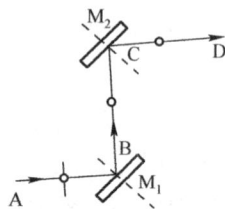

图 6

15．单层光学薄膜的增反或增透作用与哪些因素有关？

模拟试题八

一、选择、填空题

1. 若杨氏实验中光源与双缝的距离为 1m，双缝之间的间距为 1mm，可用光源的最大线度为＿＿＿＿＿。（$\lambda=500\text{nm}$）

2. 关于 F-P 干涉仪产生的条纹特性的描述，错误的是＿＿＿＿＿。

A. 随着两玻璃板内表面的反射率 R 的增大，干涉光强极大值的位置发生改变。

B. F-P 干涉仪是非等幅的多光束干涉。

C. 随着两玻璃板内表面的反射率 R 的增大，条纹锐度系数 F 增大。

D. 当反射率 R 很大时,反射光的干涉条纹是在宽的亮背景上呈现很细的暗纹。

3. 在两个正交偏振片之间插入第三个偏振片,自然光 I_0 依次通过三个偏振片,出射光强可能为_____。

    A. $I_0/2$ B. $I_0/4$ C. $I_0/8$ D. I_0 E. 0

4. 分析红外波段 $10\mu m$ 附近的 1 级光谱,决定选用闪耀角为 $30°$ 的光栅。则所选闪耀光栅的光栅常数应为_____。

5. 在玻璃基片上 $(n_C = 1.52)$ 涂镀硫化锌薄膜 $(n = 2.38)$,入射光波长为 $\lambda = 500nm$,则正入射时给出最大反射率的最小膜厚为_____。

6. 一闪耀光栅刻线数为 200 条/mm,用 $\lambda = 600nm$ 的单色平行光垂直入射到光栅平面,若第二级光谱闪耀,闪耀角应为 _____。

    A. $3.47°$ B. $6.94°$ C. $0.69°$ D. $0.35°$

二、计算题

7. 如图 1 所示,一列波长为 λ、在 xz 平面沿与 z 轴成 θ 角方向传播的平面波,与源点为 Q、坐标为 $(a,0,-R)$、波长也为 λ 的发散球面波相遇而发生干涉,若两列波在 $z=0$ 平面上的振幅均相等、在各自计算起点上的初相均为零,则在傍轴条件下,求在 $z=0$ 平面上的相干光强分布,以及干涉条纹的形状和间距。

8. 如图 2 所示,在迈克耳孙干涉仪中,观察到等间距的平直条纹,问 M_1 和 M_2 之间的位置关系如何?若 M_2 固定,M_1 绕其垂直于图面的轴线转到 M_1' 的位置,则在转动过程中将看到什么现象?如果将平面镜 M_1 换成半径为 R 的球面镜(凹面或凸面),则此时将观察到什么现象?

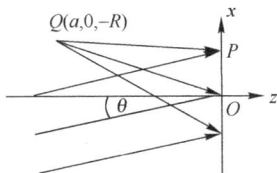

图 1

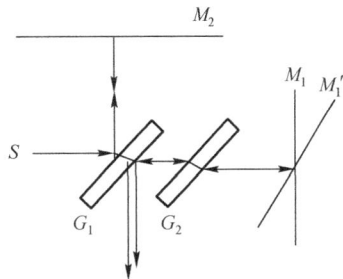

图 2

9. 平行的白光(波长范围为 $390\sim700nm$)垂直照射到平行的双缝上,双缝相距 $1mm$,用一个焦距 $f = 1m$ 的透镜将双缝的衍射图样聚焦在屏幕上。若在屏幕上距中央白色条纹 $3mm$ 处开一个小孔,在该处检查透过小孔的光,则将缺少哪些波长?

10. 在相干成像处理系统的物面上放置了一个振幅透射系数为 $t(x) = 1 + \cos\left(\dfrac{2\pi x}{a}\right) + \cos\left(\dfrac{\pi x}{a}\right)$ 的光栅。

（1）写出该光栅的傅里叶频谱;

（2）为使像面上出现 $E(x') = 1 + \cos\left(\dfrac{\pi x'}{a}\right)$ 的光栅,在频谱面上应怎样放置滤波器?

11. 图 3 所示是激光技术中用以选择输出波长的方法之一。它是利用布儒斯特角使一定波长的光能以最低损耗通过三棱镜而在腔内产生振荡,其余波长的光则因损耗大而被抑制不能振荡,从而达到选择输出波长的目的的。现欲使波长为632.8nm的单色线偏振光通过三棱镜而没有反射损失,则棱镜顶角应为多大?棱镜应如何放置?设棱镜材料的折射率 n =1.457?

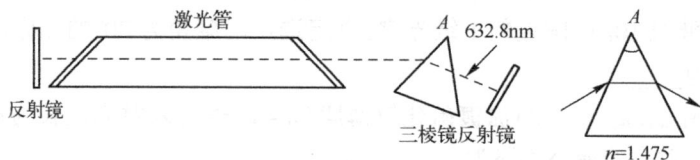

图3

12. 已知F-P标准具分析谱线的超精细结构为546.0753nm,546.0745nm,546.0734nm,546.0728nm。为能用F-P标准具分析这一谱线的结构,求标准具可能选取的最大间距。

13. 如图4所示,自然光以布儒斯特角入射到一块置于空气中的平行平面玻璃板,设空气和玻璃的折射率分别为 n_1 和 n_2,求通过玻璃板的透射光的偏振度。

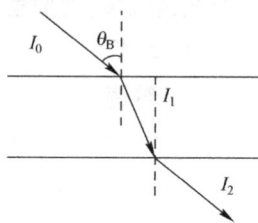

图4

三、作图题

14. 利用惠更斯作图法,求出以下两种情况晶体中光波的传播方向。假定入射平面波是自然光,且晶体是方解石(负晶体)。(请在图中标出光轴方向,并请说明是否产生了双折射现象)。

(1)光轴在入射面内且与晶体表面垂直,平面波正入射。

(2)光轴垂直入射面且平行于界面,平面波斜入射入射。

模拟试题九

1. 光波在界面发生折射时,不影响折射光的传播方向的因素是_____。

    A. 入射角   B. 界面两侧介质的折射率比值

    C. 入射光的偏振态   D. 界面两侧介质的电磁特性参数

2. 根据电磁场理论,在各向同性均匀介质中传播的光波,其电场强度 E 在某点某时刻的相位为0,那么磁场强度 H 在同点同时刻的相位为

    A. 0°   B. 90°   C. 180°   D. −90°

3. 关于反常色散,描述正确的是_____。

    A. 在反常色散区,光波传输速度与波长成正比

    B. 在反常色散区,入射光频率远离分子的固有振动频率

    C. 在反常色散区,准单色波的相速度等于群速度

    D. 在反常色散区,介质折射率随波长增加而增加

4. 一个平面电磁波可以表示为 $E_x = 2\cos\left[2\pi\times10^{14}\left(\dfrac{z}{c}-t\right)+\dfrac{\pi}{3}\right]$,$E_y=0$,$E_z=0$,则该电磁波

的频率为_____、波长为_____nm、振幅为_____、原点的初相位为_____，传播方向沿着光轴的_____向。

5. 图 1 所示为多缝衍射的强度分布，θ 为衍射角，d 为缝间距，λ 为入射光波长，a 为缝宽，由图可以断定，d/a 的数值等于_____。

A. 4　　B. 5　　C. 6　　D. 7

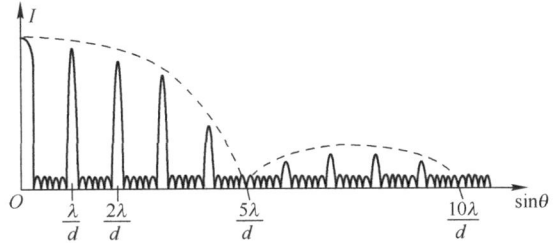

图 1

6. 下述关于自然光的描述，不正确的为_____。

A. 自然光属于非偏振光

B. 自然光各个振动方向上振幅平均值相等

C. 两种自然光的混合依然为自然光

D. 自然光可以视为振幅相等、振动方向垂直且相位差恒定的两线偏振光的合成

7. 关于光在单轴晶体中的传输，正确的说法是_____。

A. 当波矢沿着光轴方向时，o 光和 e 光的光线方向不同

B. 当波矢沿着垂直于光轴方向时，离散角最大

C. 当波矢沿着垂直于光轴方向时，o 光和 e 光的折射率差最小

D. 当波矢不沿着光轴且也不垂直于光轴方向时，不一定存在两条光线

8. 使一强度为 I_0 的平面偏振光先后通过两个偏振片 P_1 和 P_2，如果 P_1 和 P_2 的偏振化方向与原入射光电矢量振动方向的夹角分别是 α 和 90°，则通过这两个偏振片后的光强度 I 是_____。

A. $\dfrac{I_0}{2}\cos^2\alpha$　　　　B. 0　　　　C. $\dfrac{I_0}{4}\sin^2(2\alpha)$　　　D. $\dfrac{I_0}{4}\sin^2\alpha$

9. 光束经渥拉斯顿棱镜后，出射光只有一束，入射光应为_____。

A. 自然光　　　　B. 部分偏振光　　　　C. 圆偏振光　　　　D. 线偏振光

10. 某原油的折射率为 1.25，一艘船在海上行驶把 1m³ 的原油泄漏在海面上，造成环境污染。假设波长为 500nm 的单色光垂直照射在海面上，经过油层反射，出现一级极大。问原油污染的面积为_____（已知海水的折射率为 1.34）

A. $5\times10^6\text{m}^2$　　　B. $10\times10^6\text{m}^2$　　　C. $15\times10^6\text{m}^2$　　　D. $25\times10^6\text{m}^2$

11. 单色光垂直入射到两块平板玻璃形成的空气劈尖上，当劈尖角度逐渐减小时，干涉条纹如何变化：

A. 干涉条纹朝向劈尖方向移动，不同条纹的移动速度不同

B. 干涉条纹背向劈尖方向移动，不同条纹的移动速度相同

C. 干涉条纹朝向劈尖方向移动，不同条纹的移动速度相同

D. 干涉条纹背向劈尖方向移动，不同条纹的移动速度不同

12. 若用波长为 550nm 的可见光照明，要求显微镜能分辨相距 0.000375mm 的两点，那么此显微镜物镜的数值孔径为_____。

13. 白炽光经单缝衍射，衍射条纹中有一条不呈彩色，该条纹为_____级条纹。

A. +1　　　　　　B. −1　　　　　　C. 0　　　　　　D. 最高

14. 若 F-P 干涉仪中两玻璃板内表面的高反膜的反射率为 R,则随着 R 的增加:

    A. 干涉条纹间隔变大　　　　　　　　B. 干涉条纹间隔变小

    C. 干涉条纹锐度增大　　　　　　　　D. 干涉条纹锐度减小

15. 牛顿环中,_____。

    A. 最接近中心环的色散最强　　　　　B. 最接近中心环的色散最弱

    C. 各环色散为零　　　　　　　　　　D. 各环色散相同

16. 在等倾干涉实验中,若照明光波的波长 $\lambda=600nm$,平板的厚度 $h=2mm$,折射率 $n=1.5$,其下表面镀高折射率介质($n_H>1.5$),问:

    (1) 在反射光方向观察到的圆条纹中心是暗还是亮?

    (2) 由中心向外计算,第 10 个亮纹的半径是多少?(观察望远物镜的焦距为 20cm)

    (3) 第 10 个亮环处的条纹间距是多少?

17. 在相干光学处理的 4f 系统中,若在物面(xy 平面)上放置一正弦光栅,其振幅透射系数为:$t(x)=\dfrac{1}{2}+\dfrac{1}{2}\cos2\pi u_0 x$,试问:

    (1) 在频谱的中央放置一小圆屏挡住光栅的零级谱,求这时像面($x'y'$)上的光强分布。

    (2) 移动小圆屏,挡住光栅的+1 级,像面上的光强分布又是怎样?

18. 一束线偏振光经过一个 1/4 波片,其快轴与 y 轴重合,求以下三种情况下出射光的偏振态。

    (1) 入射光的振动方向与晶片光轴成 45°;

    (2) 入射光的振动方向与晶片光轴成−45°;

    (3) 入射光的振动方向与晶片光轴成 30°。

19. 一光源垂直入射到平面透射光栅中,相邻主极大的衍射角 $\sin\theta_1=0.2$,$\sin\theta_2=0.3$,第四级缺级,光波长为 500nm。求:(1)两缝间距;(2)其透光缝宽;(3)光屏上呈现的总级数。(4)若入射光角度为 45 °时,此时光屏上呈现的总级数。

20. 若某种介质的散射系数等于吸收系数的 1/2,光通过一定厚度的这种介质,只透过 20%的光强,现若不考虑散射,其透射光强可增加多少?

21. 从干涉的观点,说明普通透镜成像与波带片成像的异同点。

22. 在杨氏双缝干涉实验中,如何体现空间相干性和时间相干性对条纹可见度的影响?

模拟试题十

一、选择、填空题

1. 当以布儒斯特角 θ_B 入射时,_____。

    A. 反射波的 s 分量为 0　　　　　　　B. 折射波的 s 分量为 0

    C. 反射波的 p 分量为 0　　　　　　　D. 折射波的 p 分量为 0

2. 光能可能转变为其他形式能量的物理现象是_____。

    A. 光的吸收　　　　B. 光的干涉　　　　C. 光的衍射　　　　D. 光的散射

3. 下述关于单色平面光波的描述,正确的是_____。

   A. 单色平面光波的电矢量和磁矢量在同一平面

   B. 自然界的光波通常可以表示为单色平面光波的叠加

   C. 单色平面光波属于纵波

   D. 持续时间有限的光波可能是单色平面光波

4. 关于衍射理论的发展,以下说法错误的是_____。

   A. 惠更斯原理很好地解释了衍射图样的亮暗分布

   B. 菲涅耳提出了无穷多个次波源相干叠加的理论

   C. 基尔霍夫引入了格林定理和边界条件,使精确求解被观察点的光场分布成为可能

   D. 夫琅禾费衍射比菲涅耳衍射要求更苛刻

5. 光波在界面发生全反射时,关于第二介质中存在的透射波,下列说法不正确的是_____。

   A. 存在透射波是电磁场边界条件的要求　　B. 透射波是非均匀平面波

   C. 透射波沿界面法线急剧衰减　　　　　　D. 透射波向第二介质内部传输能量

6. 夫琅禾费衍射图样呈一簇椭圆,长轴在 y 方向,短轴在 z 方向,衍射屏的通光孔为_____。

   A. 圆　　　　　　　　　　　　　　　　B. 窄缝

   C. 椭圆,其长轴在 z 方向　　　　　　　D. 椭圆,其长轴在 y 方向

7. 一束平行光从空气垂直通过两块紧密胶合,折射率 $n=1.5$ 的平板玻璃,则在不计吸收的情况下透过玻璃的能量为入射光的_____。

   A. 0.9200　　　　B. 0.85　　　　C. 0.9600　　　　D. 0.9616

8. 钠蒸气对 $\lambda=588.9nm$ 的光呈强烈吸收,由此可以断定钠蒸气对 588.9nm 附近的光呈现_____。

   A. 正常色散　　　B. 反常色散　　　C. 零色散　　　D. Mie 散射

9. 两振动方向正交、频率相同、振幅相等、相位差为 $\pi/2$ 的线偏振光叠加成电矢量为 E 的圆偏振光,则此线偏振光的振幅 E_0 为_____。

   A. E　　　　　　B. $E/2$　　　　　C. $E/\sqrt{2}$　　　　D. $\sqrt{2}E$

10. 强度为 I 的部分偏振光由一束自然光和一束圆偏振光组成,其强度分别为 I_n 和 I_c,让该光速一次通过 1/4 波片和检偏器。旋转检偏器发现得到的最小光强为 $I/4$,可以断定_____。

    A. $I_n=I_c$　　　　B. $I_n>I_c$　　　　C. $I_n<I_c$　　　　D. $I_n=2I_c$

11. 在各向异性晶体中,E 和 D 的方向_____。

    A. 一定相同　　　B. 一定相反　　　C. 互相垂直　　　D. 不一定相同

12. 为了使增透效果好,镀于玻璃表面的单层增透膜,膜层材料的折射率应该_____。

    A. 大于玻璃折射率　　　　　　　　　B. 等于玻璃折射率

    C. 介于玻璃折射率与空气折射率之间　　D. 等于空气折射率

    E. 小于空气折射率

13. F-P 干涉仪的反射率 R 增加时,其分辨能力_____。

    A. 下降　　　　　　B. 增加　　　　　C. 趋于零　　　　D. 不变

14. 将一块光栅置于相干成像系统中,若在其频谱面上只允许-1 和+2 级频谱通过,则其光栅像的空间频率为:

    A. 与原来相同　　　B. 为原来的 3 倍　　　C. 为原来的 2 倍

15. 单缝衍射装置中,若将缝宽增大 1 倍,则中央衍射极大光强变为原来的 _____ 倍。

    A. 2   B. 1/2   C. 4   D. 1/4

二、计算题

16. 一平面电磁波在均匀介质中传播时电场强度可表示为 $E(x,y,z,t) = (E_x e_x - \sqrt{3} e_y + \sqrt{5} e_z) \exp[i(x + \sqrt{3}y + \sqrt{5}z - 6\times10^8 t)] \times 10^6]$ V/m,其中 x, y, z 为坐标变量,t 为时间变量。求该平面电磁波的:①振动周期;②在此均匀介质中的波长;③传播方向单位矢量($\cos\alpha, \cos\beta, \cos\gamma$);④传播速度(相速);⑤该均匀介质的折射率;⑥电场强度 E 的 x 方向电场分量 E_x;⑦磁感强度 B 的振幅 $|B|$(有单位的均应写出单位,题目中未注明单位的均为国标单位)。

17. 如图 1 所示是由两个平板玻璃构成的一干涉装置,一端接触,另一端中间垫一夹片,夹片高度为 H,波长为 $\lambda = 650$nm 的单色光从上方入射,共检测到 80 个周期的条纹。

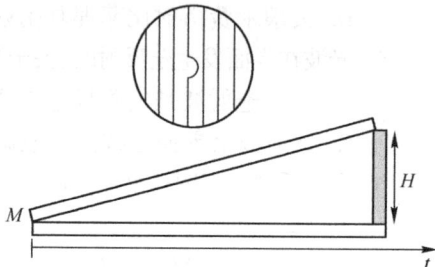

图 1

    (1)夹片的高度是多少? 接触点 M 点处对应的干涉条纹为亮纹还是暗纹?

    (2)若观察到的干涉条纹出现弯曲,如图所示,弯曲部分的顶点恰好在条纹间距一半的位置,则对应玻璃表面是凸起还是凹陷? 凸起或凹陷的高度为多少?

    (3)在(1)中,如果夹片高度发生了变化,在距接触点 M 为 $x = 10$cm 的附近,观察到干涉条纹向右移动了 0.5mm,问夹片高度增大还是减小? 相对变化量 $\Delta H/H$ 是多少?

18. 一块每毫米 1200 个刻槽的反射闪耀光栅,以平行光垂直于槽面入射,一级闪耀波长为 480nm。若不考虑缺级,有可能看见 480nm 的几级光谱?

19. 在相干光学处理系统的物面上放置一个光栅,其振幅透射系数为 $\tilde{t} = 1 + \cos\dfrac{3\pi}{a}x + \cos\dfrac{2\pi}{a}x + \cos\dfrac{\pi}{a}x$。(1)写出该光栅的傅里叶频谱;(2)要使像面上出现像的光场分布 $\tilde{E} = 1 + \cos\dfrac{2\pi}{a}x'$,问在频谱面上应该使用怎样的滤波器。

20. 通过检偏器观察一束椭圆偏振光。其强度随着检偏器的旋转而改变。当检偏器在某一位置时,强度为极小。此时在检偏器插入一块 $\dfrac{\lambda}{4}$ 波片,转动 $\dfrac{\lambda}{4}$ 波片使它的快轴平行于检偏器的透光轴,再把检偏器沿顺时针方向转过 30° 就完全消光。试用琼斯矩阵法求:(1)该椭圆偏振光是右旋还是左旋? (2)椭圆的长短轴之比?

三、简答题

21. 一种介质中,有电场数值为 E 的圆偏振光和电场振幅为 E 的线偏振光。给出两束光的强度关系并简要说明其原因。

四、证明题

22. 试证:双缝夫琅禾费衍射图样中,中央包络线内的干涉条纹为 $\left(\dfrac{2d}{a} - 1\right)$ 条,式中,d 是缝间距,a 是缝宽。

模拟试题参考解答

模拟试题一

1. D

2. 对比度；$K = \dfrac{I_{max} - I_{min}}{I_{max} + I_{min}}$

3. $I = I_A + I_B + I_C + 2\sqrt{I_A I_B}\cos\delta$，其中 δ 为 A 光波和 B 光波的位相差

4. C

5. $7.8 \times 10^7 \text{nm}, 2.6 \times 10^{-10}\text{s}$

6. 正；反

7. 100

8. 双折射；相等；不相等，对负晶体 $v_e > v_o$，对正晶体 $v_e < v_o$

9. D

10. E

11. D

12. $\dfrac{27}{128} I_0$

13. 当波长 λ_1 的单色光的亮条纹与波长 λ_2 的单色光的亮条纹重合时，可看到清晰的干涉条纹。但当 λ_1 的亮条纹与 λ_2 的暗条纹重合时，干涉条纹模糊消失，这时光程差为

$$\mathscr{D} = 2h + \mathscr{D}' = m_1 \lambda_1 = \left(m_2 + \frac{1}{2}\right)\lambda_2$$

其中，$\mathscr{D}'$ 是附加光程差；m_1 和 m_2 是整数。因此

$$m_2 - m_1 + \frac{1}{2} = \frac{2h + \mathscr{D}'}{\lambda_1 \lambda_2}(\lambda_1 - \lambda_2) \tag{a}$$

当干涉仪的动镜移动使 h 增加 Δh 时，条纹再次模糊消失，这时干涉级的差值增大 1，所以

$$m_2 - m_1 + \frac{1}{2} + 1 = \frac{2(h + \Delta h) + \mathscr{D}'}{\lambda_1 \lambda_2}(\lambda_1 - \lambda_2) \tag{b}$$

式（a）和式（b）相减得 $\Delta h = \dfrac{\lambda_1 \lambda_2}{2(\lambda_1 - \lambda_2)} = \dfrac{589.0 \times 589.6 \times 10^{-6}}{2 \times 0.6} = 0.289(\text{mm})$

14. （1）2 次；

（2）光轴与第一偏振片的主截面平行。

（3）$I = \dfrac{I_0}{2}\sin^2 2\theta \sin^2 \dfrac{\delta}{2} = \dfrac{I_0}{2}\sin^2 60° \sin^2 \dfrac{\pi}{4} = \dfrac{3}{16} I_0$

15. $t(x) = 1 + \cos\left(\dfrac{2\pi x}{a}\right) + \cos\left(\dfrac{\pi x}{a}\right)$

$= 1 + \dfrac{1}{2}\exp\left[\mathrm{i}\dfrac{2\pi x}{a}\right] + \dfrac{1}{2}\exp\left[-\mathrm{i}\dfrac{2\pi x}{a}\right] + \dfrac{1}{2}\exp\left[\mathrm{i}\dfrac{\pi x}{a}\right] + \dfrac{1}{2}\exp\left[-\mathrm{i}\dfrac{\pi x}{a}\right]$

(1) 傅里叶频谱为

$$E(u)=\mathscr{F}\{t(x)\}=\delta(u)+\frac{1}{2}\delta\left(u-\frac{2\pi}{a}\right)+\frac{1}{2}\delta\left(u+\frac{2\pi}{a}\right)+\frac{1}{2}\delta\left(u-\frac{\pi}{a}\right)+\frac{1}{2}\delta\left(u+\frac{\pi}{a}\right)$$

(2) 在频谱面 $u=\dfrac{\xi}{\lambda f}=\pm\dfrac{2\pi}{a}$，即坐标 $\xi=\pm\dfrac{2\pi}{a}\lambda f$ 处放置小屏挡住 $\delta\left(u-\dfrac{2\pi}{a}\right)$、$\delta\left(u+\dfrac{2\pi}{a}\right)$ 即可。

16. 该平面波波矢的三个分量分别为 $k_x=0,k_y=k\cos\theta,k_z=k\sin\theta$，其位相分布为

$$\phi(r)=\boldsymbol{k}\cdot\boldsymbol{r}+\phi_0=k(y\sin\theta+z\cos\theta)+\phi_0$$

其中，ϕ_0 是原点处的初相。

设平面波振幅大小为 A，其复振幅为

$$\widetilde{E}(r)=A\exp i\left[k(y\sin\theta+z\cos\theta)+\phi_0\right]$$

17. 已知：$n_o=1.6583,n_e=1.4864$

全反射临界角为 θ_c：$\sin\theta_c=n_2/n_1$，这里，n_2、n_1 分别为空气和方解石的折射率。

对于 o 光：$\sin\theta_{co}=1/n_o=1/1.6583=0.6030,\theta_{co}=37°5'13''$

对于 e 光：$\sin\theta_{ce}=1/n_e=1/1.4864=0.6727,\theta_{ce}=42°16'51''$

当入射角为 $37°5'13''\sim42°16'51''$ 时，只有 o 光全反射。由图中可知 $\alpha=\theta_i$，顶角为 $37°5'13''\sim$ $42°16'51''$ 时，o 光全反射，e 光透射。又因为 e 光在主截面内振动，所以透射光的振动方向在主截面内，或者说平行于纸面。

18. 由巴俾涅原理可知，图样除中心零级处叠加一亮斑外，其他部分的条纹与单缝衍射完全相同。

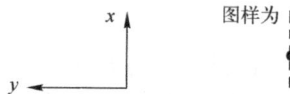

(1) 只改变观察屏上各点振动的位相，衍射图样、光强和图样的位置均不变。

(2) 衍射图样不变，但要在屏上旋转同样的 α 角。

(3) 衍射图样的形状和零级斑的半角宽均不变，但亮斑的线度及其间距均增大。

(4) 由于多孔衍射产生的振动等于每个开孔单独衍射产生振动的线性叠加，所以"Z"形可看作一个双缝与一个 $45°$ 的单缝的叠加，图样为

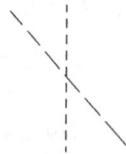

(5) 衍射图样整体向反方向 $-x$ 平移，零级斑中心始终保持在点源的几何光学像点的位置。

(6) 线光源可看作是一系列非相干光的点源的集合，每一点源产生自己的一套衍射斑，零级斑的中心分别在各自的几何光学像点的位置，各套衍射斑不相干地叠加在一起，形成一系列与单缝平行的平行直条纹。

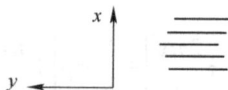

（7）此时衍射条纹将变模糊，理由见（5）和（6）。

（8）像面上接收的仍为夫琅禾费衍射图样，因此条纹与题图装置产生的条纹完全相同。

（9）白光的波长成分为390~780nm，衍射后各自波长的零级斑中心仍重合于几何像点，但因 $\theta \sim \lambda$，所以中心点长波长成分减少，短波长成分增加，不再是严格的白色，而是呈蓝白色，零级以外呈彩色，红在外，紫在内。

模拟试题二

1. C

2. B

3. 空间；时间；相干长度；相干时间；迈克耳孙干涉仪；杨氏

4. A

5. C

6. B

7. B

8. 3,6,9

9. D

10. $\sqrt{2L\lambda}$

11. A

12. C

13. （1） $A = \dfrac{\lambda}{\Delta\lambda} = mN$，光栅的线数 $N = \dfrac{\lambda}{m\Delta\lambda} = \dfrac{600}{2 \times 0.02} = 1.5 \times 10^4$（条）

（2） $d\sin\theta = m\lambda$，光栅常量 $d = \dfrac{m\lambda}{\sin\theta} = \dfrac{2 \times 600 \times 10^{-6}}{\sin 30°} = 2.4 \times 10^{-3}$（mm）

（3） $d = 3a$，缝宽 $a = \dfrac{d}{3} = 0.8 \times 10^{-3}$（mm）

总宽度 $L = Nd = 1.5 \times 10^4 \times 2.4 \times 10^{-3} = 36$（mm）

总共能看到600nm的谱线条数为 $m_M = \dfrac{d}{\lambda} = \dfrac{2.4 \times 10^{-3}}{600 \times 100^{-6}} = 4$

即总共能看到5条谱线，对应的级数是 $m = 0, \pm 1, \pm 2$。

14. 看到的圆干涉条纹为等倾干涉，级数

$$m = \frac{h}{\lambda}\theta_{oN}^2 + (1+q)$$

其中，θ_{oN} 为第 N 环的光束入射角；$q < 1$，$1 - q \approx 0$。

$$\theta_{oN} \approx \tan\theta_{oN} = \frac{D/2}{f} = 0.02, \quad \theta_{oN}^2 = 0.0004$$

$$h = (32-30)\text{cm} = 2\text{cm}, \quad \lambda = 570.0\text{nm} = 5.7 \times 10^{-5}\text{cm}, \quad m = \frac{2}{5.7 \times 10^{-5}} \times 0.0004 = 14$$

即可以看见14条条纹。

15. （1）F-P 干涉仪：

① 分辨率本领 $A=\dfrac{2\pi nh}{\lambda}\cdot\dfrac{\sqrt{R}}{1-R}=\dfrac{2\times3.14\times1.0\times4\times10^{-2}}{6328\times10^{-10}}\cdot\dfrac{\sqrt{0.891}}{1-0.891}=3.44\times10^{6}$

② 最小可分辨的波长差 $\Delta\lambda=\lambda/A=1.84\times10^{-4}\text{nm}$

③ 自由光谱范围 $\Delta\lambda=\dfrac{\lambda^{2}}{2nh}=0.005\text{nm}$

（2）光栅

① 分辨率本领 $\qquad\qquad\qquad A=mN$

$$N=3\times10\text{mm}\times1200\text{ 条/mm}=3.6\times10^{4}\text{ 条}$$

由 $m=1$ 可得 $A=3.6\times10^{4}$。

② 最小可分辨的波长差 $\Delta\lambda=\lambda/A=0.0176\text{nm}$

③ 自由光谱范围 $\Delta\lambda=\dfrac{\lambda^{2}}{m}=632.8\text{nm}$

16. $(n_o-n_e)d=\pm(2m+1)\dfrac{\lambda}{4}$

故 $d=\dfrac{\pm(2m+1)\lambda}{4(n_o-n_e)}=\dfrac{\pm(2m+1)\times589.3\times10^{-6}}{4\times(1.543-1.552)}$

$\qquad\approx(2m+1)\times1.637(\text{mm})$

17. 如图所示，顶角 $\alpha=i_2+i'_2$。设 $n_o=1$，根据折射定律和布儒斯特定律

$$\begin{cases}\sin i_1=n\sin i_2\\ \tan i_1=n\end{cases}$$

得 $i_2=33°41'24''$。要使光通过棱镜时无反射损失，则 i'_2 也应为布儒斯特角。

$$\tan i'_2=1/n,\quad i'_2=33°41'24'',\quad \alpha=67°22'48''$$

18. 因为空气的折射率<油的折射率<玻璃的折射率，所以不用考虑半波损失；另外由于光源波长连续变化，且只有两个波长的光出现暗纹，因此两个波长的相消级次应当相差一个级次。

所以 $\qquad\qquad\qquad 2nh=\left(m+\dfrac{1}{2}\right)\lambda_1$

$$2nh=\left(m-\dfrac{1}{2}\right)\lambda_2$$

得 $\qquad\qquad\qquad m=\dfrac{\lambda_1+\lambda_2}{2(\lambda_2-\lambda_1)}=3$

油膜的厚度为 $\qquad\qquad h=\dfrac{\left(m+\dfrac{1}{2}\right)\lambda_1}{2n}=673(\text{nm})$

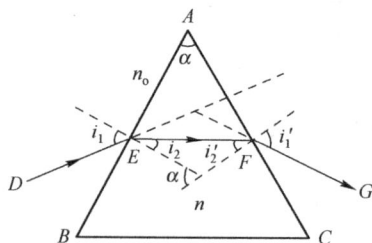

19. 否。因为在空间某处两振动没有恒定位相差。

20. 将方解石晶体按长/宽=0.83 的比例，平行光轴切制成一长方体并沿对角面（如题图所示）再切开，然后贴合在一起，其间为薄的空气层。当一束自然光垂直入射到此棱镜上时，在第一个直角镜中产生两个光矢量相互垂直、以不同速度沿同一直线传播的线偏振光（o,e）。其中，o 光在斜面处因满足全反射条件而全部反射，只有 e 光在两直角镜中的

折射率均为 n_e。所以仍沿同一直线传播并透出整个棱镜。可见，这种棱镜可用作激光紫外波段的起偏和检偏，并且因透射光不改传播方位即仍沿直线传播。因此旋转此镜时，出射光不绕入射光传播方向打转，优于尼科耳棱镜。其透光轴为平行于主截面或平行于光轴的方向。

此外，从棱镜出射的光矢量为平行于入射面的 p 分量，它的反射损失低，透射光强较大。但由于此棱镜的孔径角较小，因此使用时入射光最好接近垂直入射。

模拟试题三

1. 0. 6 ,1

2. 1

3. B

4. C

5. 6000π

6. $0, \pm 1, \pm 3, \pm 5$

7. A

8. 线偏振光；1. 73

9. B

10. 0. 759mm

11. B

12. B

13. 若分别设线偏振光的光强为 I_1，自然光的光强为 I_2，则此部分偏振光的极大光强和极小光强分别为

$$I_{\max}:I_{\min} = (I_1+I_0/2):I_0/2 = 6:4$$

因此

$$P = \frac{I_{\max}-I_{\min}}{I_{\max}+I_{\min}} = \frac{2}{10} = 0.2$$

另一种方法是：设线偏振光光强为 2，则总光强为 8+2，所以，$P = I_{线}/I_{总} = 2/10 = 0.2$。

14. $E_{ox} = \dfrac{1}{\sqrt{\varepsilon_0\mu_0}}B_{oy} = 6.67\times10^{-8}\times3\times10^8 = 20(\text{V/m})$

$E_x = 20\cos\{4\pi\times10^6[z-(3\times10^8\text{m/s})t]\}$，$E_y = 0$，$E_z = 0$

波长 $\lambda = \dfrac{2\pi}{k} = \dfrac{2\pi}{4\pi\times10^6} = 5\times10^{-7}(\text{m})$；频率 $\nu = \dfrac{c}{\lambda} = \dfrac{3\times10^8}{5\times10^{-7}} = 6\times10^{14}(\text{Hz})$

周期 $T = \dfrac{1}{\nu} = \dfrac{1}{6\times10^{14}} = 1.67\times10^{-15}(\text{s})$；振幅 $B = 6.67\times10^{-8}\text{T}$

15. 掠入射的两束相干光有半波损，干涉极小对应的光程差为

$$\mathscr{D} = 2x\sin\theta + \frac{\lambda}{2} = \left(m+\frac{1}{2}\right)\lambda$$

因此第一个极小值出现在观察屏与劳埃德镜的接触点 O 处，对应 $x = \overline{OP} = 0$ 的位置，此时两束相干光的光程差

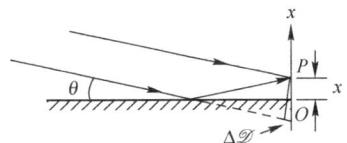

图2

为由半波损失形成的 $\lambda/2$。由图 2 可知,当在 x 处相遇的两束平行光的光程差为

$$\mathscr{D}=2x\sin\theta+\frac{\lambda}{2}=\frac{3\lambda}{2}$$

时,出现第二个干涉极小。

则倾角为

$$\theta=\arcsin\left(\frac{\lambda}{2x}\right)=\arcsin\left(\frac{600\times10^{-6}}{2\times0.1}\right)=0.003(\mathrm{rad})$$

干涉条纹的间距为

$$e=\frac{\lambda}{2\sin\theta}=\frac{600\times10^{-6}}{2\sin(0.003)}=0.1(\mathrm{mm})$$

观察屏上出现干涉条纹的区域为

$$\overline{OP}_{\max}=300\times\tan(0.003)=0.9(\mathrm{mm})$$

因此观察屏上出现干涉极小条纹的数目为

$$N=\overline{OP}_{\max}/e=9$$

加上零级极小条纹,故应当出现 10 个极小条纹。

16.（1）$I_o/I_e=\tan^2 60°=3$

（2）$\delta=90°=\dfrac{2\pi}{\lambda}\mathscr{D}=\dfrac{2\pi}{\lambda}(n_o-n_e)d$,整理得 $d=\dfrac{\lambda}{4(n_o-n_e)}\approx8.57\times10^{-4}(\mathrm{mm})$。

17.（1）沿 x 方向平移 Δx 引起的相移为

$$\Delta\phi=2\pi u\Delta x$$

因此,移动后的透射率函数为

$$t(x)=a+b\cos(2\pi ux+2\pi u\Delta x)$$

设以单位振幅的单色平面波垂直照明,则透射场

$$\widetilde{E}(x)=1\times t(x)$$

相应的透射场强度为

$$I(x)=\widetilde{E}(x)\widetilde{E}^*(x)=a^2+2ab\cos(2\pi ux+2\pi u\Delta x)+b^2\cos^2(2\pi ux+2\pi u\Delta x)$$

对夫琅禾费衍射场上一级衍射斑,有 $m=1$,相邻缝的光程差为 $\mathscr{D}=\sin\theta=m\lambda=\lambda$,

对应的位相差 $\delta=\dfrac{2\pi}{\lambda}\mathscr{D}=\dfrac{2\pi}{\lambda}\sin\theta$。

因此,若平移前一级衍射斑的复振幅为 E,则平移后一级衍射斑的复振幅为

$$E\exp(\mathrm{i}\delta)=E\exp\left(\mathrm{i}\frac{2\pi}{\lambda}\sin\theta\right)$$

（2）$t(x)=a+b\left[2\cos\left(2\pi ux+\dfrac{\pi}{4}\right)\cdot\cos\dfrac{\pi}{4}\right]=a+\sqrt{2}b\cos\left(2\pi ux+\dfrac{\pi}{4}\right)$

$$E(x,y)=t(x,y)=a+\frac{\sqrt{2}b\exp\left[\mathrm{i}\left(2\pi ux+\dfrac{\pi}{4}\right)\right]}{2}+\frac{\sqrt{2}b\exp\left[-\mathrm{i}\left(2\pi ux+\dfrac{\pi}{4}\right)\right]}{2}$$

所以 $E(x',y')=C\displaystyle\int_{-\frac{L}{2}}^{+\frac{L}{2}}E(x,y)\exp\left(\mathrm{i}\frac{2\pi}{\lambda}x\sin\theta\right)\mathrm{d}x'$（$L$ 为光栅的有效宽度）

$$=CaL\cdot\frac{\sin\left[\dfrac{\pi}{\lambda}L\sin\theta\right]}{\dfrac{\pi}{\lambda}L\sin\theta}+\frac{\sqrt{2}}{2}CbL\exp\left(\mathrm{i}\frac{\pi}{4}\right)\cdot\frac{\sin\left[\left(2\pi u+\dfrac{2\pi}{\lambda}\sin\theta\right)\dfrac{L}{2}\right]}{\left(2\pi u+\dfrac{2\pi}{\lambda}\sin\theta\right)\dfrac{L}{2}}+$$

$$\frac{\sqrt{2}}{2}CbL\exp\left(\mathrm{i}\,\frac{\pi}{4}\right)\cdot\frac{\sin\left[\left(2\pi u-\dfrac{2\pi}{\lambda}\sin\theta\right)\dfrac{aL}{2}\right]}{\left(2\pi u-\dfrac{2\pi}{\lambda}\sin\theta\right)\dfrac{L}{2}}$$

因此,有三个衍射斑。

18. 波带片与透镜都有聚光作用。

(1) 波带片:焦距不是单值的,因此一平行光入射到这种波带片上,在许多位置都会出现亮点,有一系列虚焦点,成像时在像点周围会形成一些亮暗相间的同心环。

(2) 透镜:焦距是单值的,因此一平行光入射到透镜上只有一个亮点,成像时也只是一个亮点。

19. 斜入射时,不能将干涉的零级和衍射的主极大分开。因为斜入射时,$d(\sin\theta-\sin\varphi)=m\lambda$。

干涉零级:$m=0$,$\theta=\varphi$,$\beta=\dfrac{\pi}{\lambda}a(\sin\theta-\sin\varphi)=0$。衍射主极大:$\theta=\varphi$。所以分不开。要想分开,必须改变光栅刻痕的形状(即利用闪耀光栅)。其原理是:利用反射和折射的方法将干涉的零级和衍射的主极大分开,以便将能量从不分光的零级移到可分光的高级谱上。此时干涉的零级仍为原光栅法线方向(正入射时),而衍射的主极大方向是反射光或折射光的方向。

20. 若用平行光照射平行板,则有干涉但不能得到干涉条纹。因为由光程差公式表示为 $\mathscr{D}=2nh\cos\theta+\dfrac{\lambda}{2}=m\lambda$,$nh$ 和 $\cos\theta$ 均为常数,光程差为一常数,整个视场对应同一干涉级 m,亮度一致,因此无干涉条纹。

若板厚度逐渐变化,则光程差 $\mathscr{D}$ 在变化,当 $\mathscr{D}$ 使干涉级 m 为整数时,视场为均匀明亮;当 $\mathscr{D}$ 使 m 为半整数时,视场为全暗;当 m 为其他值时非亮非暗。因此,当板厚度逐渐变化时,视场就亮、暗、亮地整体均匀地变化。

模拟试题四

1. $n_1<n_2$;$n_1>n_2$ 且入射角大于临界角。

2. D

3. A

4. B、D

5. 7.1mm

6. D

7. 625nm

8. A

9. A

10. 1.6,32°

11. $3I_0/2$

12. 能将自然光分解成两个分得较开、光矢量相互垂直的线偏振光。

据 $\Phi=\arcsin\left[(n_0-n_e)\tan\theta\right]$,可以选用双折射率差值较大的材料制作。

13. 如题图,作 $\overline{OB}$ 线段垂直于光线 $1'$。

（1）$\overline{BP}=y\sin\theta$ 为 1′与 1 的光程差，也即两平面光波 A 与 A' 在感光板上 P 处的光程差。

（2）当 $y\sin\theta=m\lambda$（m 为整数）时 P 处为相长干涉。

（3）感光板上干涉条纹的形状为垂直于纸面的明暗相同的直条纹。显然，若感光板感光后进行显影定影处理，即成为光栅。

14. 因为只有两条暗线，因此波长对应的相消级次相差一级，又因为有半波损失，所以

$$2nh+\frac{\lambda}{2}=\left(m+\frac{1}{2}\right)\lambda_1$$

$$2nh+\frac{\lambda}{2}=\left(m-\frac{1}{2}\right)\lambda_2$$

因此得

$$m=\frac{\lambda_2}{\lambda_2-\lambda_1}=3$$

$$h=\frac{m\lambda_1}{2n}=\frac{\lambda_1\lambda_2}{2n(\lambda_2-\lambda_1)}=\frac{400\times600}{2\times1.5\times200}=0.4(\mu m)$$

15. （1）$a=0.001mm$，$b=0.002mm$，$d=a+b=0.003mm$。

（2）$m_M\leq\dfrac{d\sin90°}{\lambda}=\dfrac{0.003\times10^6}{550}=5.4$，所以，$m_M=5$，$2m_M+1=11$。

考虑到 $d/a=3$，所以，±3 缺级 。故只能看到 9 条条纹。

（3）若以 30°角入射，则屏上呈现的实际级次为

$$d(\sin90°+\sin\varphi)=m\lambda$$

$$m=\frac{d(1\pm\sin30°)}{\lambda}=\frac{0.003\times10^6\times(1\pm0.5)}{550}=8.2\ 或\ 2.7$$

故一侧呈现的级次为 8，另一侧呈现的级次为 2。

（4）$m=1$ 时，$\sin\theta=\dfrac{\lambda}{d}=\dfrac{550\times10^{-9}}{3\times10^{-6}}=0.183$，$\cos\theta=0.983$

因为 $A=mN$，则 $A=1N=\dfrac{5cm}{0.0003cm}=1.67\times10^4$

$$\Delta\theta=\frac{\lambda}{Nd\cos\theta}=\frac{550\times10^{-9}m}{1.67\times10^4\times3\times10^{-6}m\times0.983}=1.1\times10^{-5}rad，2\Delta\theta=2.2\times10^{-5}rad$$

16. 暗纹。因为上下两支光路的光程差为 $2n_3h+\dfrac{\lambda}{2}$，故在干涉条纹中心 $h=0$，满足暗纹条件。

17. 相速度是理想单色光特有的速度，它是等相面移动的速度。

群速度是等幅面的传播速度，是调制包络前进的速度，也是合成波上任一点位移的速度，表示为 $v_g=\dfrac{d\omega}{dk}$，相速度表示为 $v=\dfrac{\omega}{k}$。

两者之间的关系为 $v_g=v-\lambda\dfrac{dv}{d\lambda}$。可见，当 $\dfrac{dv}{d\lambda}<0$，即在正常色散区时，群速度大于相速度；反之，群速度小于相速度，当 $\dfrac{dv}{d\lambda}=0$，无色散时 $v_g=v$。

18. 衍射角宽度 $\Delta\theta=\lambda/a$（a 为缝宽），当 λ 确定时，a 增加，$\Delta\theta$ 减小，衍射效应不显著；a 减小，$\Delta\theta$ 增加，衍射效应显著。因为缝长远远大于缝宽，宽度 $\Delta\theta$ 很小，衍射效果不显著，因此不

考虑缝长衍射。

19. 减少波长;增大物镜的数值孔径——减少物镜的焦距,使孔径角增大;用油浸没物体和物镜。

20. 用偏振片以光传播方向为轴旋转一周,若光强没有发生变化,则为自然光和圆偏振光组成的光束,余下的两束会看到光强发生两明两暗的变化;把 1/4 波片放在偏振片前,并且波片光轴与前一步骤光强最大的位置一致,再转动偏振片一周,出现两次消光现象的为椭圆偏振光,没有消光现象的一束由自然光和圆偏振光组成。

21. ① 偏振态的两个正交分量的振幅比;
    ② 偏振态的两个正交分量的位相差。

22. (1) $n=n_o$。由于为负单轴晶体,$n_e<n_o$,据折射定律得 $\theta_e>\theta_o$,故 e 光线远离界面法线折射,在出射面又折射一次,o 光正入射不偏折。

    (2) $n=n_e$。e 光正入射不偏折。因为 $n_e<n_o$,故 o 光线近界面法线折射。

    (3) $n>n_o$。因 $n_e<n_o$,又 $n>n_o>n_e$,故 o、e 光均远离界面法线折射,e 光比 o 光更远离界面法线折射。

    (4) $n_o>n>n_e$。因 $n_e<n_o$,故 o 光相对于入射光近界面法线折射时,e 光远离界面法线折射。

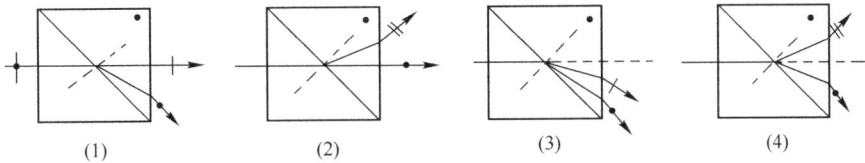

(1)　　　　　(2)　　　　　(3)　　　　　(4)

模拟试题五

1. 偏振光;部分偏振光

2. $(u,0,w)$

3. B

4. $\lambda/4n=1.13\times10^{-7}\text{m}$

5. $d/a=3$

6. $4I_0$

7. 102m

8. 尼科耳棱镜;格兰棱镜;渥拉斯顿棱镜

9. C

10. 左旋圆偏振光;线偏振光;右旋圆偏振光

11. D

12. 向下移动

13. 因为相干长度为 $\lambda^2/\Delta\lambda$,因此,镉红光的线宽 $\Delta\lambda=\lambda^2/L_c=2.07\times10^{-3}\text{nm}$

又 $\lambda=\dfrac{c}{\nu}$,以及 $\dfrac{\Delta\lambda}{\lambda}=\dfrac{\Delta\nu}{\nu}$,故频宽

$$\Delta\nu=\frac{\Delta\lambda\nu}{\lambda}=\frac{\Delta\lambda c}{\lambda^2}=1.5\times10^{10}(\text{Hz})$$

14. 已知:左旋圆偏振器的琼斯矩阵为 $\dfrac{1}{2}\begin{bmatrix} 1 & -i \\ i & 1 \end{bmatrix}$,右旋圆偏振器的琼斯矩阵为 $\dfrac{1}{2}\begin{bmatrix} 1 & i \\ -i & 1 \end{bmatrix}$

现有:① 快轴在 y 方向上的 1/4 波片,其琼斯矩阵为 $\begin{bmatrix} 1 & 0 \\ 0 & -i \end{bmatrix}$

② 快轴在 x 方向上的 $\lambda/4$ 波片,其琼斯矩阵为 $\begin{bmatrix} 1 & 0 \\ 0 & i \end{bmatrix}$

③ 偏振方向与 x 轴成 45° 角的线偏振器的琼斯矩阵为 $\dfrac{1}{2}\begin{bmatrix} 1 & 1 \\ 1 & 1 \end{bmatrix}$

(1) 自然光从左向右依次透过 1/4 波片(快轴 y 方向)、线偏振器(45°角)、1/4 波片(x 方向),当自然光从左向右传播通过器件组时,器件组的琼斯矩阵为

$$\frac{1}{2}\begin{bmatrix} 1 & 0 \\ 0 & -i \end{bmatrix}\begin{bmatrix} 1 & 1 \\ 1 & 1 \end{bmatrix}\begin{bmatrix} 1 & 0 \\ 0 & i \end{bmatrix} = \frac{1}{2}\begin{bmatrix} 1 & 0 \\ 0 & -i \end{bmatrix}\begin{bmatrix} 1 & i \\ 1 & i \end{bmatrix} = \frac{1}{2}\begin{bmatrix} 1 & i \\ -i & 1 \end{bmatrix}$$

显然,这是一个右旋圆偏振器的琼斯矩阵,所以当自然光从左向右传播时,从器件组出射时为右旋圆偏振光。

(2) 当自然光从右向左传播通过器件组时,器件组的琼斯矩阵为

$$\frac{1}{2}\begin{bmatrix} 1 & 0 \\ 0 & i \end{bmatrix}\begin{bmatrix} 1 & 1 \\ 1 & 1 \end{bmatrix}\begin{bmatrix} 1 & 0 \\ 0 & -i \end{bmatrix} = \frac{1}{2}\begin{bmatrix} 1 & 0 \\ 0 & i \end{bmatrix}\begin{bmatrix} 1 & -i \\ 1 & -i \end{bmatrix} = \frac{1}{2}\begin{bmatrix} 1 & -i \\ i & 1 \end{bmatrix}$$

显然,这是一个左旋圆偏振器的琼斯矩阵,所以当自然光从右向左传播时,从器件组出射时为左旋圆偏振光。

15. 如图所示。其中,$\angle BAO$ 为 o 光折射角,$\angle BAE$ 为 e 光折射角。

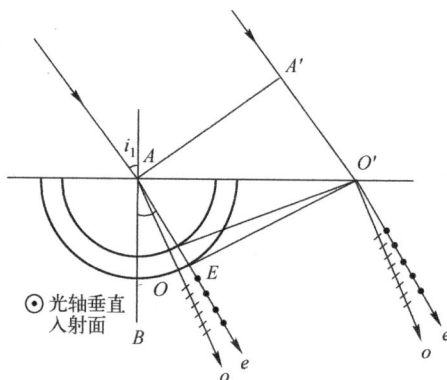

16. (1) 平行直条纹;

(2) 设两平面波波矢组成的平面为 xz 面,则两束光干涉产生的条纹为垂直 x 轴、沿 y 向的平行直条纹;

(3) 条纹宽度 $e = \dfrac{\lambda}{w} = \dfrac{6\lambda}{\pi}$。

17. 因为所用光源并不是理想的单色光,即相干时间并不是无限大,所以当薄膜较厚时,上下表面反射的两束光对应光源发光时间差大于相干时间,两束光不会发生干涉;如果薄膜的厚度很薄,则在薄膜表面只能看到近似是同一级的条纹,薄膜表面的光强几乎没有变化,所以看不到干涉条纹。

18. 由于光栅线数减少一半,光栅常数增加一倍,因此在同级光谱中,分辨本领和色散本领均

为原来的 1/2。

19. (1) 增大透镜 L_2 的焦距,将使接收屏上衍射图样的间隔增大。因 $e=\theta f'$,此时衍射角 θ 不变,故条纹间隔 e 增大。

(2) 增大透镜 L_2 的孔径,不会改变衍射图样的分布,但进入系统的光束宽度增加,可使光强增加。

(3) 衍射屏垂直于系统光轴方向移动时,衍射图样不会改变,因为衍射屏移动前后光的入射角不变,缝宽不变,由衍射公式可知其接收屏上的光强分布不变。

20. (1) 与相邻两条纹对应的厚度变化为

$$\Delta h = \frac{\lambda}{2\sqrt{n^2-\sin^2\theta}}$$

因此,在与厚为 h 对应的斜面上产生的条纹数为

$$N = \frac{h}{\Delta h} = \frac{2h\sqrt{n^2-\sin^2\theta}}{\lambda} = \frac{2\times5\times10^{-4}\sqrt{1.5^2-\sin^2 30°}}{707\times10^{-6}} = 200$$

(2) 对空气尖劈,$n=1$。

$$N = \frac{2h\sqrt{n^2-\sin^2\theta}}{\lambda} = 122$$

(3) 在垂直入射时,$\theta=0$,$\Delta h = \frac{\lambda}{2n}$。

又,尖劈角 $\alpha\to0$,若条纹宽度为 e,由题图可见,$\Delta h = \alpha e$。

由于波长和尖劈角都是不变的,因此有 $n_1 e_1 = n_2 e_2$。故 $e_2 = \frac{n_1 e_1}{n_2} = \frac{1\times0.3}{1.33} = 0.23(\text{mm})$。

模拟试题六

1. 0.3m

2. C

3. 菲涅耳衍射,夫琅禾费衍射

4. A

5. D

6. $2d$

7. 1.342m

8. C

9. 线偏振光、左旋圆偏振光

10. 50%

11. 54°44′8″

12. D

13. $I_0/8$

14. $\widetilde{E}(P) = \frac{A_1}{r}\exp[\mathrm{i}(-kr+\phi_0)] = \frac{A_1}{r}\exp[\mathrm{i}(-k\sqrt{(x-x_0)+(y-0)+(z-z_0)}+\phi_0)]$

15. (1) 空间一点的振动是所有次波在该点的相干叠加。

（2）$E(P) = \dfrac{-\mathrm{i}}{\lambda r_0}\iint E_0(Q)\mathrm{e}^{\mathrm{i}kr}\mathrm{d}\sigma$

16. 能使入射光的振幅或位相，或者两者同时产生周期性空间调制的光学元件称为衍射光栅，其主要作用是做分光元件。

光栅有多种类型，分类的方法也很多：透射光栅、反射光栅（平面反射、凹面反射光栅）、闪耀光栅、阶梯光栅；矩形光栅、正弦光栅；一维光栅、二维光栅、三维光栅、……

光谱仪的分辨率是指能够分辨两条波长差很小的谱线的能力。

成像系统的分辨率是指系统能够分辨开两个靠近的点物或物体细节的能力。

17. （1）可采用两个偏振片 P_1 和 P_2。使 P_1 的透振方向轴垂直于线偏振光的光矢振动方向 P，P_2 插入两者之间，P_1 和 P_2 之间的夹角为 $\alpha(\alpha\neq0°$ 或 $90°)$。

若线偏振光的振幅为 A，经 P_2 后则在夹角 $\alpha=45°$ 时，投影为 $\dfrac{\sqrt{2}}{2}A$，经 P_1 后则为 $\dfrac{\sqrt{2}}{2}\times\dfrac{\sqrt{2}}{2}A=\dfrac{A}{2}$，此时（$\alpha=45°$）出射光最强，为 $\left(\dfrac{A}{2}\right)^2$。

（2）用一片半波片，其主轴与 P 成 $45°$。线偏振光进入半波片后，振动方向转 $90°$。

（3）使用厚度为 d 的旋光片，使 P 态的电矢量转过的角度为 $\theta=\alpha d=90°$。

18. 可能。当两个正交的非相干态的振幅不相等时，则合成为部分偏振光；而振幅相等时，合成为自然光。

19. 一般 e 光快，但当光轴垂直晶体表面时，o 光和 e 光的速度相等。

20. 在平行光的双缝衍射实验中，若挡住一缝，则光强会变小。

由于单缝的光强分布为

$$I(p) = I_0\left(\dfrac{\sin\beta}{\beta}\right)^2$$

故双缝的光强分布为

$$I(p) = 4I_0\left(\dfrac{\sin\beta}{\beta}\right)^2\cos^2\dfrac{\delta}{2}$$

双缝衍射的亮条纹处，两单缝衍射的光场呈相长干涉：

$$\cos^2\dfrac{\delta}{2} = 1$$

即双缝亮条纹光场强度

$$I(p) = 4I_0\left(\dfrac{\sin\beta}{\beta}\right)^2$$

为单缝光场强度的 4 倍。所以在平行光的双缝衍射实验中，若挡住一缝，则原来亮条纹处的光强会变小。

21. （1）双圆孔。设两圆孔中心距离为 D，如图 2(a) 所示。其夫琅禾费衍射图样是单圆孔的爱里斑中又叠加了两孔彼此干涉的条纹。圆孔衍射中央主极大的大小取决于单圆孔的孔径，叠加的直线状条纹的间隔取决于两圆孔间隔。

（2）全同的双圆孔。设两全同的双圆孔的中心距离为 L，如图 2(b) 所示。其夫琅禾费衍射图样是在原双圆孔衍射的直条纹的亮条纹中又分为亮暗相间的细的平行等距的直条纹。这是由于两组全同的双圆孔产生双光束干涉，从而得到干涉直

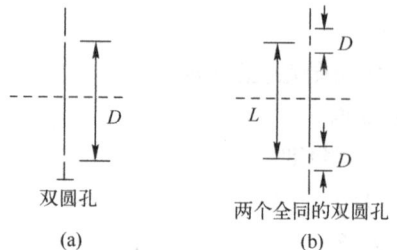

双圆孔
(a)

两个全同的双圆孔
(b)

图 2

条纹。当 L 变小时,中间的细条纹变宽。

下面通过定量计算来解释。

(1) 双圆孔

$$E(x_0,y_0) = \text{circ}\sqrt{x^2+\left(y-\frac{D}{2}\right)^2} + \text{circ}\sqrt{x^2+\left(y+\frac{D}{2}\right)^2}$$

因此,对 $E(x_0,y_0)$ 作傅里叶变换,得

$$E(u,v) = \frac{J_1(2\pi\rho)}{\rho}\left[\exp\left(\text{i}2\pi\frac{D}{2}v\right) + \exp\left(-\text{i}2\pi\frac{D}{2}v\right)\right] = \frac{J_1(2\pi\rho)}{\rho}\cos(\pi Dv)$$

光强分布为

$$I = \left\{\frac{J_1(2\pi\rho)}{\rho}\cos(\pi Dv)\right\}^2$$

其中,ρ 为单孔的孔径。

(2) 两个全同的双圆孔

$$E(x_0,y_0) = \text{circ}\sqrt{x^2+\left[y-\left(L+\frac{D}{2}\right)\right]^2} + \text{circ}\sqrt{x^2+\left[y-\left(L-\frac{D}{2}\right)\right]^2} +$$

$$\text{circ}\sqrt{x^2+\left[y+\left(L-\frac{D}{2}\right)\right]^2} + \text{circ}\sqrt{x^2+\left[y+\left(L+\frac{D}{2}\right)\right]^2}$$

$$E(u,v) = \frac{J_1(2\pi\rho)}{\rho}\left\{\exp\left[\text{i}2\pi v\frac{L+D}{2}\right] + \exp\left[-\text{i}2\pi v\frac{L+D}{2}\right] + \exp\left[\text{i}2\pi v\frac{L-D}{2}\right] + \exp\left[-\text{i}2\pi v\frac{L-D}{2}\right]\right\}$$

$$= 4\frac{J_1(2\pi\rho)}{\rho}\cos(\pi Lv)\cos(\pi Dv)$$

光强分布为

$$I = 16\left\{\frac{J_1(2\pi\rho)}{\rho}\cos(\pi Lv)\cos(\pi Dv)\right\}$$

22. (1) 自然光通过一偏振元件后变为平面偏振光,此平面偏振光通过 1/4 片后变为椭圆偏振光。

(2) 设自然光振幅为 A,光强 $I=A^2$。通过第一个偏振元件后强度变为 $I/2$,振幅为 $A_1 = A/\sqrt{2} = 0.707A$,此光通过 1/4 片后可得 o 光和 e 光,其振幅分别为

$$A_{1o} = A_1\sin34°, \quad A_{1e} = A_1\cos34°$$

再通过第二个尼科耳偏振元件,o 光和 e 光的振幅分别为

$$A_{1o} = A_1\sin^2 34° = 0.221A, \quad A_{1e} = A_1\cos^2 34° = 0.486A$$

位相差

$$\delta = \frac{\pi}{2} + \pi = \frac{3\pi}{2}$$

$$I = A_{2e}^2 + A_{2o}^2 + 2A_{2e}A_{2o}\cos\delta$$

$$= A^2\left(0.221^2 + 0.486^2 - 2\times0.221\times0.486\times\cos\frac{3\pi}{2}\right)$$

$$= 0.29I_0$$

23. 设 O 点最亮时,光线 2 在劈尖 b 中的传播距离为 l_1,则由双缝分别到达 O 点的光线的光程差满足:

$$(n-1)l_1 = m\lambda \qquad\qquad\qquad (\text{a})$$

设 O 点由最亮第一次变为最暗时,光线 2 在劈尖 b 中传播的距离为 l_2,则由双缝分别到达

O 点的两光程差满足：

$$(n-1)l_2 = \left(m + \frac{1}{2}\right)\lambda \qquad\qquad (b)$$

式(b)-式(a)得

$$(n-1)(l_2 - l_1) = \frac{1}{2}\lambda \qquad\qquad (c)$$

由题图可求出

$$(l_2 - l_1) = d\tan\alpha \qquad\qquad (d)$$

由式(c)和式(d)得,劈尖 b 应向上移动的最小距离为

$$d = \frac{\lambda}{2(n-1)\tan\alpha}$$

24. 设自由传播时轴上场点的振幅为 E_0,则遮住前 10 个奇数半波带后该处的振幅为

$$E = (E_2 + E_4 + \cdots + E_{20}) - \frac{E_{21}}{2} \approx 9.5E_1 = 19E_0$$

故经波带片后衍射场中心强度与自由传播时的强度比为 $I/I_0 = 19^2 = 361$。

模拟试题七

1. D

2. D

3. A

4. D

5. 非定域;定域

6. 16.36μm

7. A、B、D

8. B

9. 因初相均为零,在 $z=0$ 平面上设振幅均为 A,则平面波、发散波和会聚波的复振幅可分别表示为

$$\widetilde{E}_1 = A$$

$$\widetilde{E}_2 = A\exp(\mathrm{i}kr) = A\exp\left[\mathrm{i}k\left(a + \frac{x^2+y^2}{2a}\right)\right]$$

$$\widetilde{E}_3 = A\exp(-\mathrm{i}kr) = A\exp\left[-\mathrm{i}k\left(a + \frac{x^2+y^2}{2a}\right)\right]$$

则在 $z=0$ 平面上合成为

$$\widetilde{E} = A\{1 + \exp(\mathrm{i}kr) + \exp(-\mathrm{i}kr)\} = A(1 + 2\cos\beta)$$

其中

$$\beta = k\left(a + \frac{x^2+y^2}{2a}\right)$$

因此相干光强分布为

$$I = \widetilde{E}\,\widetilde{E}^* = I_0(1 + 2\cos\beta)^2$$

式中,$I_0 = A^2$。

可见,$\beta = k\left(a + \dfrac{x^2+y^2}{2a}\right) = 2m\pi\ (m=1,2,3,\cdots)$ 为相干极大的条件,即 $x^2 + y^2 = 2am\lambda - 2a^2$。

因此,干涉条纹为 xy 平面上圆心位于坐标原点处 $(0,0)$ 的圆形条纹。条纹间距为

$$e \approx \frac{a\lambda}{\sqrt{x^2+y^2}}$$

10. (1) 屏上有垂直于纸面的平行等间距的直条纹。

因为 S_1、S_2 处于透镜 L 的前焦面上,由它们发出的光经 L 后变为两束平行光,两束空间夹角为 2α 的光波产生干涉,因此屏上是平行等间距的直条纹。

由 $e = \frac{\lambda}{2\sin\alpha}$,而 $\sin\alpha \approx \tan\alpha = \frac{D}{2f} = 4.17 \times 10^{-3}(\text{rad})$,得条纹间距

$$e = \frac{500 \times 10^{-6}}{2 \times 4.17 \times 10^{-3}} = 0.06(\text{mm})$$

(2) 由于是自然光入射,入射到 P_3 上的两个相互正交的分量是来自自然光的两个垂直分量,彼此不相干,无固定的位相关系,尽管在 P_3 上有平行的投影分量,也不产生干涉,因此无干涉条纹。

由于 P_1 和 P_2 出射的光不相干,故对比度 $K = 0$。

当无任何偏振片时,屏上

$$I = 4I_0 \cos^2 \frac{\delta}{2}$$

$$I_{\max} = 4I_0$$

其中,I_0 为每一缝出射光强,加 P_1,P_2 后,它们透光各为原来的 $1/2$。

屏上
$$I = \frac{1}{2}I_0 \cos^2 45° + \frac{1}{2}I_0 \cos^2 45° = \frac{1}{2}I_0$$

显然,I 为常数,因此 $I_{\max} = I_{\min} = I_0/2$。

(3) 放一光楔后,由于 S_1 和 S_2 发出的光到达屏上产生了附加光程差,因此要引起条纹的移动(下移)。经光楔后两路光程差为

$$\mathcal{D} = (n-1)\alpha \cdot D = m\lambda$$

条纹间距为
$$e = \lambda(f+d)/D = 0.135(\text{mm})$$

因为
$$m = \frac{(1.5-1) \times 1.50 \times 10^{-2}}{500 \times 10^{-6}} = 15$$

所以条纹下移了 15 级。

11. (1) 无遮挡时,单缝衍射的光强分布是

$$I = I_0 \left(\frac{\sin\alpha}{\alpha}\right)^2$$

其中,$\alpha = \frac{\pi a}{\lambda}\sin\theta$,$I_0 \propto a^2$

由 $a\sin\theta = m\lambda$ 得半角宽为 $\Delta\theta = \lambda/a$。

(2) 遮挡后,变成两个缝宽为 $a/2$ 的单缝夫琅禾费衍射,光强均为

$$I'_{1(2)} = I_0/4 \left(\frac{\sin\alpha'}{\alpha'}\right)^2, \quad \alpha' = \frac{\pi a}{2\lambda}\sin\theta$$

每个单缝的光强分布完全相同,总光强分布为两个单缝光强分布的非相干叠加:

$$I = I_1 + I_2 = \frac{I_0}{2}\left(\frac{\sin\alpha'}{\alpha'}\right)^2 = \frac{I_0}{2}\left(\frac{\sin\alpha/2}{\alpha/2}\right)^2$$

（3）与无遮挡时相比较,最大光强减少了一半:

$$I'_M = I_M/2 = I_0/2$$

由 $(a/2)\sin\theta = m\lambda$ 得半角宽为

$$\Delta\theta' = 2\lambda/a$$

与无遮挡时相比较,半角宽增大了一倍:

$$\Delta\theta' = 2\Delta\theta$$

12. 不可以。空间频率 f 之所以可组成一矢量,是因为 f 的三个分量满足矢量合成法则:

$$|f| = \sqrt{u^2 + v^2 + w^2} = \frac{1}{\lambda}\sqrt{\cos^2\alpha + \cos^2\beta + \cos^2\gamma} = \frac{1}{\lambda}$$

但空间周期 d 却不能够组成一个空间周期矢量,因为 $d = \lambda$,而

$$\sqrt{d_x^2 + d_y^2 + d_z^2} = \sqrt{\frac{1}{u^2} + \frac{1}{v^2} + \frac{1}{w^2}} = \lambda\sqrt{\frac{1}{\cos^2\alpha} + \frac{1}{\cos^2\beta} + \frac{1}{\cos^2\gamma}} \neq \lambda$$

或

$$d \neq \sqrt{d_x^2 + d_y^2 + d_z^2}$$

即空间周期 d 不能组成空间周期矢量。

13. 平行纸面的线偏振光,即 e 光;

自然光;垂直于纸面的线偏振光,即 o 光。

14. 答:自然光以布儒斯特角入射,经 M_1 反射后成为垂直入射面的 s 波。因 M_2 与 M_1 的材料相同且 $M_1 // M_2$,所以,光仍然以布儒斯特角入射到 M_2 上,由于 M_2 以 BC 为轴旋转,即入射面在转动,从 M_1 出射的光 BC（p 态）按 M_2 的入射面分解为 s 波和 p 波,因为也是以布儒斯特角入射,发射光只有 s 波。当 M_1 的入射面与 M_2 的入射面平行时,经 M_2 发射的光 CD 最强,垂直时则为零。因此,M_2 绕 BC 旋转一周,出射光 CD 发生两明两暗的变化。

15. 与入射光的波长、入射光所在空间折射率、膜层的折射率和光学厚度、以及基板的折射率有关。

模拟试题八

1. 0.5mm

2. A

3. C、E

4. 0.01mm

5. 52.52nm

6. B

7. 参考题图。取坐标原点 O 为平面波的计算起点,源点 Q 为球面波的计算起点。

对 $z = 0$ 平面上的任意观察场点 P,有

$$\phi_{01} = \phi_{02} = 0, \quad A_1 = A_2 = A_0$$

平面波位相:

$$\phi_1 = k \cdot r = kx\sin\theta$$

球面波位相:

$$\phi_2 = k \cdot r = k\left(R + \frac{a^2}{2R} + \frac{x^2 + y^2}{2R} - \frac{ax}{R}\right)$$

位相差为
$$\delta=\phi_2-\phi_1=k\left(R+\frac{a^2}{2R}+\frac{x^2+y^2}{2R}-\frac{ax}{R}-x\sin\theta\right)$$

光强分布为
$$I=A_0^2+A_0^2+2A_0^2\cos\delta$$

相干极大值满足
$$\delta=k\left(R+\frac{a^2}{2R}+\frac{x^2+y^2}{2R}-\frac{ax}{R}-x\sin\theta\right)=2m\pi$$

即
$$\frac{x^2+y^2}{2R}-x\left(\frac{a}{R}+\sin\theta\right)=m\lambda-R-\frac{a^2}{2R}$$

整理得
$$y^2+\left[x-(a+R\sin\theta)\right]^2=2Rm\lambda-a^2-2R^2+(a+R\sin\theta)^2$$

因此,干涉条纹是圆心位于坐标原点处$(a+R\sin\theta,0)$的圆形条纹。条纹间距为
$$e=\frac{R\lambda}{x^2+y^2}$$

8. 观察到平行、等间距的直条纹时,必有M_1相对于l_1的像M_1'与M_2之间有一小角度而形成劈尖,即M_1与M_2没有严格垂直。

当M_2固定时,M_1转动到图中M_1'位置的过程中,M_1相对于l_1的像与M_2间的夹角增大,所以干涉条纹变密。

如果将M_1换成凸面镜,则凸面镜相对于l_1的像与M_2组成类似于牛顿环的干涉装置,这时将看到类似牛顿环的干涉图样,即明暗相间的同心圆环,且随半径的增加而变密,所不同的是中心处不一定是暗斑。

如将M_1换成凹面镜,也形成类似牛顿环的干涉图样,其条纹特点与凸面镜时相似。

9. 由已知条件知,小孔位置对应的衍射角为
$$\tan\theta=\frac{3}{1000}=0.003\text{rad}\approx\sin\theta$$

由双缝衍射公式(5.26)得
$$I=I_0\left(\frac{\sin\alpha}{\alpha}\right)^2\cos^2\frac{\delta}{2}$$

其中
$$\alpha=\frac{\pi a}{\lambda}\sin\theta,\delta=\frac{2\pi}{\lambda}d\sin\theta$$

式中,a为缝宽,$d=1\text{mm}$为相邻两缝间隔。于是,当$\cos\frac{\delta}{2}=0$时,即$\frac{\delta}{2}=m\pi+\frac{\pi}{2}$时,$I=0$。

将上式整理得
$$\lambda=\frac{d\sin\theta}{m+0.5}$$

代入$m=4,5,6,7$,得$\lambda=666.67\text{nm},545.45\text{nm},461.54\text{nm},400\text{nm}$为缺少的波长。

10. $t(x)=1+\cos\left(\frac{2\pi x}{a}\right)+\cos\left(\frac{\pi x}{a}\right)$

$$=1+\frac{1}{2}\exp\left[i\frac{2\pi x}{a}\right]+\frac{1}{2}\exp\left[-i\frac{2\pi x}{a}\right]+\frac{1}{2}\exp\left[i\frac{\pi x}{a}\right]+\frac{1}{2}\exp\left[-i\frac{\pi x}{a}\right]$$

(1)傅里叶频谱为
$$E(u)=\mathscr{F}\{t(x)\}=\delta(u)+\frac{1}{2}\delta\left(u-\frac{2\pi}{\alpha}\right)+\frac{1}{2}\delta\left(u+\frac{2\pi}{a}\right)+\frac{1}{2}\delta\left(u-\frac{\pi}{a}\right)+\frac{1}{2}\delta\left(u+\frac{\pi}{a}\right)$$

(2)在频谱面
$$u=\frac{\xi}{\lambda f}=\pm\frac{2\pi}{a}$$

即坐标 $\xi = \pm \dfrac{2\pi}{a}\lambda f$ 处放置小屏挡住 $\delta\left(u - \dfrac{2\pi}{a}\right), \delta\left(u + \dfrac{2\pi}{a}\right)$ 即可。

11. 在入射面内振动的光 $R_s = 0, R = R_p$，且当入射角 $\theta_1 = \theta_B$ 时 $R_p = 0$。
光全部透射、无反射损失时

$$\theta_B = \arctan\left(\frac{1.457}{1}\right) = 55°32'11''$$

故应使从激光管出来的光束与棱镜表面的夹角为 $55°32'11''$。

$$1 \times \sin 55°32'11'' = 1.457 \times \sin\theta_2$$

$$\theta_2 = 34°27'48''$$

$$2 \times \left(\frac{\pi}{2} - \theta_2\right) + \angle A = \pi$$

$$\angle A = 2\theta_2 = 68°55'36''$$

12. 用 F-P 标准具分析这一结构时，应选取标准具的间距使标准具的自由光谱范围大于超精细结构的最大波长差，并且使标准具的分辨极限小于超精细结构的最小波长差。

由题意

$$\overline{\lambda} = \frac{546.0753 + 546.0745 + 546.0734 + 546.0728}{4} = 546.074 \text{nm}$$

超精细结构的最大波长差为 $\quad (\Delta\lambda)_{\max} = 546.0753 - 546.0728 = 0.0025 \text{nm}$

要使标准具的自由光谱范围大于超精细结构的最大滤长差，则

$$(\Delta\lambda)_f = \frac{\overline{\lambda}^2}{2h} > (\Delta\lambda)_{\max}$$

$$h < \frac{\overline{\lambda}^2}{2(\Delta\lambda)_{\max}} = \frac{(546.074\text{nm})^2}{2 \times 0.0025} = 59.64 \times 10^6 \text{nm} = 59.64 \text{mm}$$

13. 偏振度

$$P_t = \frac{I_{2P} - I_{2s}}{I_{2P} + I_{2s}}$$

而

$$I_{2P} = T'_{1P}I_{1P} = T'_{1P}T_{1P}I_{0P} = T'_{1P}T_{1P}I_0/2 = (t_p t'_p)^2 I_0/2$$

$$I_{2s} = T'_{1s}I_{1s} = T'_{1s}T_{1s}I_{0s} = T'_{1s}T_{1s}I_0/2 = (t_s t'_s)^2 I_0/2$$

则

$$P_t = \frac{(t_p t'_p)^2 - (t_s t'_s)^2}{(t_p t'_p)^2 + (t_s t'_s)^2}$$

当以布儒斯特角入射时，有

$$\tan\theta_1 = n_2/n_1, \quad \theta_1 + \theta_2 = \pi/2$$

根据菲涅耳公式，得

$$t_P = \frac{2n_1\cos\theta_1}{n_2\cos\theta_1 + n_1\cos\theta_2} = \frac{n_1}{n_2}, \quad t'_P = \frac{n_2}{n_1}$$

$$t_s = \frac{2n_1\cos\theta_1}{n_1\cos\theta_1 + n_2\cos\theta_2} = \frac{2n_1^2}{n_1^2 + n_2^2}, \quad t'_s = \frac{2n_2^2}{n_1^2 + n_2^2}$$

故

$$P_t = \frac{1 - \left(\dfrac{2n_1 n_2}{n_1^2 + n_2^2}\right)^4}{1 + \left(\dfrac{2n_1 n_2}{n_1^2 + n_2^2}\right)^4} = \frac{1 - \left(\dfrac{2n_{21}}{1 + n_{21}^2}\right)^4}{1 + \left(\dfrac{2n_{21}}{1 + n_{21}^2}\right)^4}$$

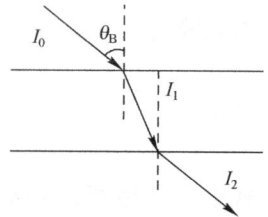

14.

(1)

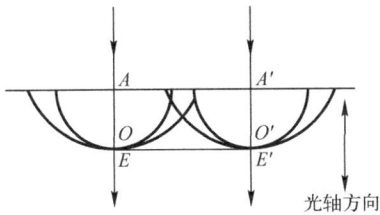

(2)

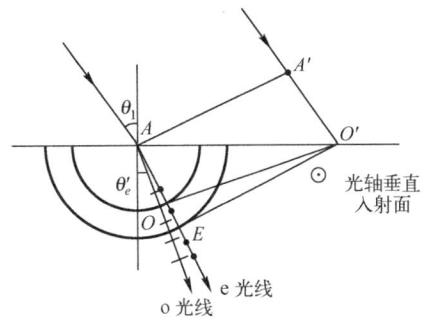

模拟试题九

1. C

2. A

3. D

4. $1014\text{Hz},3000,2,-\pi/3,z$

5. B

6. D

7. B

8. C

9. D

10. A

11. B

12. 0.895

13. C

14. C

15. B

16. (1) 因为平板下面镀高折射率膜,所以光程差 $\mathscr{D}=2nh\cos\theta_2$

当 $\cos\theta_2=1$ 时,中心处光程差 $\mathscr{D}=2nh=(2\times1.5\times2)\text{mm}=6\text{mm}$

$$m_0=\mathscr{D}/\lambda=6\times10^6/600=10^4$$

所以应为亮斑,级次为 10^4。

(2) 对于等倾干涉,中心斑与从中心向外数第1亮纹的干涉级次差 q 的范围是 $0<q\leqslant1$。当中心是亮斑时,$q=1$;当中心是暗斑时;$q=0.5$;其他情况时为一个小数。因此

$$\theta_{1\text{H}}\approx\frac{1}{n'}\sqrt{\frac{n\lambda}{h}}\sqrt{N-1+q}=\sqrt{\frac{1.5\times600}{2\times10^6}}\sqrt{10-1+1}=0.067\text{rad}=3.843°$$

其中空气折射率 $n'=1$。

半径 $R_\text{N}=(200\times0.067)\text{mm}=13.4\text{mm}$

(3) $$\Delta\theta_1=\frac{n\lambda}{2n'^2\theta_1h}=\frac{1.5\times600}{2\times0.067\times2\times10^6}\text{rad}=0.00336\text{rad},\Delta R_{10}=0.67\text{mm}$$

17. 透射系数的变型 $t(x)=\dfrac{1}{2}+\dfrac{1}{2}\cdot\dfrac{1}{2}\left[\exp(-\mathrm{i}2\pi u_0 x)+\exp(\mathrm{i}2\pi u_0 x)\right]$

频谱 $$T(u)=\dfrac{1}{2}\delta(u)+\dfrac{1}{4}\left[\delta(u+u_0)+\delta(u-u_0)\right]$$

缺 0 级强度 $I=\left|\dfrac{1}{4}\left[\exp(-\mathrm{i}2\pi u_0 x)+\exp(\mathrm{i}2\pi u_0 x)\right]\right|^2=\sin(2\pi u_0 x)\cos(2\pi u_0 x)$

缺 +1 级强度 $I=\left|\dfrac{1}{2}+\dfrac{1}{4}\left[\exp(-\mathrm{i}2\pi u_0 x)\right]\right|^2=\dfrac{5}{16}+\dfrac{1}{4}\cos2\pi u_0 x$

18. $\lambda/4$ 波片：$\begin{bmatrix}1 & 0\\ 0 & -\mathrm{i}\end{bmatrix}$

（1）$E_\lambda=\dfrac{1}{\sqrt{2}}\begin{bmatrix}1\\1\end{bmatrix}$，$E_{出}=\dfrac{1}{\sqrt{2}}\begin{bmatrix}1 & 0\\0 & -\mathrm{i}\end{bmatrix}\begin{bmatrix}1\\1\end{bmatrix}=\dfrac{1}{\sqrt{2}}\begin{bmatrix}1\\-1\end{bmatrix}$，为右旋圆偏振光。

（2）$E_\lambda=\dfrac{1}{\sqrt{2}}\begin{bmatrix}1\\-1\end{bmatrix}$，$E_{出}=\dfrac{1}{\sqrt{2}}\begin{bmatrix}1 & 0\\0 & -\mathrm{i}\end{bmatrix}\begin{bmatrix}1\\-1\end{bmatrix}=\dfrac{1}{\sqrt{2}}\begin{bmatrix}1\\1\end{bmatrix}$，为左旋圆偏振光。

（3）$E_\lambda=\begin{bmatrix}\cos30°\\\sin30°\end{bmatrix}=\dfrac{1}{\sqrt{2}}\begin{bmatrix}\sqrt{3}\\1\end{bmatrix}$，$E_{出}=\dfrac{1}{\sqrt{2}}\begin{bmatrix}1 & 0\\0 & -\mathrm{i}\end{bmatrix}\begin{bmatrix}\sqrt{3}\\1\end{bmatrix}=\dfrac{1}{2}\begin{bmatrix}\sqrt{3}\\1\end{bmatrix}$，为右旋椭圆偏振光。

19.（1）由（各级干涉主极大位置方程）光栅方程 $d\sin\theta=m\lambda$ 可知，设 m 级衍射角为 θ_1，$m+1$ 级衍射角为 θ_2。

$$d\sin\theta_1=m\lambda，\quad d\sin\theta_2=(m+1)\lambda$$

上述两式相减，得 $d(\sin\theta_2-\sin\theta_1)=\lambda$，将数据代入可得两缝间距 $d=5000\mathrm{nm}$。

（2）由于第四级缺级，则有 $d/a=4$，将 $d=5000\mathrm{nm}$ 代入可得透光缝宽 $a=1250\mathrm{nm}$。

（3）当 $\sin\theta=1$ 时，代入光栅方程，有最大级次 $m_{\max}=d/\lambda=5000/500=10$。
因为 $\sin\theta=1$ 为极限情况，实际情况取不到第 10 级。
考虑对称性且考虑缺级现象，光屏上呈现的总级数：0、±1、±2、±3、±5、±6、±7、±9（±4、±8 缺级），总级数为 15。

（4）当平行光束以入射角 i 入射时，光栅方程为：$d(\sin i\pm\sin\theta)=m\lambda$
① 当考虑与入射光同侧衍射光谱时，有

$$d(\sin45°+\sin\theta)=m\lambda$$

当 $\sin\theta=1$ 时，有最大级 $m_{\max}=d\left(\dfrac{\sqrt{2}}{2}+1\right)\Big/\lambda=17.07$。考虑到缺级现象（单侧无须考虑对称性），光屏上呈现的总级数：0、1、2、3、5、6、7、9 、10、11、13、14、15、17（4、8、12、16 缺级），总级数为 14。

② 当考虑与入射光同侧衍射光谱时，有

$$d(\sin45°-\sin\theta)=m\lambda$$

当 $\sin\theta=1$ 时，有最大级 $m_{\max}=d\left(\dfrac{\sqrt{2}}{2}-1\right)\Big/\lambda=-2.928$。考虑到缺级现象（单侧无须考虑对称性），光屏上呈现的总级数：0、-1、-2，总级数为 3。

故此时光屏上呈现的总级数：14+3-1=16（两种情况的和，去掉重复的 0 级）。

20. 设吸收系数为 a，则散射系数 $b=a/2$。根据 $I=I_0\mathrm{e}^{-\alpha l}$，则考虑散射时：$I/I_0=\mathrm{e}^{-\alpha l}=\mathrm{e}^{-(a+b)l}=20\%$

不考虑散射时: $I/I_0 = e^{-\alpha_2 l} = e^{-al} = e^{-[(2/3) \times (a+b)]l} = 34.3\%$

则不考虑散射时透射光强可增多 14.3%

21. 相同点: 都有聚集光束和成像的功能。

相异点: 透镜成像是等光程的相干加强叠加的结果, 而波带片成像是光程差为波长整数倍的相干加强叠加的结果。

22. 随着光源的横向宽度增大, 双缝间距允许的距离减小, 观察屏上干涉条纹可见度降低, 这体现了光的空间相干性对条纹可见度的影响; 随着光源的光谱范围增大, 光的相干时间减小, 允许的光程差减小, 离零级条纹越远, 条纹可见度越低, 这体现了时间相干性对条纹可见度的影响。

模拟试题十

1. C

2. A

3. B

4. A

5. D

6. C

7. B

8. B

9. A

10. A

11. D

12. C

13. B

14. B

15. C

16. ① $T = \dfrac{2\pi}{\omega} = \dfrac{\pi}{3 \times 10^{14}}\text{s}$

② $k = 10^6 \times \sqrt{1+3+5} = 3 \times 10^6 \text{ / m}, \lambda = \dfrac{2\pi}{3 \times 10^6}\text{m}$

③ $k_x = k\cos\alpha = 10^6, k_y = k\cos\beta = \sqrt{3} \times 10^6, k_z = k\cos\gamma = \sqrt{5} \times 10^6$

$\cos\alpha : \cos\beta : \cos\gamma = 1 : \sqrt{3} : \sqrt{5}$

由 $(\cos\alpha)^2 + (\cos\beta)^2 + (\cos\gamma)^2 = 1$

得 $\cos\alpha = 1/3, \cos\beta = \sqrt{3}/3, \cos\gamma = \sqrt{5}/3$

则 $k_0 = 1/3 x_0 + \sqrt{3}/3 y_0 + \sqrt{5}/3 z_0$

④ $v_p = \omega/k = 2 \times 10^8 \text{m} \cdot \text{s}^{-1}$

⑤ $n = c/v_p = 1.5$

⑥ 由 $\boldsymbol{k} \perp \boldsymbol{E}$, 得 $\boldsymbol{k} \cdot \boldsymbol{E} = 0$

$\boldsymbol{k} = (k_x, k_y, k_z), \quad \boldsymbol{E} = (E_x, E_y, E_z)$

$$k_x = 10^6, k_y = 10^6 \times \sqrt{3}, k_z = 10^6 \times \sqrt{5}$$
$$E_x = -2$$

⑦ 对于大部分透明光学介质，有 $\mu_r = 1$，$n = \sqrt{\varepsilon_r}$

$|\boldsymbol{E}| \cdot \sqrt{\mu_r \varepsilon} = |\boldsymbol{B}|$，所以 $|B_x| = |E_x| \cdot n = -3$

同理 $|B_y| = -\dfrac{3}{2}\sqrt{3}$，$|B_z| = \dfrac{3}{2}\sqrt{5}$

$$|\boldsymbol{B}| = \left(-3x - \frac{3}{2}\sqrt{3}y + \frac{3}{2}\sqrt{5}z\right)$$

17.（1）相邻暗/亮条纹的厚度差：

$$\Delta h = \frac{\lambda_0}{2n} = \frac{650\text{nm}}{2} = 325\text{nm}$$

共检测到 80 个周期的条纹，则

$$H = \Delta h \times 80 \times 2 = 5.2 \times 10^{-4}\text{m}$$

两束光在接触点处总有一束光会产生半波损失，因此接触点 M 处对应的干涉条纹是暗纹。

（2）干涉条纹的弯曲方向是背离两平板玻璃棱线的，因此可得在此处两块平板的间隔变小，对应玻璃表面为凸起。

因为弯曲部分的顶点恰好在条纹间距一半的位置，因此凸起高度为 1/4 波长，即 162.5nm。

（3）因为距离 M 点 10cm 处的干涉条纹往右移动了 0.5mm，即干涉条纹的级次变高，因此夹片高度变高；由 $e = \dfrac{\lambda_0}{2n\alpha}$，易知相邻亮/暗条纹的条纹间距仅与波长、两玻璃平板间的介质的折射率有关，因此相对变化量 $\Delta H / H = 0.5\text{mm}/10\text{cm} = 1/200$。

18. 一级闪耀波长为 480nm，则：$2d\sin\theta_0 = \lambda$

闪耀角为：

$$\theta_0 = \arcsin\frac{\lambda}{2d} = \arcsin\frac{480 \times 10^{-6}}{2 \times \dfrac{1}{1200}} = 16.74°$$

槽面之间干涉产生主极大的条件为：

$$d(\sin\theta - \sin\theta_0) = m\lambda, \quad m = 0, \pm 1, \pm 2$$

光栅形成的谱线应在 $\theta < 90°$ 的范围内。当 $\theta = 90°$ 时

$$m = \frac{d(\sin 90° - \sin\theta_0)}{\lambda} = \frac{\dfrac{1}{1200} \times (1 - \sin 16.74°)}{480 \times 10^{-6}} = 1.24$$

当 $\theta = -90°$ 时 $\quad m = \dfrac{d(\sin(-90°) - \sin\theta_0)}{\lambda} = \dfrac{\dfrac{1}{1200} \times (-1 - \sin 16.74°)}{480 \times 10^{-6}} = -2.24$

能看见 480nm 的谱线级数为：-2，±1，0。

19.（1）该光栅的傅里叶频谱为

$$\widetilde{E}(u) = \delta(u) + \frac{1}{2}\left[\delta\left(u - \frac{3}{2a}\right) + \delta\left(u + \frac{3}{2a}\right) + \delta\left(u - \frac{1}{a}\right) + \delta\left(u + \frac{1}{a}\right) + \delta\left(u - \frac{1}{2a}\right) + \delta\left(u + \frac{1}{2a}\right)\right]$$

（2）空间频率为 $u_0 = \dfrac{1}{2a}$，要使像面上的光场分布 $\widetilde{E} = 1 + \cos\dfrac{2\pi}{a}x'$，则需要挡住 ±1、±3 级谱。

20. 设波片的快轴在 x 轴方向。由题可知,椭圆偏振光的短轴在右 x 轴上,设 $E_{入} = \begin{bmatrix} A_1 \\ A_2 e^{i\delta} \end{bmatrix}$

$$E_{出} = GE_{入} = \begin{bmatrix} 1 & 0 \\ 0 & i \end{bmatrix} \begin{bmatrix} A_1 \\ A_2 e^{i\delta} \end{bmatrix} = \begin{bmatrix} A_1 \\ A_2 e^{i(\delta + \pi/2)} \end{bmatrix}$$

$E_{出}$ 向检偏器的投影为 $\quad A_1 \cos 30° - A_2 e^{i(\delta + \pi/2)} \cos 60° = 0$

解得 $\delta = -\pi/2, A_2/A_1 = \cos 30°/\cos 60° = 1.732$

因此,椭圆为右旋,长短轴之比为 1.732。

21. 圆偏振光的强度为线偏振光强度的两倍。

原因:电场为 E 的圆偏振光可以分解为两个振动方向互相垂直、电场振幅为 E 的线偏振光,因为这两束线偏振光的强度相等,且偏振方向互相垂直,不会发生干涉,故圆偏振光的强度就等于上述两束线偏振光的强度之和,也就是一束线偏振光强度的两倍。

22. 考虑缺级条件后单缝衍射中央明纹内衍射角满足 $-\dfrac{\lambda}{a} < \sin\theta < \dfrac{\lambda}{a}$

对双缝干涉,有 $d\sin\theta = k\lambda$,或 $\sin\theta = k\lambda/d$

在单缝的中央明纹包络线内双缝干涉的最高级次为 $-\dfrac{\lambda}{a} < \dfrac{k\lambda}{d} < \dfrac{\lambda}{a}$,$-\dfrac{d}{a} < k < \dfrac{d}{a}$

所以总共出现的干涉极大的个数为 $2\left(\dfrac{d}{a} - 1\right) + 1 = 2\dfrac{d}{a} - 1$。

附录 A　主要符号表

符　号	意　义	符　号	意　义
E	电场强度	R	反射率
D	电感强度	θ_c	全反射临界角
H	磁场强度	θ_B	布儒斯特角
B	磁感强度	k	圆波数,空间角频率
e_x	沿 x 方向单位矢量	ν	频率
e_y	沿 y 方向单位矢量	ω	角频率
e_z	沿 z 方向单位矢量	λ	波长
c	真空中光速	λ_0	真空中的波长
v_g	群速度	A	振幅
n	绝对折射率(折射率)	$\widetilde{E}$	复振幅
n_{21}	相对折射率	I	光强度
ε	介电常数(电容率)	δ	位相差
ε_r	相对介电常数	ϕ	位相
μ	磁导率	$\mathscr{D}$	光程差
μ_r	相对磁导率	K	条纹对比度
σ	电导率	b_c	光源临界宽度
t	透射系数	d	光栅常数
r	反射系数	P	偏振度
T	透射率	$\bar{\alpha}$	吸收系数

参 考 文 献

[1]　梁铨廷. 物理光学. 第 5 版. 北京:电子工业出版社,2018.

[2]　梁铨廷. 物理光学理论与习题. 北京:机械工业出版社,1980.

[3]　马科斯·玻恩,埃米尔·沃耳夫. 杨遐荪等译. 光学原理. 第 7 版. 北京:电子工业出版社,2016.

[4]　赵凯华,钟锡华. 光学. 北京:北京大学出版社,2008.

[5]　姚启钧著,华东师范大学光学教材编写组改编. 光学教程. 第 6 版 . 北京:高等教育出版社,2019.

[6]　廖延彪. 偏振光学. 北京:科学出版社,2003.

[7]　郑植仁,等. 光学习题课教程. 哈尔滨:哈尔滨工业大学出版社,2015.

[8]　张永德. 物理学大题典 光学. 北京:科学出版社,2005.

[9]　吕乃光. 傅里叶光学. 第 2 版. 北京:机械工业出版社,2006.

[10]　苏显渝,李继陶,等. 信息光学. 北京:科学出版社,2010.

[11]　吕遒光,陈家壁,毛信强. 傅里叶光学(基本概念和习题). 北京:科学出版社,1985.

[12]　古德曼,秦克诚,等译. 傅里叶光学导论. 第 3 版. 北京:电子工业出版社,2016.